AF359304

# COURS

## THÉORIQUE ET PRATIQUE

## DE LA TAILLE

DES

# ARBRES FRUITIERS

## PAR J. B. D'ALBRET,

MEMBRE DE PLUSIEURS SOCIÉTÉS AGRICOLES ET HORTICOLES,
JARDINIER EN CHEF DE L'ÉCOLE D'AGRICULTURE ET DES ARBRES FRUITIERS,
PENDANT TRENTE-DEUX ANS, AU JARDIN DES PLANTES.

### DIXIÈME ÉDITION,

REVUE ET AUGMENTÉE PAR L'AUTEUR,

dans laquelle on trouve l'art de greffer ;

accompagnée de 55 figures gravées en taille-douce, représentant
un très-grand nombre d'exemples.

**PRIX, 5 FR., ET 6 FR. PAR LA POSTE.**

---

**A la Librairie d'Agriculture et d'Horticulture**
DE M<sup>me</sup> V<sup>e</sup> BOUCHARD-HUZARD,
5, rue de l'Éperon, à Paris,

CHEZ L'AUTEUR, PROPRIÉTAIRE, A TRIEL (SEINE-ET-OISE),
et chez les principaux libraires de la capitale.

—

## 1858

# LA TAILLE

# DES ARBRES FRUITIERS.

# AVIS.

Cet ouvrage ayant été contrefait, des mesures rigoureuses
ont été prises envers le contrefacteur ; justice en a été faite.
Je déclare que les mêmes moyens de répression seront employés contre tout détenteur d'exemplaire qui ne serait pas
revêtu de ma signature.

# COURS

## THÉORIQUE ET PRATIQUE

## DE LA TAILLE

DES

# ARBRES FRUITIERS

## PAR J. B. D'ALBRET,

MEMBRE DE PLUSIEURS SOCIÉTÉS AGRICOLES,
JARDINIER EN CHEF DE L'ÉCOLE D'AGRICULTURE ET DES ARBRES FRUITIERS,
PENDANT TRENTE-DEUX ANS, AU JARDIN DES PLANTES.

## DIXIÈME ÉDITION,

REVUE ET AUGMENTÉE PAR L'AUTEUR,

dans laquelle on trouve l'art de greffer ;

le tout accompagné de 55 figures gravées en taille-douce, représentant
un très-grand nombre d'exemples.

**PRIX, 5 FR., ET 6 FR. PAR LA POSTE.**

---

**A la Librairie d'Agriculture et d'Horticulture**
DE M<sup>me</sup> V<sup>e</sup> BOUCHARD-HUZARD,
5, rue de l'Éperon, à Paris,
CHEZ L'AUTEUR, PROPRIÉTAIRE, A TRIEL (SEINE-ET-OISE),
et chez les principaux libraires de la capitale.

**1858**

PARIS. — IMPRIMERIE DE M<sup>me</sup> V<sup>e</sup> BOUCHARD-HUZARD, RUE DE L'ÉPERON, 5.

# AVERTISSEMENT.

La rapidité avec laquelle se sont successivement épuisées les précédentes éditions de cet ouvrage ; les éloges que lui ont adressés divers corps savants et presque tous les recueils d'agriculture ; les compilations qui en ont été faites dans des ouvrages qui occupent un rang distingué dans la littérature agricole (1), aussi bien que dans des publications d'un ordre inférieur par leur mérite, où le plagiat, pour se cacher plus complétement, n'a pas toujours été intelligible dans ses emprunts ni dans les mutilations qu'il leur a fait subir ; la contrefaçon elle-même, qui, dans l'usurpation de ma propriété, a vu ses projets échouer et même donner suite à une saisie judiciaire : tout, en un mot, n'a servi qu'à augmenter la réputation de ce livre.

C'est aussi une satisfaction bien douce pour moi de voir que, depuis 1829, époque à laquelle parut la première édition de cet ouvrage, les laborieux cultivateurs de Montreuil, si renommés depuis deux siècles pour la taille du pêcher, ont considérablement modifié la pratique qu'ils tenaient de leurs aïeux, et qu'une amélioration incontestable a été la conséquence de mes travaux, que j'ai décrits dans cet ouvrage. Ces procédés ont été d'abord adoptés par les plus

(1) Voyez notamment le *Cours complet d'agriculture* publié chez les frères Pourrat.

habiles, qui en ont répandu la pratique et qui les désignent aujourd'hui sous le titre de *taille en espalier carré*, prônée par quelques-uns comme une nouveauté acquise chez eux, assertion entièrement controuvée, car cette forme a été recommandée par des auteurs étrangers à ce pays, et à une époque assez reculée. Jean de la Quintinie, dont les ouvrages parurent en 1690 sous le titre d'*Instruction pour les jardins fruitiers et potagers*, a présenté des figures analogues à cette forme : Pelletier de Frépillon en parle longuement dans un ouvrage publié en 1773, qui a pour titre, *Essai sur la taille des arbres fruitiers*. L'usage de cette forme ayant fait reconnaître que toute bonne culture admise pour les arbres fruitiers conduits en espaliers, sous tel système que ce soit, doit marcher vers ce but, je me suis aussi appliqué à en faire ressortir les avantages dans mes leçons semi-publiques, comme on va le voir, et qui ont obtenu de nombreux éloges, dont le souvenir sera toujours pour moi la plus douce récompense.

Tant de faveur de la part du public n'a fait qu'exciter mon zèle et mon désir de la mériter de plus en plus, en apportant à la publication de cette dixième édition tout le soin qu'une pratique journalière, une observation continuelle et une expérience de plus de quarante-deux années m'ont mis à même de recueillir.

Les trente-quatre figures, non compris celles des greffes, qui sont jointes à cet ouvrage ont été gravées par moi et sont d'une grande utilité en ce que j'ai eu soin d'y signaler de petits défauts combinés pour l'étude ; ce que les hommes éclairés ont hautement approuvé en lisant les précédentes éditions. On trouve aussi dans cet ouvrage une analyse complète des tailles modernes et anciennes décrites par les principaux auteurs. Celle dite *hétéroclite* n'a pas non plus été négligée ; mais ces dernières n'ont pour but que d'amener le lecteur à faire des expériences qui peuvent devenir utiles à la science.

Ce mode de réunir sous un même point de vue tous les objets qui ont de l'analogie m'a été inspiré par les leçons du célèbre A. Thoüin, fondateur de l'école de culture du jardin des plantes, et sous les ordres duquel j'ai eu l'honneur d'être reçu d'abord comme disciple en 1811, puis préparateur de son cours pendant les treize dernières années de sa longue et honorable carrière : c'est par suite de ces travaux et d'autres non moins importants qui m'ont été confiés depuis par les savants professeurs-administrateurs de cet établissement, c'est, dis-je, au milieu de toutes ces illustrations et sous de telles inspirations que j'ai puisé les notions dont le mérite bien reconnu a été remarqué dans les précédentes éditions et reproduites ici dans toute leur intégrité, car elles sont toutes basées sur les véritables principes de la physiologie végétale.

Je conviens qu'il eût été plus profitable aux amateurs d'arbres fruitiers de cette époque de venir joindre l'observation de ma pratique aux préceptes contenus dans ce livre, ainsi que cela se faisait autrefois sous les yeux du professeur dont nous vénérons la mémoire : ce digne patriarche, voulant satisfaire aux désirs de quelques personnes assidues à son cours, m'ordonna de les admettre aux travaux de la taille pendant son absence. Dans ces sortes de conférences pratiques, j'eus à répondre à de nombreuses questions : la bienveillance des auditeurs à mon égard et le désir d'apprendre firent accroître leur nombre, *quoique limité par ce savant ;* mais son digne successeur, le vénérable Bosc, toujours disposé à favoriser les sciences naturelles et les diverses branches de l'horticulture, voulut ouvrir à celles-ci un champ plus vaste que ne l'avait fait son prédécesseur, et en 1826, 1827 et 1828 il fit admettre à mes démonstrations toutes les personnes qui désiraient y assister. L'institution de ces leçons acquit alors une nouvelle importance, l'auditoire nombreux qui y assistait devait encourager mon zèle par l'espoir d'une carrière brillante, et il m'offrit, à cet effet, de me recommander à l'autorité gouvernementale lors de la mort du savant Bosc dont j'avais possédé la confiance pour ces leçons orales : mais, en 1829, son successeur, Mirbel, n'en put voir sans inquiétude le succès toujours croissant ; malgré les réclamations d'un grand nombre d'amateurs, il ne me fut plus permis de conférer au milieu de mes travaux, sous peine d'être suspendu de mes fonctions de jardinier en chef. Voulant vieillir sous ce titre, je me résignai avec patience. En attendant l'heure tant désirée 'une retraite honorable, que les administrateurs m'accordèrent en 1844, j'ai profité de mes veilles pour répondre aux sollicitations de beaucoup de personnes qui, depuis l'ouverture de mes leçons, me témoignaient le désir de voir mes instructions réunies en corps d'ouvrage : elles motivaient cette demande sur la nécessité de répandre davantage les vrais principes de la taille des arbres fruitiers trop négligée ou mal entendue alors chez beaucoup de propriétaires. Le prompt débit des précédentes éditions a considérablement contribué à l'amélioration de cet art, en ce que les principes que l'on trouve développés dans ce livre sont aujourd'hui généralement adoptés et reconnus comme étant les plus propres à guider sûrement les cultivateurs dans la conduite des arbres fruitiers (sans en excepter la vigne), relativement à leur plantation, à leur longévité, au produit successif de leurs récoltes, et enfin dans les divers modes de taille qui doivent être appliqués à chaque genre d'arbres, tant à cause des diverses périodes de leur existence que par rapport aux positions dans lesquelles ils se trouvent placés.

# COURS

## THÉORIQUE ET PRATIQUE

DE LA

# TAILLE DES ARBRES FRUITIERS.

## PREMIÈRE PARTIE.

### *CONNAISSANCES THÉORIQUES.*

## CHAPITRE PREMIER.

### NOMENCLATURE ET CLASSIFICATION DES YEUX, BOUTONS, BOURGEONS, RAMEAUX ET BRANCHES.

### SECTION PREMIÈRE. — VÉGÉTATION INERTE.

#### § I. — Des yeux.

ŒIL ou GEMMIPARE. — On donne ce nom à de petits corps plus ou moins apparents, que l'on trouve sur les arbres fruitiers et autres; ce sont, en un mot, leurs bourgeons non développés, recouverts de folioles avortées en forme d'écailles, dont la réunion constitue à chacun une enveloppe ou *tégument*, propre à les garantir contre l'intempérie des hivers. A l'époque de la taille, ces yeux, pour la plupart, se reconnaissent au premier aspect; mais pen-

1

dant la présence des feuilles ils sont peu apparents, parce qu'ils sont recouverts par la base plus ou moins large du pétiole (dit vulgairement la queue de la feuille); ce n'est même qu'à l'époque où celles-ci ont acquis toute leur grandeur que ces yeux peuvent être reconnus à la première inspection.

Forme des yeux. — Les yeux varient dans leur forme, selon leur nature et la position qu'ils occupent. L'œil qui se trouve à l'extrémité de chaque rameau a, pour l'ordinaire, une forme conique plus ou moins comprimée.

Les yeux placés le long des rameaux sont ordinairement plus ou moins aplatis sur eux-mêmes; l'extrémité de ces yeux est aussi plus ou moins pointue : ceci peut dépendre de la nature du sujet, et cause parfois de la difficulté pour les distinguer des boutons. Mais les détails dans lesquels nous allons successivement entrer suffiront pour faire connaître le caractère qui les fait distinguer les uns des autres; il en sera de même pour les bourgeons, etc.

Yeux simples. — L'œil simple contient un bourgeon destiné à devenir successivement *rameau* et *branche*.

On trouve de ces yeux sur toutes les parties des arbres, à l'exception du vieux bois, dans quelques-uns, où ils sont très-rares, comme nous le dirons à l'article *rameau*.

Yeux doubles. — Il se trouve de ces yeux sur une assez grande quantité de rameaux, mais les arbres à fruit à pepins en sont presque toujours privés. Il existe cependant pour ceux-ci, comme pour tous les autres, des sous-yeux, mais ils sont peu ou point apparents. Dans le pêcher, les yeux doubles ne se trouvent jamais sur des rameaux à fruit du premier ordre; ils sont aussi fort rares sur ceux du second. Cependant ils sont très-communs sur ceux du troisième; il y en a souvent un des deux qui prend le caractère de bouton.

Yeux triples. — Dans cette même série d'arbres, les yeux triples sont en très-grande majorité sur les rameaux à fruit du troisième ordre; il est presque général que deux d'entre eux se changent en boutons, qui se trouvent aux deux côtés de l'œil. Il n'est pas rare, non plus, d'en rencontrer sur les rameaux à bois et sur les gourmands, mais le plus grand nombre conserve son premier caractère. Celui du milieu a toujours de la tendance à pousser avec plus de vigueur que les deux autres ; nous verrons, plus tard, leur emploi.

Yeux quadruples et quintuples. — Les yeux quadruples et quintuples sont assez rares; il n'y a que les forts rameaux à fruit et à bois qui en présentent quelques-uns ; trois ou quatre prennent le caractère de boutons, et forment, pour ainsi dire, un petit groupe au milieu duquel se développe un œil capable de former un bourgeon très-vigoureux lorsqu'il est contraint. Quelques praticiens peu observateurs ont prétendu que *le nombre des feuilles attachées à chaque œil donne le caractère sous lequel la nature nous les représente*, et que j'ai décrit selon l'ordre méthodique qui vient de nous passer sous les yeux. Je réfute l'assertion ci-dessus en ce qu'elle n'est admissible que pour les yeux portés sur des rameaux grêles : quant à ceux qui sont bien constitués, de la grosseur d'une forte paille de seigle ou un peu plus, les yeux qu'ils portent sont généralement triples; si l'on fait l'inspection de ces yeux avant la chute de leurs feuilles, on en trouvera beaucoup qui n'en auront qu'une.

Position des yeux. — On distingue deux sortes d'yeux,
les latéraux et les terminaux. Les yeux latéraux sont ceux
qui naissent dans toute la longueur des rameaux sur leur
circonférence : on les distingue en *supérieurs* lorsqu'ils se
trouvent placés en dessus des rameaux inclinés, *inférieurs*
lorsqu'ils sont dessous; *devant*, qui sont devant l'arbre par
rapport à l'observateur, et enfin *derrière*, lorsqu'ils naissent sur la partie des rameaux qui avoisine la muraille.
Nous n'insistons sur ces définitions que parce que chacun
de ces yeux a des destinations particulières.

Yeux terminaux. — Ils sont de deux sortes : celui qui
naît à l'extrémité du rameau a reçu le nom de *terminal
fixe;* et celui au-dessus duquel on taille, je l'appelle *terminal combiné*. En général, j'emploierai le mot *combiné*
pour désigner des yeux, des bourgeons ou toute autre
partie sur laquelle la taille doit exercer une influence que
l'on prévoit d'avance.

Yeux latents. — Ces yeux sont toujours simples, peu
volumineux et placés sur le vieux bois; ils restent souvent
dans l'inaction pendant plusieurs années, et ne se développent, le plus souvent, que lorsqu'ils y sont excités par
une taille extrêmement courte. Je ferai remarquer l'avantage que l'on en peut tirer, lorsque je parlerai des opérations.

Yeux inattendus et adventifs. — On leur a donné ce
nom parce qu'ils ne sont aucunement visibles, et qu'ils
percent à travers les écorces du vieux bois sans être précé-
dés par des écailles apparentes : on peut déterminer leur
développement par des amputations ou par quelques autres opérations en rapport avec celles que je viens de citer,

et que j'expliquerai avec plus de détails en parlant du *rap-prochement*

A la Louisiane, les pêchers se font constamment du jeune bois, à l'aide de ces yeux, qui sortent à travers les vieilles écorces comme le font nos vieux saules. Or les pertes fréquentes de ces yeux sur les pêchers et les autres arbres délicats cultivés dans notre pays sont dues aux mauvaises positions où ils vivent, ainsi que le manque d'abris, les froids excessifs, les pluies, etc., sont les causes ordinaires de la destruction de ces yeux; à l'instant qu'ils sortent de leur écorce, ils font naître quelquefois, par leur décomposition, des points de gomme ou de carie souvent très-pernicieux.

YEUX ANNULÉS. — On en trouve assez fréquemment à la base des rameaux (1); les caractères qui les font reconnaître sont leur état de décrépitude, leur peu d'embonpoint et leur inaction. Si quelques-uns ne sont pas totalement éteints lorsque les rameaux prennent le caractère de branches, et s'ils s'y conservent sans se développer, ils prennent le nom d'*yeux latents*. Une des causes les plus ordinaires de l'annulation des yeux, du pêcher surtout, est le défaut de temps, ou l'insouciance du cultivateur pour l'ébourgeonnement et le palissage de ces arbres, ce qui occasionne la chute des feuilles, que l'air et la lumière ne peuvent frapper librement.

Plusieurs maladies des arbres, particulièrement celle qui porte son action sur les feuilles et qui les fait tomber avant

---

(1) On trouve par hasard quelques faibles rameaux mal constitués dont les yeux terminaux sont aussi annulés, ce qui fait peu ou point de dérangement pour la taille, comme nous le verrons lorsque nous traiterons cette matière.

qu'elles aient acquis leur accroissement, sont aussi des causes très-fréquentes de l'annulation des yeux ; d'où l'on peut conclure que, si les feuilles ne sont pas indispensables pour la création des yeux, elles sont au moins nécessaires à leur perfection, puisqu'on ne les trouve bien constitués qu'à la base des feuilles qui sont restées sur les arbres jusqu'à la fin de leur végétation annuelle.

Il est vrai que les yeux cachés ne viennent pas à l'appui de cette assertion, puisqu'il en naît, sur le vieux bois, à des places auxquelles il semble ne jamais y avoir eu de feuilles ; au reste, ce fait s'explique en supposant que le fluide absorbé par elles et porté immédiatement dans les vieilles branches est arrêté et y forme des sortes d'yeux qui s'agglomèrent autour de ceux qui y ont été précédemment formés par des organes semblables, et sortent quelquefois longtemps après leur création et assez loin de ce point pour faire croire à l'assertion qui vient d'être posée plus haut.

§ II. Des boutons.

Les boutons sont les *téguments* ou enveloppes des fleurs ; ils sont, ainsi que les yeux, couverts d'écailles qui peuvent être considérées, pour ceux-ci, comme autant de *sépales* avortées, et, pour ceux-là, des *folioles* également avortées. Cette simple explication suffit pour ne plus les confondre avec les yeux, dont ils sont originaires ; confusion qui donna lieu à une fausse nomenclature que l'école nouvelle ne peut admettre dans ses démonstrations.

Les boutons sont simples ou composés, selon le genre d'arbres sur lesquels ils se trouvent placés. Sur le pêcher, l'abricotier et l'amandier, ils sont le plus ordinairement simples. Ceux qui contiennent deux fleurs ne sont pas estimés, en ce qu'ils sont sujets à l'avortement.

Les boutons des pruniers sont presque généralement doubles et souvent triples; dans cet état, ils sont avantageux à la fructification. Ceux des cerisiers sont presque toujours quadruples et quintuples; ils sont également les indices d'une riche récolte. Les fleurs renfermées dans les boutons des poiriers et des pommiers sont en nombre considérable; cependant il est rare qu'elles excèdent dix à douze. Toutes les fleurs ne se nouent pas, c'est-à-dire ne donnent point de fruits; mais il est assez commun d'en voir quatre à cinq sur chacun des bouquets. Il en est quelques espèces dont les boutons donnent huit à neuf fruits; mais ce fait est assez rare.

Les boutons ont pour caractère extérieur d'être plus ronds, plus volumineux que les yeux; ils semblent avoir les écailles plus larges et moins nombreuses, du moins au temps où la végétation commence; ils sont généralement plus hâtifs à entrer en végétation. Ceci doit toujours servir de base pour les faire distinguer par les personnes qui ont encore peu l'habitude de la culture des arbres fruitiers.

POSITION DES BOUTONS. — Elle diffère beaucoup, en raison des deux séries d'arbres auxquelles ils appartiennent.

Sur les *arbres à fruit à noyau*, ils sont placés exclusivement le long des rameaux; il n'est pourtant pas rare de voir à leur extrémité quatre à six boutons qui semblent les terminer; mais il ne faut pas s'y tromper; ils sont toujours pourvus d'yeux terminaux qui ne prennent jamais le caractère de boutons. On trouve souvent de ces yeux annulés par les intempéries des saisons, ou par tout autre accident; ce qui ferait croire que quelques rameaux en sont privés. On est souvent tenté de croire que tous auraient pris le caractère de boutons; mais c'est une erreur, de longues observations m'en ont convaincu : ainsi, sauf les accidents, il y a toujours un œil à l'extrémité des rameaux de la série des arbres à fruit à noyau.

Dans les *arbres à fruit à pepins*, la nature semble avoir agi en sens inverse de ce que je viens d'expliquer; en effet, dans cette série d'arbres, la position des boutons est toujours à l'extrémité des rameaux; ce sont des yeux terminaux qui ont pris ce caractère, qu'il n'est pas ordinaire de voir sur des yeux latéraux, à moins, cependant, que les rameaux sur lesquels ils se trouvent ne soient que peu vigoureux ou que les arbres qui les produisent aient des facultés fructifères extraordinaires, ce qui se rencontre même sur des espèces vigoureuses.

Ces derniers peuvent donner abondamment des fruits, lorsqu'ils occupent une position favorable; mais, comme ils sont toujours en petit nombre, et généralement placés vers l'extrémité ou le dernier tiers des forts rameaux, la forme que l'on donne aux arbres contraint souvent à en faire le sacrifice; d'ailleurs, les arbres qui en sont pourvus sont généralement assez chargés de boutons terminaux pour que l'on n'ait pas besoin de ceux qui se trouvent placés latéralement.

C'est à tort que quelques auteurs anciens et même les modernes ont publié *qu'il fallait du bois de deux ou trois ans pour obtenir des fruits sur cette série d'arbres.* Cette assertion est dénuée de tout fondement; nous avons souvent pris des rameaux desquels nous avons levé tous les yeux pour greffer en écusson à œil dormant; plusieurs de ces yeux ont pris le caractère de boutons après avoir été greffés, et au moment d'étêter ces arbres, pour assurer le développement des yeux placés sur chacun d'eux, nous avons trouvé ces boutons bien constitués en état de donner des fruits. Ce que nous avançons ici est connu de beaucoup de pépiniéristes; c'est donc une absurdité de prétendre qu'il est nécessaire d'avoir du bois de trois années pour obtenir du fruit. J'ai vu aussi des poires sur des arbres greffés en fente et en écusson, depuis une année seulement.

ÉPOQUE DE LA FORMATION DES BOUTONS. — Les boutons se forment longtemps avant la chute des feuilles; il y a beaucoup d'arbres sur lesquels ils se font déjà remarquer dans le cours du mois d'août, quelquefois même dans les premiers jours de juillet; cette cause dépend de la vigueur des individus. A cette époque, les cultivateurs n'y font aucune attention, parce qu'ils n'ont pas besoin de les reconnaître; cette nécessité ne se fait sentir qu'au moment de la taille.

## SECTION II. — VÉGÉTATION ACTIVE.

### § I. Développement des yeux, bourgeons et boutons.

YEUX. — Les yeux sont susceptibles de diverses métamorphoses; les uns se transforment en boutons, les autres développent des bourgeons, et c'est le plus grand nombre. Cependant il arrive quelquefois que plusieurs s'annulent, et que d'autres restent latents.

BOURGEONS. — Les bourgeons ne sont autre chose que le développement des yeux, lorsque leurs écailles sont tombées et qu'ils laissent apercevoir leurs premières feuilles.

Les *bourgeons* conservent ce nom tant qu'ils continuent

à pousser; mais, lorsqu'ils sont terminés par un *œil* ou un *bouton* , ils prennent le nom de *rameaux*.

FAUX BOURGEONS (1). — Ce sont des productions qui sortent de l'aisselle des feuilles portées sur des bourgeons ordinairement vigoureux. Le pêcher y est très-sujet. Ils conservent ce nom jusqu'à ce qu'ils soient aussi terminés par un œil, et alors on les nomme *faux rameaux*.

### § II. Caractères des rameaux.

Le *rameau* est, comme nous l'avons expliqué, le produit d'un *bourgeon* lorsque celui-ci est terminé par un *œil*. Les rameaux sont munis d'yeux dans toute leur longueur et à de plus ou moins grandes distances, selon leur nature et leur vigueur, qui varient beaucoup, puisqu'il s'en trouve qui ont à peine de 2 à 3 centimètres, et d'autres qui acquièrent 1 à 2 mètres et plus. Enfin ceux qui appartiennent aux arbres à fruit à noyau ont des caractères qui diffèrent tellement de ceux à pepins , que je n'ai pu me dispenser d'en faire deux séries , dont chacune d'elles a subi les modifications qui m'ont paru les plus propres à faciliter l'étude des divisions qu'elles renferment : cette matière sera traitée après l'examen des branches.

CHANGEMENT D'ÉTAT DES RAMEAUX, OU FORMATION DES BRANCHES. — C'est aux rameaux que l'on doit la forme des arbres, puisque ce sont eux qui produisent les branches.

(1) Nom adopté par l'antique usage ; mais les savants, qui viennent toujours après les praticiens..., leur ont substitué celui de *bourgeons anticipés* ; d'autres veulent qu'ils portent celui de *prompts bourgeons* : au milieu de tous ces débats fastidieux, je conserve le nom adopté par nos modestes cultivateurs.

Ils conservent le nom de *rameaux* jusqu'à l'époque de la seconde année de leur formation, où ils donnent naissance à des bourgeons; ils prennent alors le nom de *branches*, qui, selon leur forme, leur position ou leur usage, ont reçu différents noms.

Avant de les faire connaître, nous dirons qu'un ou plusieurs *bourgeons* ou *rameaux*, portés sur du bois d'un an au moins, constituent ce que l'on nomme une branche.

## SECTION III. — BRANCHES ET RAMEAUX.

### § I. Nomenclature des branches et rameaux de la série des arbres à fruit à noyau taillés en éventail.

### *A.* BRANCHES.

#### 1. BRANCHES DU PREMIER ORDRE.

*Première sorte.* — BRANCHES MÈRES. — Ces branches séparent le tronc en deux parties égales; leur fonction est de porter la séve dans toutes les parties de l'arbre. (Voyez *pl.* 3, *fig. A*.)

*Deuxième sorte.* — BRANCHES SOUS-MÈRES. — Ce sont celles qui partent de la base des mères branches, dont elles ne diffèrent que par leur position. (*Même planche*, *fig. B*.)

*Troisième sorte.* — BRANCHES SECONDAIRES. — Ce sont celles qui offrent le plus de volume après les mères et les sous-mères; elles doivent, autant que possible, être placées sur celles-ci à la distance de 1 mètre (3 pieds) environ pour le pêcher, 48 centimètres (18 pouces) pour les abricotiers et pruniers. On comprend que ces espaces diminuent beaucoup à cause de l'inclinaison donnée à leurs mères et à eux-mêmes (voyez *pl. 3*); mais, quels qu'ils soient pour chaque genre, ces espaces devront suffire pour palisser sans confusion le produit de ces branches de charpente.

Ces branches se divisent en deux genres, en raison de leur position, c'est-à-dire que celles qui sont placées sur la partie supérieure des mères branches et des sous-mères portent le nom de secondaires supérieures, et celles qui se trouvent placées en dessous, de secondaires inférieures. (*Pl. 3, fig. C.*)

### 2. — BRANCHES DU SECOND ORDRE.

*Première sorte.* — BRANCHES DE RAMIFICATION. — Elles prennent naissance sur les branches secondaires (*même planche, fig. D*); elles ne sont souvent que momentanées. Je donnerai connaissance de leur emploi, lorsque je parlerai de leur formation à l'article *de la taille*.

*Deuxième sorte.* — BRANCHES INTERMÉDIAIRES. — Les branches intermédiaires ne sont autre chose que des branches coursonnes auxquelles leur position a valu ce nom, car elles sont toujours placées entre les branches secondaires. Elles sont plus ou moins volumineuses, en raison de leur vigueur. J'entrerai dans des détails plus circonstanciés, en parlant de la création de ces branches, à l'article *de la taille.* (Voyez leur caractère, *pl. 3, fig. OE.*)

*Troisième sorte.* — BRANCHES COURSONNES. — Ces branches prennent naissance sur toutes celles dont je viens de parler. Elles sont ainsi nommées, parce qu'elles ont beaucoup d'affinité avec les branches de même nom placées sur les vignes conduites en cordon et autres ; elles sont également courtes, et, quand elles ont acquis l'âge de quatre ou cinq ans et plus, elles sont noueuses et contournées par l'effet des opérations qu'elles ont subies, et qui ont eu pour but leur rapprochement. Elles ont diverses positions : les unes sont inclinées vers la terre, et prennent le nom de branches *coursonnes inférieures;* les autres regardent le ciel, ce sont les branches *coursonnes supérieures.* (Voyez *pl.* 3, *fig.* 2, 3, 5, etc.)

*Quatrième sorte.* — BRANCHES-CROCHETS. — Elles sont ainsi nommées, parce qu'elles ressemblent assez aux crochets employés à la récolte des fruits.

Ces branches sont toujours placées sur les coursonnes ; elles consistent en deux rameaux à fruit du troisième ordre, dont un est taillé assez long pour obtenir du fruit dans des proportions qui varient beaucoup en raison de la position ou de la vigueur des branches sur lesquelles on opère. Le second est taillé aussi court qu'il est possible, afin qu'il puisse reproduire d'autres branches-crochets. Je donnerai, sur eux, des détails plus circonstanciés, lorsque nous arriverons aux opérations qui les concernent. (Voyez *pl.* 3, *fig.* 13.)

*Cinquième sorte.* — BRANCHES DE REMPLACEMENT. — On nomme ainsi celles qui sont destinées à remplacer des branches épuisées (1) ou sur le point de le devenir, tant pour celles qui composent la charpente que pour les branches coursonnes. Les branches de ramification et les inter-

_______________

(1) Voyez leur description.

médiaires ne se remplacent pas ; ce sont elles, au contraire, qui sont souvent employées pour remplacer des branches secondaires. Les rameaux à bois, ou les gourmands, sont aussi très-propres à cet usage ; et, par une préparation soignée, les rameaux à fruit ont aussi cette faculté, mais ils sont plus particulièrement réservés pour remplacer les branches coursonnes. Un rameau peut aussi en remplacer un qui serait dans son voisinage et que l'on aurait taillé dans cette vue. J'insisterai davantage sur ces branches en parlant de la taille.

*Sixième sorte.* — BRANCHES BIFURQUÉES. — On entend, par ce mot, le point où celles-ci se divisent en deux parties à peu près égales, ce que l'on obtient facilement par les opérations de la taille. (Voyez *pl.* 6, *fig.* 4.) On peut aussi obtenir de semblables bifurcations par l'opération du pincement fait sur des bourgeons vigoureux ; dans ce cas, je les nomme *bifurcations anticipées*. (Voyez à l'article *Pincement.*)

## *B*. RAMEAUX.

*Première sorte.* — GOURMANDS. — On nomme gourmands tous rameaux et autres branches dont la vigueur extraordinaire paraît menacer l'existence de leurs voisins, et l'extrémité de ceux qui les ont fait naître. Ce caractère devra toujours servir pour les faire reconnaître (1). Il est d'ailleurs difficile de s'y méprendre à leur volume, à la couleur rousse pointillée de leur écorce, qui se fait remarquer dans les deux premiers tiers de leur longueur, à la peti-

---

(1) Ceci étant commun pour toutes les séries d'arbres, nous n'en parlerons plus à l'article *Pommier et Poirier.*

tesse des yeux placés dans cette partie, dont quelques-uns sont annulés et assez éloignés, tandis que ceux qui sont à leur extrémité sont gros, très-saillants, et beaucoup d'entre eux se sont développés et ont formé des faux rameaux.Ces caractères sont les plus ordinaires ; mais, comme je l'expliquerai en parlant des accidents que les rameaux éprouvent par rapport aux terrains, aux expositions, aux temps, aux insectes, etc., il est des gourmands et d'autres productions analogues, dont les caractères varient considérablement, puisqu'au lieu de trouver de tout petits yeux à leur base, comme je viens de le décrire, on y rencontre un assez grand nombre de faux rameaux, ce qui est le contraire de ce qui vient d'être dit ; mais leur volume et la couleur rousse de leur écorce ne varient pas.

*Deuxième sorte.* — Rameaux a bois. — Ils diffèrent peu des précédents par leur forme et la couleur de leur écorce. Ils sont ainsi nommés, parce qu'ils sont, pour l'ordinaire, privés de boutons à leur base, quoique les yeux qui s'y rencontrent soient triples pour la plupart, néanmoins les extrémités de ces rameaux sont abondamment pourvues de boutons. Les faux rameaux sont aussi très-fréquents sur cette partie. Les jeunes sujets des première, deuxième, troisième et quatrième tailles ont beaucoup de ces rameaux ; ils se rencontrent plus rarement sur les arbres plus avancés en âge, lorsqu'ils sont bien taillés.

*Troisième sorte.* — Rameaux combinés. — On nomme ainsi ceux qui, par une taille raisonnée, se sont développés dans différents sens et sur différents points ; les uns sont latéraux, les autres terminaux. Nous traiterons de leur création et de l'usage que l'on en doit faire au chapitre *de la taille.*

*Quatrième sorte.* — RAMEAUX INATTENDUS OU ADVENTIFS.
— Ces sortes de rameaux sont ainsi nommés, en ce qu'ils
se présentent dans des positions véritablement inattendues,
qu'ils percent le plus souvent à travers les écorces des branches de toute nature, comme nous l'avons dit à l'article
des *bourgeons* de ce genre. Ils présentent à leur base un
empâtement assez considérable, ce qui leur donne la facilité de prendre un très-grand accroissement. Ils sont assez
communs sur les vieux arbres, et il s'en développe quelquefois dans le voisinage du bourrelet de la greffe de beaucoup d'arbres du genre pêcher, plantés dans un bon terrain seulement, car les arbres qui croissent sur un mauvais
en sont assez généralement privés; et, lorsqu'il s'en trouve,
ils semblent inviter les cultivateurs à réformer de vieilles
branches, afin de faire passer leur peu de séve au profit de
ces jeunes rameaux. Cette opération ne doit se faire qu'a-
vec de très-grandes précautions que nous expliquerons à
la taille. Les rameaux inattendus sont beaucoup plus fré-
quents sur les arbres à fruit à pepins que sur ceux dont
nous venons de parler; ils sont souvent le résultat de quelques amputations, ou l'effet d'une taille mal raisonnée.
L'état de caducité ou maladif auquel ces arbres sont sujets
nécessite aussi leur sortie, et l'on en voit assez souvent sur
les tiges des arbres de tout genre. Nous ferons remarquer
l'importance et l'utilité de ces rameaux lorsque nous traiterons des différentes tailles.

*Cinquième sorte.* — RAMEAUX A FRUIT ET A BOIS, OU
RAMEAUX MIXTES. — On nomme ainsi ceux qui sont susceptibles de donner du fruit en abondance, et dont les yeux
peuvent se développer avec assez de force pour former des
bourgeons vigoureux, propres à la formation des rameaux

à fruit du troisième ordre pour l'année qui succède ; ces rameaux ont pour caractère principal les écorces rousses pointillées à leur base, et les yeux de cette partie bien développés et accompagnés de deux et quelquefois trois boutons, sauf les accidents. Ceux qui sont placés vers l'extrémité sont, pour l'ordinaire, plus saillants, quelquefois quadruples et quintuples ; une partie de ces yeux se changent en boutons : on trouve aussi dans cette partie plus ou moins de faux rameaux.

Les rameaux à *fruit et à bois* sont assez souvent placés à l'extrémité des branches qui forment la charpente des arbres, quoiqu'ils ne soient pas rares sur les branches coursonnes supérieures ; en général, ils dénotent assez la vigueur des branches qui les alimentent.

*Sixième sorte.* — RAMEAUX A FRUIT DU TROISIÈME ORDRE. — Ces rameaux ressemblent beaucoup aux précédents ; néanmoins ils sont moins volumineux, moins propres à donner une grande quantité de fruits, et ne peuvent développer qu'un ou deux bourgeons capables de les remplacer. En effet, si la taille est sagement combinée, les précédents peuvent donner une assez grande quantité de fruits et un certain nombre de bourgeons, ce qui n'a jamais lieu pour ceux-ci ; mais leur position les caractérise plus encore que tout ce qui vient d'être dit ; du reste, les rameaux à fruit du troisième ordre sont en grande partie pourvus d'yeux triples, dont deux prennent le caractère de boutons. (Voyez *pl.* 1, *fig.* 6.) Lorsqu'ils sont bien constitués, les yeux qui sont à leur base sont, en général, assez rapprochés, mais sujets à être endommagés par les gelées printanières ou par quelque défaut du palissage ou de l'ébourgeonnage que je viens déjà de citer.

Ces rameaux ont, pour l'ordinaire, la grosseur d'un tuyau de plume, terme moyen, et de 27 à 81 centimètres de longueur (10 à 30 pouces environ). On a quelquefois de la peine à les reconnaître, surtout lorsque, par les accidents que je viens d'expliquer plus haut, ils se présentent privés de boutons dans toute leur longueur. On ne sait alors à quel ordre ils doivent appartenir; leur longueur et leur grosseur sont, en pareil cas, les seuls caractères auxquels il faille s'attacher.

*Septième sorte.* — RAMEAUX A FRUIT DU SECOND ORDRE. — Ils tiennent le milieu entre ceux du premier ordre et ceux du troisième. Ils sont grêles, de la longueur de 8 à 27 centimètres (3 à 10 pouces environ); leur grosseur ne dépasse jamais la partie la plus volumineuse d'une paille de seigle à la base, et souvent ils sont infiniment plus minces. Leur caractère principal est d'avoir la plus grande partie de leurs yeux latéraux simples, et dont la plupart ont pris le caractère de boutons (voyez *pl.* 1, *fig.* 7). Si cependant ils se trouvaient dans des positions telles que l'air y parvînt difficilement, les yeux seraient dominants et mal constitués. Ces rameaux peuvent donner des fruits, quoi qu'en disent une foule d'auteurs, mais rarement des bourgeons assez vigoureux pour les remplacer, à moins que l'on ne supprime les fleurs en taillant ces rameaux sur le premier ou second œil; encore n'en doit-on espérer de bons résultats qu'en faisant des réformes assez nombreuses sur les branches auxquelles ils sont attachés. Cette réforme forcera la séve à se porter dans les yeux réservés, qui bientôt formeront des rameaux du troisième ordre. Mais, sous ce point de vue et celui du produit en fruit, l'on ne devrait en faire usage qu'à la dernière extrémité, car un arbre taillé avec soin doit avoir assez de rameaux bien constitués, sans eux ; cependant, à cause de leur position dans le voisinage des grosses branches ou du mur leur servant d'abri, on est fort heureux de pouvoir en tirer parti quand les intempéries ont détruit la plus grande partie des boutons tenant aux rameaux mieux constitués.

*Huitième sorte.*— RAMEAUX A FRUIT DU PREMIER ORDRE. — Ils acquièrent à peine la longueur de 3 à 8 centimètres (1 à 3 pouces) ; ils sont toujours munis d'un œil terminal, et les yeux qui se trouvent placés latéralement prennent, pour la plupart, le caractère de boutons ; quatre à cinq de ces boutons garnissent la base de l'œil terminal, et semblent se confondre avec lui (voyez *pl.* 1, *fig.* 8). On leur a donné divers surnoms : à Montreuil, ils ont reçu celui de *cochonai* (nom *duquel* les cultivateurs de ce pays ne peuvent donner aucune définition) ; ils sont également connus sous celui de branches à bouquets, branches couronnées, en ce qu'ils offrent cet aspect lors de l'épanouissement de leurs fleurs. Ces petits rameaux sont ceux sur lesquels les fruits offrent plus de chances de réussite ; ils peuvent, en outre, donner naissance à des bourgeons très-propres à former des rameaux du troisième ordre, pour l'année qui suivra cette opération.

FAUX RAMEAUX. — Ces sortes de productions sont placées exclusivement sur tous les rameaux, mais plus communément sur ceux à bois, et les gourmands ; ils sont tout aussi propres à donner des fruits que tous les autres rameaux : ce que j'ai dit en parlant des faux bourgeons me dispense d'entrer dans de plus longs détails à leur sujet.

### *A.* A BOIS.

### 1. *Branches qui composent la charpente des arbres soumis à la taille en éventail.*

Elles ne diffèrent en rien de celles qui composent la charpente des arbres à fruit à noyau, à l'exception des branches secondaires qui sont beaucoup plus rapprochées l'une de l'autre, leur plus grande distance étant de 30 à 33 centimètres (1 pied) ou environ; de sorte qu'inclinées l'une sur l'autre, cette distance se réduit à peu près à 16 centimètres (6 pouces) (voyez *pl.* 4, *fig.* 1). Les moyens employés pour les obtenir étant les mêmes que ceux indiqués dans la première division, je m'abstiendrai de les répéter.

### 2. *Branches qui composent la charpente des arbres soumis à la taille en vase ou gobelet.*

Branches circulaires, simples ou bifurquées. — Elles sont ainsi nommées parce qu'elles sont placées circulairement, de manière à former par leur ensemble un vase ou un gobelet plus ou moins grand, selon la vigueur des arbres.

Elles sont simples, bifurquées ou trifurquées, selon les besoins et la force de chacune d'elles. J'indiquerai ces cas en parlant de la taille en vase ou gobelet.

### 3. *Branches qui composent la charpente des arbres taillés en pyramide et en quenouille.*

*Première sorte.* — TIGE. — La tige peut être considérée comme la branche mère unique ou l'axe central des arbres en pyramide et en quenouille. On nomme flèche le rameau qui doit continuer la tige.

*Deuxième sorte.* — BRANCHES LATÉRALES. — Toutes les branches portées immédiatement sur la tige ont reçu ce nom ; leur ensemble forme la charpente des arbres ainsi taillés.

*Troisième sorte.* — BRANCHES LATÉRALES BIFURQUÉES. — Ces branches ne diffèrent des précédentes qu'en ce qu'elles sont bifurquées et trifurquées (voyez BIFURCATION, *pl.* 6, *fig.* 4).

Il est bon de faire observer que ce qui vient d'être dit dans les sous-divisions II et III s'applique également aux arbres à fruit à noyau, lorsqu'on leur donne les mêmes formes.

### *B.* A FRUIT.

*Première sorte.* — RAMEAUX COURONNÉS. — Les rameaux couronnés sont ceux à l'extrémité desquels il se trouve un bouton ; ils ont différentes dimensions, et sont tous propres à fournir des fruits : lors de la taille, j'expliquerai leur usage.

*Deuxième sorte.* — DARDS. — Les dards sont de petits rameaux, ayant de 5 à 54 millimètres (2 à 24 lignes) de

longueur, dont l'œil terminal est plus ou moins pointu ;
on les nomme ainsi, parce qu'ils sont placés ordinairement
à angle droit ou à peu près sur les branches auxquelles ils
appartiennent (voyez *pl.* 5, *fig.* 1). Les dards se trouvent
sur toutes les parties des arbres, et sont une des premières
ressources pour la production des fruits, puisque l'œil qui
est à l'extrémité de chacun d'eux s'arrondit, et prend à la
fois le caractère de bouton. Il est vrai que l'on ne peut en
fixer l'époque ; mais une main habile peut l'avancer d'une
manière sensible et presque à son gré ; néanmoins je ferai
remarquer un de ces dards (*pl.* 5, *fig.* **1**), qui, comme on
peut l'examiner, est de la longueur de **7** centimètres (2 pouces et 1/2) ou environ, de l'âge de sept années, et qui cependant n'est pas encore couronné ; cela tient à la nature
de l'arbre ou à la position dans laquelle l'un ou l'autre se
trouve.

Il est facile de voir que le dard placé à la droite de la
fig. 1, pl. 5, n'a que six mois ; mais on remarque également qu'il se trouve placé sur une portion de rameau. Si
ce dard avait pris plus d'accroissement, il aurait la dénomination de brindille ou de faux rameau, selon son étendue. Indépendamment de la fig. 1, on pourra également
en remarquer de différentes dimensions sur les bourses
(*fig.* 3, etc.).

*Troisième sorte.* — DARDS COURONNÉS. — Ils se distinguent des précédents en ce que l'œil qui se trouve placé à
l'extrémité de chacun d'eux prend le caractère de bouton
(voyez *pl.* 5, *fig.* 2). On peut, en obtenant des fleurs et des
fruits, avoir aussi des rameaux considérables qui peuvent
être utilisés au besoin.

*Quatrième sorte.* — BOURSES. — Ce sont les production

des boutons (voyez *pl.* 5, *fig.* 3). Elles se présentent sous cette forme aussitôt que les fleurs paraissent, au point où les pédoncules de celles-ci sont attachés ; cette partie renflée se conserve pendant un laps de temps assez considérable, mais qui peut être limité, en raison d'une bonne quantité de séve qu'on y fera passer ; par ce moyen, on peut, à volonté, en faire sortir des dards ou des rameaux de la longueur de 30 à 60 centimètres, et plus. Je traiterai de cette matière plus en détail à l'article de *la taille*.

*Cinquième sorte.* — Brindilles. — Ce sont de petits rameaux grêles de la longueur de 10 à 11 centimètres (4 pouces), terme moyen (voyez *pl.* 5, *fig.* 4). Ils sont de première nécessité sur les arbres vigoureux, pour les déterminer à donner des fruits, puisque, partout où ils se trouvent, ils opèrent, comme les dards, la multiplicité des boutons. Voyez le résultat (*pl.* 5, *fig.* 5). Lorsque les brindilles sont dans cet état, elles prennent le nom de *branches à fruit*, puisque tous les yeux qu'elles alimentent peuvent prendre le caractère de boutons.

Elles sont de peu d'importance sur les arbres d'une végétation faible, en ce que les dards et les boutons y sont, pour l'ordinaire, très-multipliés et souvent plus que suffisants, comme nous le verrons en parlant de la taille.

*Sixième sorte.* — Branches a fruit proprement dites. — Les branches à fruit sont considérées telles, du moment où plusieurs de leurs yeux ont pris le caractère de boutons, et que la plus grande partie des autres produits se compose de dards et de bourses (voyez *pl.* 5, *fig.* 5 et 6); et, néanmoins, il est des branches à fruit dont les caractères ne sont pas aussi bien prononcés, en ce qu'il se trouve quelques-uns de leurs dards développés en formant des rameaux. Quand le nombre de ces rameaux ne dépasse pas celui des dards, elles ne sont pas moins considérées comme branches à fruit; mais, si ceux-là ont la majorité, elles ne doivent plus être regardées que comme branches à bois.

A l'article de *la taille*, j'expliquerai les moyens de les ramener à leur état primitif.

Les branches à fruit ont souvent des dimensions beaucoup plus considérables que celles que nous représente la *fig.* 6, *pl.* 5. On voit, par cette figure, que les bourses sont accumulées les unes sur les autres, ce qui prouve, que le nombre en est illimité par la nature, mais fixé par le jardinier instruit; leur surabondance peut devenir très-nuisible à la santé des arbres, par l'excès des mauvais petits fruits qui en sont les résultats.

Parmi les différentes branches qui composent la charpente des arbres de cette série, il en est plusieurs qui prennent le caractère de branches à fruit : ce sont celles qui ne produisent que des dards. On doit, par le déchargement, éviter la présence de ces branches, qui, en peu d'années, feraient perdre la belle régularité des arbres sur lesquels elles seraient trop longtemps tolérées; les exemples que j'en donnerai confirmeront cette vérité.

## SECTION IV. — CLASSIFICATION DES BRANCHES ET RAMEAUX SOUS LE RAPPORT DE LEUR VIGUEUR.

J'ai pensé que pour l'étude de ces branches il était important d'en former quatre groupes, afin de pouvoir expliquer clairement les principes généraux qui concernent chacune d'elles, et me dispenser d'en faire un nouveau détail lors des démonstrations de la taille. Il m'a paru en même temps nécessaire de donner une idée précise de l'action de la séve sur elles en indiquant les moyens applicables pour les maintenir en vigueur, ou apaiser leur trop forte végétation.

La première sorte de ces branches est celle que j'ai nommée branches fortes, la seconde, branches faibles, la troisième, branches languissantes, et, enfin, la quatrième, branches épuisées.

BRANCHES ET RAMEAUX FORTS. — Les opérations applicables à ces parties ont été décrites par beaucoup d'auteurs; mais, comme quelques-uns ne partagent pas entièrement mon opinion et que l'expérience m'a convaincu de l'efficacité de mes opérations, je vais en indiquer les règles.

Je dirai donc que, pour empêcher le développement des branches ou rameaux forts et non chargés de boutons, il faut les tailler très-court, afin de leur laisser peu de canaux conducteurs de la séve; si, au contraire, on veut les développer, il faut tailler très-long : il est même souvent nécessaire de les en dispenser (1), afin que la quantité d'yeux qui s'y trouveront puisse augmenter leur vigueur; car les *yeux bien constitués* sont autant de pompes propres à attirer la séve. Je suis, sur ce point, parfaitement d'accord avec M. Mosard, excepté que cet auteur attribue aux branches la faculté que j'accorde aux *yeux bien constitués*, et par

(1) A l'appui de ce principe, je citerai M. Sieulle, jardinier de M. le duc de Choiseul, à Vaux-Praslin, près Melun, qui avait pour système de ne jamais tailler les rameaux destinés à prolonger les branches mères de ses superbes pêchers auxquels il a fait prendre une envergure de 26 mètres (78 pieds). Un pareil fait suffit pour prouver que, pour donner du développement à une branche en bonne santé, il faut lui donner beaucoup d'extension ; j'aurai occasion de revenir sur ce principe, lors des opérations.

suite à leurs bourgeons, etc. Pour moi, je crois que les branches ne font que conduire la séve des racines aux bourgeons.

Lors donc qu'une de ces branches paraît prendre plus de développement qu'on ne le désire, il faut faire ce que je viens de citer, tailler très-court (1), et soutenir ce principe d'opération par l'ébourgeonnage, le pincement, l'effeuillage, et autres opérations *sur lesquelles je reviendrai en parlant de l'équilibre de la séve.* Toutes ces opérations devront être faites rigoureusement et de bonne heure, afin de ne laisser à chacune de ces branches que peu d'organes propres à faciliter leur développement.

Tous les cultivateurs de la campagne qui aiment à observer peuvent se pénétrer de cette vérité. Il n'est aucun d'eux qui n'ait vu des arbres couverts de chenilles, en partie ou en totalité. Si donc une branche est attaquée par ces insectes, bientôt ils dévorent les feuilles et l'extrémité des jeunes bourgeons; alors elle diminue de vigueur, et, si l'on ne vient pas à son secours, elle peut périr, fût-elle la plus vigoureuse de toutes, comme on le voit souvent.

Nous devons donc profiter de cette leçon, et employer des moyens analogues pour rétablir l'équilibre, base de l'existence dans ces végétaux.

BRANCHES ET RAMEAUX FAIBLES. — On nomme ainsi toute branche qui, bien constituée et en bon état de santé, se trouve plus petite qu'une ou plusieurs de ses voisines, mais à laquelle une taille longue, peu ou point chargée de boutons, rendra la supériorité.

(1) Cependant cette opération ne doit pas être trop multipliée sur les arbres à fruit à noyau ; on les mettrait dans le cas d'avoir des extravasations de séve.

Branches languissantes. — Il faut bien se garder de confondre ces branches avec les précédentes, dont le nom paraît identique, mais dont la constitution diffère essentiellement. On nomme *branches languissantes* toutes celles qui sont dans un état maladif, sur lesquelles les rameaux à bois sont presque nuls ou mal constitués, et ceux à fruit très-multipliés.

Ce que j'ai expliqué jusqu'à présent s'applique à tous les genres d'arbres; mais ce que je vais dire maintenant est spécialement destiné à ceux de la série des fruits à noyau. Dans cette série, des branches semblables doivent être taillées avec toutes les précautions utiles à leur rétablissement; une partie des rameaux seront totalement réformés, et les autres taillés assez près de leur base pour qu'il n'y reste qu'une très-petite quantité de fleurs, afin que de telles branches puissent reproduire des rameaux plus vigoureux que ceux qui sont soumis à la réforme.

Branches épuisées. — Ce sont les branches languissantes arrivées à la dernière période de leur existence; quant à celles qui appartiennent au genre pêcher, on n'y rencontre plus ou presque point de rameaux à fruit du troisième ordre; si, par hasard, il s'en trouve quelques-uns, les yeux y sont rares, parce qu'ils sont généralement transformés en boutons; les rameaux du second et du premier ordre y sont en grand nombre; le développement ou l'adoption d'un gourmand, une ou plusieurs récoltes trop abondantes, quelques maladies des feuilles, la présence de quelques insectes sur les écorces, et enfin le nombre des années, sont toujours les causes de cet état : une dernière récolte est souvent inutilement tentée sur de telles branches, car elles périssent presque toujours avant la maturité de leurs fruits, qui, du reste, *en cas de réussite*, sont toujours petits et sans saveur. Nous verrons plus bas que cet épuisement a souvent lieu volontairement, par l'effet d'une taille démesurée avec abondance de fruit ; c'est ce que l'on nomme tailler en toute perte et sans réserve.

Dans les arbres à fruit à pepins, les branches épuisées sont entièrement privées de rameaux, elles sont seulement munies de dards ; et les branches à fruit, que l'on y rencontre en très-grande abondance, sont d'un petit volume et de mauvaise apparence ; les bourses y sont aussi peu renflées ; enfin les boutons et les yeux offrent également un caractère de langueur remarquable : au reste, la nomenclature de ces branches est si simple, qu'elle n'aurait pas besoin d'explication ; mais elle est d'une telle importance pour les applications, que j'ai cru devoir y ajouter quelques phrases qui en précisassent le sens et aidassent à les retenir.

# CHAPITRE II.

## PRINCIPES GÉNÉRAUX.

**SECTION PREMIÈRE.** — ÉQUILIBRE DE VÉGÉTATION.

**§ I. Moyens de répartir également la séve dans les diverses parties des arbres taillés en éventail.**

J'ai dit plus haut que les mères branches séparent *les arbres en éventail* en deux parties égales, sous la forme d'un V ouvert, et donnent lieu à ce que l'on appelle la *charpente de ces arbres*. Ces branches, dont le besoin d'inclinaison se fait sentir dès leur naissance, ne conserveront leur état de santé durable qu'autant qu'elles ne dépasseront point la ligne qui partage un quart de cercle en deux parties égales, laquelle marque un angle de 45 degrés (1);

(1) Le degré est l'unité dont on se sert pour diviser un cercle en 360 parties; ces degrés n'ont pas de mesure donnée, en ce qu'ils varient selon que le cercle est plus ou moins grand. Supposons que l'on veuille savoir à quel degré d'inclinaison se trouvent placées les branches charpentières d'un arbre taillé en éventail, on devra figurer un demi-cercle sur le mur, au-dessus de l'arbre que l'on veut observer ; pour cet effet, on se servira d'une corde dont la longueur sera proportionnée à la hauteur du mur, dont un bout sera fixé au tronc et aussi près de terre que possible ; l'autre bout servira à faire le tracé dudit cercle, celui-ci sera divisé en deux parties égales, au moyen de deux lignes, dont l'une viendra tomber perpendiculairement sur le tronc , et l'autre horizontalement au ras du

et encore ne doivent-elles arriver à cette position que graduellement; car, la première année de leur existence, elles devront occuper une pente beaucoup plus rapide, comme de 75 à 70 degrés, et être abaissées successivement chaque année : du reste, il ne doit y avoir que leur extrême vigueur, ou le besoin de laisser sous le chaperon la place indispensable aux palissages des bourgeons chargés de prolonger ces branches, qui doit les faire abaisser à 45. Il est vrai que cet angle est souvent dépassé de beaucoup par le défaut de hauteur des murailles ou d'autres circonstances que je développerai plus tard, en parlant des défauts de quelques arbres que l'on rencontre dans certains jardins. Ce que je viens de démontrer plus haut est tout à fait applicable aux arbres dont la vigueur est égale dans les deux ailes; mais il arrive quelquefois le contraire en ce qu'un des côtés prend un très-grand accroissement, aux dépens de l'autre, qui va toujours en dépérissant; et, si l'on n'y remédie promptement, l'arbre se trouve défiguré en peu de temps, et exposé à perdre une de ces ailes : c'est ce qu'on appelle un arbre *épaulé*.

*Premier moyen*. Il faut, dans ce cas, redresser les branches affaiblies, et abaisser autant que possible l'aile la plus vigoureuse, afin que la séve soit obligée de changer sa marche, pour passer au profit de la partie faible. Si l'on joint à cette précaution celle de conserver au-dessus de la

sol; cela fait, on aura deux quarts de cercle assez réguliers; il suffira que celui de gauche soit divisé en 90 parties : cette division marquera autant de degrés dont le premier chiffre sera placé au niveau du sol, et les autres gradués de cinq en cinq, selon l'ordre numérique, afin que le plus élevé soit près de la ligne perpendiculaire dont nous venons de parler (voyez pl. 3), mais vu en sens opposé aux détails ci-dessus, par rapport à l'aile droite qui est représentée.

partie forte les auvents décrits plus loin, le succès en sera
plus prompt et plus efficace, puisque des expériences toutes
récentes m'ont prouvé que ce moyen pouvait remplacer la
plupart de ceux que l'on a mis en usage jusqu'à ce jour :
c'est aussi un excellent procédé à mettre en pratique momentanément, pour diminuer l'extrême vigueur de la partie
supérieure et le centre de quelques arbres qui auraient de
la tendance à trop pousser dans cette partie. Il est encore
un moyen que je recommanderai toujours en pareil cas,
c'est de palisser le plus près possible tous les rameaux et
lee bourgeons de la partie forte, en laissant à l'autre toute
aisance et toute liberté; si celle-ci était palissée, il serait
utile de la débarrasser de ses attaches, et de l'éloigner du
mur par des bouchons de paille ou autres corps placés entre
les grosses branches et le mur, ou par des perches sur lesquelles elle serait fixée jusqu'à ce que l'équilibre fût rétabli,
ce qui arrive assez généralement avant la fin de l'été. Il ne
serait pas convenable d'employer ce moyen trop tôt, parce
que, pendant les deux premiers mois du printemps, les
branches et les bourgeons ont besoin de la protection de
la muraille. Du reste, il peut être employé avec un pareil
succès pour une branche ou même un simple bourgeon
dont on voudrait aider le développement.

*Deuxième moyen*. Si les indications que je viens de donner étaient insuffisantes, il faudrait strictement pincer à
plusieurs époques tous les bourgeons les plus forts de la
partie vigoureuse, et même réformer les moins utiles; puis
mutiler un assez grand nombre de feuilles naissantes sur
les plus forts bourgeons réservés : quant à la partie faible,
on la traitera en sens inverse, c'est-à-dire que tous les plus
forts bourgeons devront être conservés intacts; si on est

contraint de faire quelques réformes pour éviter la confusion, elles ne devront être faites que parmi les plus faibles. Cette simple suppression livre passage à l'air, et la liberté que l'on a donnée aux branches laissant aux feuilles l'exercice de leurs fonctions absorbantes, dès lors ces parties ne tarderont pas à reprendre la supériorité, ou, au moins, l'égalité de vigueur qu'elles avaient perdue.

*Troisième moyen.* Si tous ces soins n'ont pas encore donné de résultats satisfaisants, à la taille on supprimera quelques rameaux à bois, les moins utiles, du côté fort, on l'inclinera davantage, et les rameaux vigoureux destinés à prolonger la charpente devront être taillés un peu court. S'il se trouvait sur cette partie des rameaux à fruit, on en laisserait presque la totalité, et on les taillerait un peu plus long que si l'arbre était uniforme dans toutes ses parties (1).

Le côté faible sera traité en sens inverse, c'est-à-dire que les rameaux à bois destinés à prolonger la charpente devront être taillés très-long, et, quand quelques-uns d'entre eux seront d'une belle constitution et que les circonstances le permettront, il y aura avantage de les laisser sans tailler; tous les autres, sans en excepter ceux à fruit, devront être taillés aussi court que possible, pour en obtenir plutôt du bois que du fruit. Il en résultera que le petit nombre d'yeux qui y resteront se développeront avec force, et donneront de bons bourgeons qui rétabliront bientôt l'équilibre, en ayant soin surtout d'y ajouter le palissage,

(1) C'est ce que nos anciens auteurs ont nommé *charger* la partie forte et *décharger* la partie faible. La plupart des théoriciens, ayant mal compris cette doctrine, ont imaginé de faux préceptes que j'ai réfutés, dans les précédentes éditions, en parlant du *chargement* et du *déchargement*.

comme je l'ai indiqué plus haut. Enfin on facilitera le développement de ces branches en les incisant longitudinalement. Ce moyen n'aura de succès qu'autant que leurs fibres seront encore assez élastiques pour se dilater au moment où la séve se mettra en mouvement.

*Quatrième moyen.* Si l'on taillait long une branche languissante, comme je l'ai dit pour les branches faibles, on achèverait de la perdre ; il faut, au contraire, la tailler très-court, et chercher à n'obtenir que peu ou pas de fruit, quand bien même elle serait assez vigoureuse ou assez avancée en âge pour en donner. La partie opposée, qui est d'une vigueur démesurée, sera également taillée très-court ; il est même quelquefois nécessaire de rapprocher sur le vieux bois, afin de reporter la séve dans une plus petite quantité d'yeux. Bien que ce procédé ne soit pas infaillible, c'est cependant ce qu'on peut faire de mieux, au moins pour de jeunes arbres, car, si la séve ne passe pas dans la partie languissante, elle se trouve au moins assez comprimée du côté fort pour y faire naître en dessus quelques bourgeons, dont le plus vigoureux sera choisi, protégé et incliné du côté languissant, afin de préparer le remplacement de cette partie, ce qui se fait lors de la taille qui suit cette préparation.

Ce dernier moyen ne doit être mis à exécution qu'à la dernière extrémité, ce qui est très-rare ; ceux indiqués plus haut suffisent le plus ordinairement ; et comme il n'est pas sans danger sur les arbres à fruit à noyau, le pêcher surtout, on tâche de l'éviter autant qu'il est possible. D'abord la suppression que l'on fait du côté fort oblige la séve à se porter vers la partie faible, comme on l'a vu ; mais, n'y trouvant que des branches dont les tissus sont étroits et peu élastiques, elle les déchire, s'extravase par les plaies, s'y coagule et forme ce que l'on appelle la gomme. Le même inconvénient a lieu du côté fort, parce que, les branches réservées étant taillées, comme on l'a vu, très-court, le défaut d'yeux propres à recevoir la séve, qui arrive abondamment dans cette partie, fait qu'il s'y établit souvent des extravasations semblables, et que l'on ne répare que difficilement. Il arrive aussi que les yeux qui s'y trouvent se développent avec force, et forment des bourgeons assez vigoureux pour que leurs propres yeux développent à leur tour des faux bougeons. Toutes les fois que les arbres vivent sur des terres de nature douce et un peu fraîche, ces inconvénients sont réparables, donnant à ces arbres les moyens de s'accroître pendant les années suivantes ; mais si, au contraire, cette terre est de nature sèche et brûlante ou forte et humide à l'excès, il en est tout différemment ; il faut alors tâcher, comme je l'ai dit, d'obtenir un rameau vigoureux de l'une des branches placées sur la partie forte sans trop la mutiler.

Quelques auteurs ont indiqué, en pareil cas, des procédés tout différents ; ils disent qu'un arbre dont un des côtés se disposerait à trop prévaloir sur l'autre, et dont on voudrait rétablir l'équilibre, devrait être taillé : 1° la partie forte *très-long* et incliné, afin de l'empêcher d'absorber la séve, et 2° la partie faible *très-court*. Quant à l'inclinaison, ce moyen est incontestable ; mais le reste est contre tout bon succès ; en voici la raison : on supprime les yeux sur la partie *la plus faible* et on les conserve sur *le côté fort* ; or, d'après les fonctions que nous attribuons aux yeux bien constitués comme le sont ceux-ci, il est évident que *la partie faible* doit perdre et perd effectivement bientôt le peu de vigueur qui lui restait : il faut donc bien se pénétrer de ce principe, *que plus on laisse d'yeux sur une branche ou sur une aile, plus on lui donne les moyens de s'accroître,* toutes les fois pourtant qu'elle est en bon état de santé et non chargée de fruit.

### § II. Moyens de répartir également la séve dans les diverses parties des arbres taillés en pyramide.

Les moyens que l'on peut mettre en usage pour répartir uniformément la séve dans les arbres taillés en pyramide ont un peu de rapport avec ceux que je viens d'indiquer, puisqu'ils sont basés sur les mêmes principes.

Les arbres pyramidaux nous sont envoyés des pépinières sous le nom de quenouilles, parce qu'à cette époque ils en ont la forme ; ils sont le plus souvent munis de très-forts rameaux, à leur partie supérieure, au détriment de l'inférieure, sur laquelle on ne trouve que des dards et de faibles rameaux disposés à donner des fruits : si l'art ne vient pas au secours de ces arbres, ils garderont infailliblement la forme quenouille, qui ne peut leur convenir, en ce que les parties basses sont privées d'air, et surtout de l'influence des pluies ou des rosées qui tombent perpendiculairement et sont arrêtées par les rameaux supérieurs. Il est donc essentiel de donner à ces arbres la forme pyramidale, cette forme étant beaucoup plus favorable à la conservation des branches qui se trouvent à leur base. On sent que pour l'obtenir il est urgent d'avoir des branches latérales, vigoureuses, de force à peu près égale dans toute la longueur de la tige ; mais ce n'est qu'à l'aide de principes sagement raisonnés que l'on peut atteindre ce but.

Pour y parvenir, il faut retrancher toutes les branches ou tous les rameaux latéraux de la partie supérieure, aussi près qu'il est possible de leur insertion sur la tige (1), en conservant seulement à quelques-uns la partie qui les y attache, que nous appelons la *couronne* des branches, afin que de cette partie il puisse se développer quelques yeux cachés qui donneront naissance à des bourgeons, dont les soins du pincement et de l'ébourgeonnage doivent déterminer la quantité, la position et la vigueur.

Indépendamment des branches et rameaux dont je viens de recommander la suppression, le rameau qui se trouve à l'extrémité de cette pyramide, et qui est chargé de la prolonger, doit être taillé très-court. Toutes ces opérations ont pour but de retenir la séve dans la partie inférieure, et de déterminer les faibles productions qui s'y rencontrent à se développer en rameaux à bois, ce qui aura lieu si elles n'ont pas éprouvé d'avarie par l'arrachage et le transport; enfin on taille tous les rameaux qui sont destinés à former sans confusion les branches latérales, de manière à ce qu'ils présentent dans leur ensemble la forme d'un cône très-aigu. Ce moyen suffit, comme je viens de le dire, pour ces sortes d'arbres, mais s'ils sont dépouillés d'yeux et de dards dans les deux premiers tiers de leur longueur, et que toute la séve soit portée dans la partie supérieure, ces opérations doivent être encore plus sévères, et l'on se trouve même souvent contraint de réformer la moitié et souvent les deux tiers de la tige ou d'y pratiquer des plaies annulaires, pour faire croître des bourgeons propres à former les branches latérales. Du reste, ces opérations étant tout à fait du ressort de la taille, nous y renvoyons nos lecteurs. Voilà ce que j'avais à dire sur le moyen de répartir la séve dans les quenouilles venues des pépinières.

(1) Voyez pl. 6, fig. 2.

Dans les arbres plus avancés en âge et fixés à demeure, il arrive souvent aussi qu'une des parties pousse avec beaucoup plus de vigueur que l'autre ; si nous supposons donc que ce soit la partie inférieure, et que l'on veuille en arrêter la vigueur, on aura soin de tailler très-court en supprimant la presque totalité des rameaux à bois ; l'on va même jusqu'à pratiquer le rapprochement, ce qui diminue la longueur des branches charpentières de cette partie, et leur retire les moyens d'attirer une trop grande quantité de séve ; le peu de longueur qui leur reste doit, autant que possible, être chargé de branches à fruit, ou de rameaux disposés à s'y mettre.

Les gens peu familiarisés avec l'étude des végétaux pourront s'étonner de voir en même temps supprimer des rameaux à bois et conserver soigneusement des rameaux à fruit ; mais ceci ne paraît pas contradictoire lorsqu'on sait que les rameaux à fruit sont les seuls *épuisants*, qu'ainsi en les laissant on fatigue l'arbre, tandis que les rameaux à bois servant à son développement, moins il y en a, moins l'arbre végète bien. Ces deux opérations, quoique contraires, ont donc le même résultat, celui de *charger*, c'est-à-dire fatiguer les branches auxquelles on les applique. La partie faible de cette pyramide, dans laquelle la séve circule difficilement, doit être *déchargée* de branches à fruit, et munie de rameaux à bois, auxquels on donne beaucoup d'extension et dont on peut même laisser quelques-uns *entiers*, afin qu'ils attirent davantage de séve à leur profit ; on a aussi l'attention d'inciser les écorces des parties faibles, afin de lui donner un libre cours, et l'on va quelquefois jusqu'à faire des entailles plus ou moins profondes sur la tige, et au-dessus de ces branches, afin de leur faire prendre plus de développement qu'elles n'en auraient pris sans cela. Pour les branches fortes, ces entailles se pratiquent à l'insertion même de la branche ou au-dessous. Dans le premier cas, on arrête la séve au-dessus de la branche, afin qu'elle se l'approprie ; dans le second, on l'arrête au-dessous, afin qu'elle n'y puisse parvenir.

Ces deux moyens ne s'emploient guère que sur des arbres préalablement mal dirigés, mais le succès en est presque assuré.

## SECTION II. — CONDITIONS NÉCESSAIRES A LA PERFECTION DES ARBRES A FRUIT A NOYAU TAILLÉS EN ÉVENTAIL.

### § I. Influence du sol et du climat sur la végétation.

Quelques cultivateurs prétendent à tort qu'il faut retrancher ou tailler très-court les rameaux à bois, afin que la séve qu'ils absorberaient passe au profit des rameaux à fruit, qu'il faut tailler très-long ; mais ce procédé , quoique mis en usage chez beaucoup d'excellents cultivateurs, doit plutôt être regardé comme une exception que comme une règle ; en effet, dans des localités favorisées et des terres dont la nature convient parfaitement à ces arbres, on le voit souvent réussir. Je prends en exemple mon père, dont les arbres faisaient l'admiration de beaucoup d'amateurs, et qui cependant l'employait constamment ; moi-même je l'ai souvent pratiqué dans de semblables localités et toujours avec le même succès ; mais accident ne fait point loi, et des expériences positives m'ont convaincu que, dans des sols arides et brûlants, de semblables opérations ne pouvaient être que préjudiciables à la santé des arbres.

Dans ces terres, la végétation est très-active et souvent

impétueuse ; si l'on a supprimé la plus grande partie des
rameaux à bois, ou si on les a taillés très-court, comme il
a été dit, la séve n'a plus d'issue que dans les rameaux à
fruit, dont les vaisseaux ne sont propres qu'à en recevoir
une petite quantité; dès lors il y a surabondance de séve,
qui souvent se coagule sous les écorces, les déchire et occasionne la gomme, qui est un des plus grands fléaux que
ces arbres aient à redouter.

Il est donc de la plus haute importance, pour les cultivateurs, de consulter avec soin la nature du sol qu'ils doivent
exploiter, ayant la plus grande attention à ce que les opérations soient moins rigides sur des terres brûlantes que
sur celles de nature fraîche, où les écorces des arbres se
conservent beaucoup plus souples, et propres à se dilater
dans le cas où la séve les y forcerait.

CARACTÈRES ACCIDENTELS DES RAMEAUX. — Parmi les rameaux, on trouve souvent des caractères particuliers, qui
sont dus à la nature des terres dans lesquelles ils croissent.

Dans les terres profondes, légères et brûlantes, dont nous
avons parlé plus haut, ils ne ressemblent, pour ainsi dire,
pas à ceux des arbres qui croissent dans des terres de bonne
nature, un peu fortes et convenablement humides; et enfin,
dans toutes celles que le soleil pénètre plus difficilement,
la végétation est plus tardive et les faux rameaux sont beaucoup moins nombreux que sur des rameaux de même nature dans les sols arides.

A l'influence sur le nombre vient encore se rattacher
l'avantage de la position; dans les bons terrains, ils sont
presque toujours à l'extrémité des rameaux (1). Ce fait

(1) Je dis presque toujours, parce que des accidents météoriques, la

mérite quelques détails pour être bien compris et me forcera à faire une petite digression. Quelques auteurs, sans doute uniquement théoriciens, ont prétendu qu'en règle générale la chaleur atmosphérique était le principal moteur de la végétation; je ne puis accorder à cet agent une influence aussi considérable (1). C'est en prenant ces deux faits pour base que je vais tâcher d'expliquer le développement des faux bourgeons dans des positions différentes. Ainsi j'admets comme moteur si ce n'est unique, au moins principal de la végétation, la chaleur, telle qu'elle soit; mais j'accorde à la terre la même propriété, celle de mettre la séve en mouvement, lorsqu'elle est suffisamment échauffée : toutefois je reconnais que, sans le secours de la chaleur terrestre et atmosphérique, il n'y aurait pas de développement des parties, mais cependant la séve pourrait être en mouvement. Lorsque ces deux forces agissent simultanément, la végétation est active et la croissance rapide, pourvu que l'humidité soit dans des proportions convenables, ce qui a ordinairement lieu au printemps. Mais il est des cas où l'une d'elles domine ; or ces cas sont de deux sortes et leurs effets sont essentiellement différents, selon que c'est l'une ou l'autre qui les a produits. Dans les terres froides, c'est-à-dire celles que nous appelons de bonne nature, où l'alumine domine un peu, et qui, par cette raison même, retiennent toujours une certaine quantité d'hu-

piqûre d'un insecte, etc., suffisent pour faire développer des *faux bourgeons* à la base *des bourgeons*, même dans un très-bon sol.

(1) Ce que j'avance ici est parfaitement connu de tous les cultivateurs, et surtout des jardiniers, qui, depuis un temps immémorial, ont senti la nécessité des couches de chaleur, même à l'air libre; maintenant on les emploie aussi dans les serres, où cependant des fourneaux soutiennent la température au degré nécessaire. Or, si la chaleur aérienne suffisait, celle des couches serait donc inutile ?

midité et s'échauffent difficilement, la chaleur atmosphérique agit presque seule ; mais son action n'étant pas suffisamment secondée par la terre qui n'est que peu échauffée,
la végétation est très-lente, et pendant longtemps il monte
à peine la quantité de séve nécessaire au développement
des bourgeons. Il est vrai qu'à la longue cette terre s'é-
chauffe ; mais l'humidité qu'elle contient facilitant l'élabo-
ration de la séve, celle-ci est rarement en inaction et n'a
pas ces mouvements subits et impétueux que je ferai remarquer à l'égard des terres légères : or ce sont ces mouvements brusques qui concourent le plus puissamment au
développement des faux bourgeons. Il arrive aussi une
époque où ces trois agents réunis, l'humidité, l'air et la
terre, agissent avec tant de force, que les bourgeons ne
peuvent plus employer à leur seul développement la séve
qui leur est envoyée, et c'est alors qu'il se forme des faux
bourgeons ; mais, comme à cette époque, qui est très-tar-
dive, les bourgeons ont acquis une grande partie de leur
croissance, il n'y a de faux bourgeons qu'à l'extrémité, et
ils sont peu nombreux ; cette circonstance est la plus avantageuse pour l'application de la taille. Je vais maintenant
indiquer les circonstances désavantageuses qui ont ordinairement lieu sur les sols légers et brûlants dans lesquels
le sable et la partie calcaire dominent. Ces terres s'échauffent promptement et considérablement au printemps, lors
des premiers jours de chaleur, la séve se met en mouvement et les bourgeons se développent ; mais, comme les
variations de la température sont très-fréquentes à cette
époque, des refroidissements subits de l'atmosphère l'empêchant d'arriver aux parties herbacées, et la terre, qui
est échauffée, et envoie toujours, elle parcourt les parties
ligneuses sur lesquelles l'air a moins d'influence ; elle s'ar-

rête à leur sommet, où elle s'amasse comme dans un ré-
servoir, en attendant qu'une élévation de température lui
permette d'en sortir. Quelquefois cette circonstance est longtemps attendue, et il y a une grande quantité de séve amas-
sée lorsqu'elle se présente; alors son mouvement impétueux et simultané, autant que sa quantité surabondante,
fait développer des faux bourgeons qui, comme je l'ai dit,
sont à la base des bourgeons. Telle est la première cause
de leur développement dans ces sortes de terres; mais ce
n'est pas la seule. Lorsque l'air, au milieu de l'été, est extrêmement chaud et que l'atmosphère est privée d'humidité, le développement cesse encore, et la séve monte toujours, quoiqu'en moindre quantité; mais, aussitôt que
cette humidité reparaît, la végétation recommence (c'est ce
que les cultivateurs nomment la séve d'août, la seconde
séve, etc.), et les faux bourgeons se développent encore;
il en est de même pour toutes les alternatives de pluie et
de beau temps. Telle est mon opinion sur la formation des
faux bourgeons; bien que je sois certain que la plupart des
cultivateurs, des savants la partagent et connaissent ces
faits, le nombre de ceux qui sont de l'avis contraire me
paraît assez considérable pour que j'aie cru nécessaire
d'exposer, d'une manière détaillée et aussi précise qu'il
m'a été possible, tous les faits qui pouvaient servir à éclair-
cir mes idées et appuyer mon opinion.

De toutes les conditions que je regarde comme nécessaires, celles qui dépendent de la nature du sol ne peuvent
être reproduites au gré du cultivateur; mais, lorsqu'on est
assez heureux pour posséder un terrain qui les renferme
toutes, on doit regarder comme possible d'obtenir, en taillant bien, des arbres qui aient une forme plus régulière,
plus complète que celle que j'ai figurée *pl.* 3.

Mais, comme cette régularité peut paraître extraordinaire, je crois utile de répéter que, si, dans les sols brûlants et impropres dont j'ai déjà parlé, on ne peut se promettre d'arriver à cette perfection, on doit au moins y parvenir dans les terres privilégiées que j'ai signalées ci-dessus, surtout si elles sont placées dans un lieu où l'air circule librement, et avec de bonnes murailles bien crépies et de couleur blanche, chaperonnées et exposées au midi, ou, mieux encore, au sud-est. Ces circonstances, quoique agissant ici d'une manière prononcée, seraient nulles ou presque nulles dans les terres brûlantes, où la végétation ne se soutient qu'un instant; mais cette forme étant celle que l'on doit le plus chercher à obtenir, j'ai cru utile de la présenter avec une partie des modifications qu'elle peut éprouver.

Quoique sa charpente soit incomplète, puisque jusqu'à ce jour ses branches secondaires supérieures ne sont que peu ou point apparentes, et que l'on trouve dans son ensemble quelques défauts, j'ai eu soin de les signaler sous les n°ˢ 8, 9 et 12, etc., afin que mes lecteurs puissent en saisir toutes les conséquences et les éviter en suivant mes leçons; après les avoir méditées ils pourront obtenir des arbres aussi parfaits que celui que j'ai figuré *pl.* 3 *bis*. Déjà plusieurs de mes disciples y sont parvenus; je citerai, en particulier, mon estimable confrère M. Brière résidant à Villemeux, près Dreux; ses pêchers et ses poiriers en espalier, que j'ai vus en mars 1843, ne m'ont paru rien laisser à désirer. Le comice agricole de Chartres a consigné de semblables faits dans un de ses rapports, lu en séance publique le 22 mars 1842.

Je renvoie à la *pl.* 3. L'arbre qu'on y voit figurer offre le résultat de la sixième taille et l'exemple de la septième : je n'en ai dessiné qu'une aile pour éviter toute répétition

inutile; au reste, l'analogie doit être parfaite entre les deux
côtés. Il me semble que l'on en aura une idée assez exacte
par l'inspection de cette figure, laquelle a donné pour résultat celle que je viens de citer, qui est plus âgée et munie
de ses branches supérieures ramifiées, dont la pareille branche sur l'autre aile présentera la forme d'un U au centre
de l'arbre, sur lequel je reviendrai en parlant de la septième
taille figurée *pl.* 3. Ici je ferai remarquer que ces deux arbres sont palissés sur une muraille qui a 3 mètres 25 centimètres (10 pieds) d'élévation sous chaperon, hauteur vraiment convenable au développement des pêchers plantés
dans des terres de bonne nature. Il serait même très-avantageux de pouvoir les élever davantage ; mais, au cas où
l'on ne pourrait pas le faire, il faudrait avoir soin de prendre
cette mesure pour *minimum,* quoique dans beaucoup de
jardins on en trouve qui n'ont que 2 mètres 92 centimètres
(9 pieds) et quelquefois moins. Cette hauteur a le grave inconvénient de nécessiter l'abaissement des mères branches
au-dessous de l'angle de quarante-cinq degrés pour l'aile
droite de la *pl.* 3, que je prendrai pour type dorénavant,
en me contentant de dire ici, une fois pour toutes, que
l'aile gauche devant lui être parallèle, mais en sens inverse, formera nécessairement un angle dont l'ouverture
sera de quatre-vingt-dix degrés. Il est facile de concevoir
que, quand les branches mères sont plus rapprochées de
terre, il est difficile d'établir de bonnes branches secondaires inférieures, tandis que l'on est presque forcé d'en
laisser croître de supérieures, par le nombre et la force des
rameaux qui se développent sur cette partie, et que l'on ne
pourrait supprimer sans craindre des extravasations considérables de séve, qui occasionneraient infailliblement la
gomme. Ces faits, d'ailleurs, devant être traités avec plus

de détail en parlant de la taille, j'y renvoie le lecteur; et en traitant cette matière je donnerai quelques notions sur la marche progressive qu'il faut employer pour faire arriver les mères branches à l'angle où elles se trouvent dans ce moment.

### § II. Des chaperons.

Pour le centre, le nord de la France et tous les pays froids, si les chaperons ne sont point indispensables, ils ont au moins une utilité manifeste. La plupart des bons cultivateurs de pêchers en ont senti l'importance, et déjà ceux de Montreuil, de Bagnolet, etc., les emploient avec succès; mais, comme toutes les inventions nouvelles, celle des chaperons n'étant pas encore perfectionnée, j'ai cru devoir entrer dans quelques détails sur leur forme et leur largeur; l'importance du sujet, le peu de raisonnement que l'on a mis jusqu'à présent dans leur exécution semblent le nécessiter.

Les avantages que présentent les larges chaperons sont 1° de préserver les arbres de la gelée, en en écartant l'humidité surabondante, occasionnée par des pluies, des brouillards, etc., qui séjourne auprès des yeux et des boutons, s'y congèle et les fait avorter; 2° de prévenir le déchirement des écorces, qui a lieu lors du retrait que le froid, occasionné par cette eau gelée, leur fait éprouver : cet inconvénient s'aperçoit à peine lorsqu'un printemps et un été secs viennent cicatriser les plaies; mais, si, lors de l'ascension de la séve, l'humidité continue et qu'elle ne soit point écartée par de larges chaperons, ces plaies offrent en peu de temps des symptômes de maladies quelquefois incurables, attendu que la séve s'altère, les écorces se corrodent, et malheur aux arbres qui sont en cet état : les cultivateurs disent qu'ils ont *un vice dans la séve;* c'est véritablement une espèce de gangrène dont les progrès sont aussi rapides que dans le règne animal et les résultats absolument semblables ; 3° de retenir la séve au centre des individus, de les faire croître plus régulièrement : on sait généralement que c'est par l'influence des rayons solaires que les feuilles décomposent les fluides répandus dans l'atmosphère pour s'en approprier le carbone ; on sait également que cette absorption contribue puissamment au développement des bourgeons ; si l'on empêche certaines parties de l'opérer, leur végétation doit être plus faible, comparativement à celles qui en ont la liberté ; d'un autre côté, les plantes cherchent la lumière, les parties qui en sont privées croissent moins vigoureusement que les autres : tel est l'avantage des chaperons par rapport aux extrémités des arbres qui, comme tout le monde sait, végètent ordinairement avec beaucoup plus de vigueur que leurs parties centrales et inférieures; on évitera en partie ce grave inconvénient à l'aide de cet appareil; 4° enfin l'abondance des produits, la beauté de l'arbre résultent nécessairement des avantages que je viens d'énoncer.

Une utilité aussi véritable ne pouvait manquer d'appréciateurs ; mais malheureusement une espèce de routine vint bientôt s'emparer d'eux, et, satisfaits des résultats qu'ils en obtenaient, ils ne cherchèrent pas à les perfectionner : ainsi, sans égard pour la hauteur des murs non plus que pour leur exposition, on les construisit à Montreuil uniformément et régulièrement de 11 cent. (4 pouces ou environ), et l'on ne tarda pas à proclamer cet usage comme une règle invariable. Je suis loin de partager cette opinion : je crois, au contraire, que l'on ne peut rien établir de fixe à cet égard, que les meilleurs sont ceux dont la largeur est la mieux combinée avec *la hauteur et l'exposition des murs*. Mais, comme cette seule définition serait trop vague pour fixer les idées, j'ai donné un tableau approximatif à l'aide duquel on pourra atteindre ce but ; dans tout état de cause, on donnera à ces chaperons 6 centimètres de plus pour les murs qui seront garnis de treillage.

### Exposition de l'est ou levant.

Pour des murs de 4 mètres — $0^m,19$ de saillie ou envi-
ron. . . . . . . . . . . . . . . . . . . . (7 pouces).
Pour des murs de $3^m,66$     — $0^m,17$. . . . (6 pouces).
Pour des murs de $3^m,33$     — $0^m,14$. . . . (5 pouces).
Pour des murs de 3 mètres — $0^m,11$. . . . (4 pouces).

### Exposition de l'ouest ou couchant.

Pour des murs de 4 mètres — $0^m,23$ de saillie ou envi-
ron. . . . . . . . . . . . . . . . . . . . (9 pouces).
Pour des murs de $3^m,66$     — $0^m,22$. . . . (8 pouces).
Pour des murs de $3^m,33$     — $0^m,19$. . . . (7 pouces).
Pour des murs de 3 mètres — $0^m,16$. . . . (6 pouces).

On remarque que, toutes choses égales d'ailleurs, si je donne beaucoup plus de largeur aux chaperons placés sur des murs à l'ouest que sur ceux exposés à l'est, c'est parce que, les pluies nous arrivant de ce côté, il faut des abris plus grands; dans les pays où elles viendraient du côté opposé, on ferait le contraire. J'ai également regardé comme inutile de donner les quatre expositions, parce qu'on expose très-rarement des pêchers au nord, et que l'on saura bien prendre une dimension moyenne entre ces deux extrêmes, selon que l'on se rapprochera davantage de l'une ou de l'autre.

Je termine ici ce que j'avais à dire sur les chaperons, mais en recommandant leur emploi à ceux qui voudront obtenir de beaux pêchers.

### § III. Des auvents ou chaperons mobiles.

Quoique les auvents ne soient pas de nouvelle invention pour garantir des intempéries de l'hiver et du printemps les arbres fruitiers en espalier et notamment les pêchers, on peut dire, avec regret, qu'ils ne sont pas assez répandus, puisqu'on n'en voit que dans quelques jardins; cependant c'est le moyen le plus sûr d'avoir d'abondantes récoltes. De Combles, dans son *Traité de la culture du pêcher*, en attribue l'invention à un ancien mousquetaire de Louis XV, qui possédait à Bagnolet des plantations remarquables, dont il tirait un grand produit et surtout dans des années de disette. On rapporte, à cette occasion, que dans une fête donnée par la ville de Paris, à l'époque des pêches, il se trouva seul en état d'en fournir, et il lui en fut acheté trois mille, à raison d'un écu la pièce. C'est une imitation du procédé de ce cultivateur, que les habitants de Montreuil ont mis en pratique. Il avait fait sceller, tout le long de ses murs, à 3 ou 4 centimères (un peu plus de 1 pouce) au-dessous des chaperons, et de 2 mètres en 2 mètres, des morceaux de bois de 66 centimètres de saillie, sur lesquels il faisait poser des planches pendant la saison rigoureuse. Cette méthode serait encore préférable à toute autre; mais il faudrait donner aux morceaux de bois soutenant l'auvent une inclinaison favorable à l'écoulement

des eaux, et non les sceller horizontalement dans le mur,
comme on les voit généralement à Montreuil, et dans quelques jardins. De Combles, en imitant le procédé de Girar-
dot, l'avait modifié de la manière suivante. « Au lieu, dit-
« il, de ces morceaux de bois scellés à demeure dans les
« murs, qui font un vilain effet à la vue pendant l'été, j'ai
« fait faire de petites potences, composées de trois mor-
« ceaux de bois, dont le dessus va un peu en talus, pour
« faciliter l'écoulement des eaux de la couverture qu'elles
« portent; elles s'attachent avec des osiers à la dernière
« maille du treillage, de 6 pieds en 6 pieds (1 mètre
« 95 cent.), et, au lieu de planches, j'ai fait, à l'imitation
« des habitants de Montreuil, des petits paillassons de
« 2 pieds environ (65 centimètres) de largeur sur 11 pieds
« (3 mètres 57 centimètres) de longueur, maintenus par
« deux doubles lattes opposées, que j'ai soin de fixer avec
« du fil de fer plutôt qu'avec toute autre substance; au
« mois de février, je pose mes paillassons sur ces potences,
« et je les y arrête avec des osiers; ils demeurent en cet
« état jusqu'au mois de mai, que je fais tout délier et re-
« porter dans ma serre. » On voit que, pour adopter la
méthode de de Combles, il faut que les murs soient garnis
d'un treillage; quand il n'en est pas ainsi, il suffit que le
montant de la potence soit percé de deux trous au moins,
pour être fixé avec deux clous sur les murs qui en seront
dépourvus. C'est sur l'exposition autant que sur la hauteur
des murs qu'il convient de déterminer la largeur de l'auvent; on peut prendre, pour terme moyen, les dimensions
suivantes : 38 centimètres pour des murs de 3 mètres d'é-
lévation ou environ, exposés au midi et dérivant un peu
vers l'est ou l'ouest; 48 centimètres pour les murs de même
hauteur dont la façade regarde l'ouest. Quant à ceux ex-

posés au levant, ils peuvent être dispensés de cet appareil toutes les fois que la saillie de leurs chaperons aura été établie comme il a été dit en traitant cette matière; si les murs avaient plus d'élévation que celle qui vient d'être fixée *pour servir de régulateur*, on augmenterait la largeur de leurs auvents d'un dixième; l'opposé devra avoir lieu pour ceux destinés à des murs dont la hauteur serait moindre.

L'effet de ces auvents, que l'on doit placer par préférence en janvier, avant qu'aucune végétation ne se soit fait remarquer, et que l'on retire lorsque les plus forts bourgeons ont acquis de **11** à **16** centimètres de longueur, est beaucoup plus important qu'il ne le semble d'abord : ils s'opposent principalement au rayonnement en cachant aux arbres l'aspect direct du ciel, ils les préservent d'une humidité surabondante en interceptant les pluies et les brouillards, et les rendent, par cela, moins sensibles à la gelée, bien plus à craindre pour les végétaux mouillés que pour ceux qui sont secs; enfin, lors de l'apparition des feuilles, ils s'opposent au développement excessif que tendent toujours à prendre les parties les plus élevées d'un arbre, et maintiennent la séve dans les parties inférieures; c'est pour cela que je les emploie pour faire équilibre dans toutes les parties des arbres en espalier. (Voyez *Équilibre de végétation.*)

Mes propres expériences m'ont fait remarquer que, pour de jeunes arbres, il est important de fixer les auvents à **11** ou **16** centimètres (4 ou 6 pouces) au-dessus de l'endroit où se terminent les plus forts rameaux, de manière qu'après les avoir taillés il s'y trouve un espace de **49** à **54** centim. (**18** à **20** pouces ou environ) : beaucoup plus élevés, ils remplissent mal leur but; plus bas, ils exposent les jeunes pousses à manquer d'air, ce qui les fait étioler.

### § IV. Des couvertures.

Parmi les divers matériaux employés à la couverture des arbres à fruit à noyau cultivés le long des murs en espalier, les paillassons jouent un très-grand rôle; on les fabrique, pour cet usage, de peu d'épaisseur; on devance un peu l'époque de la fleuraison des arbres qu'on veut conserver, pour les fixer à la hauteur voulue par le besoin; on les tient roulés à ce point, au moyen d'une fiche en bois de 16 à 22 centimètres (6 à 8 pouces), enfoncée à travers ce paillasson; à cette fiche est joint un bout de ficelle de 60 centimètres ou environ, dont l'autre extrémité est fixée à la muraille au moyen d'un clou ou maille du treillage quand ils en sont garnis; lorsque le besoin de couvrir se fait sentir, on se sert d'une perche dont l'une des extrémités est traversée par un fort clou dont la pointe sert à faire échapper la cheville qui tient le paillasson, et bientôt il se trouve étendu à la place qui lui a été désignée à l'avance. Ce travail ne demande que quelques minutes pour en détacher un assez grand nombre; la difficulté est de les relever, ce qui doit avoir lieu toutes les fois que le thermomètre monte au-dessus de zéro. On a tenté divers petits moyens mécaniques qui ont tous échoué, ce qui a contraint, jusqu'à ce jour, de faire ce travail à la main; quoique ce mode de couverture soit assez bon, il n'est pas sans faire éprouver quelques petits dégâts par la perte des fleurs occasionnée par le vacillement que les vents font éprouver aux paillassons; les propriétaires qui ne craignent pas trop les dépenses se servent de toiles claires (1) fixées à des

_______

(1) Pour rendre ces toiles plus durables, on aura le soin de les tremper pendant vingt-quatre heures dans une lessive de tan ; après quoi,

perches distantes entre elles de 1 mètre ou environ, placées sur une ligne à 34 ou 40 centimètres du mur et inclinées de manière à ce que leur extrémité puisse être fixée sous le chaperon; ces toiles restent à demeure jusqu'à ce que les froids soient dissipés. Ce moyen est un des plus sûrs, mais aussi des plus dispendieux; pour obvier à cet inconvénient on se sert de branches d'arbres garnies de leurs feuilles, ce qui doit être prévu lors du mois d'août ou de septembre. A cette époque, on choisit les essences d'arbres dont les feuilles sont les plus tenaces, ce qui a lieu parmi les diverses variétés de chênes, hêtres et charmes, et la plus grande partie des arbres verts, résineux; on fait provision de ces branches, que l'on coupe aux longueurs fixées par le besoin; ces branches devront être mises en presse dans un endroit bien aéré et garanti des pluies; on aura soin de les visiter jusqu'à leur parfaite dessiccation, afin d'empêcher toute fermentation, ce qui ferait tomber les feuilles : cette opération a pour but de les aplatir de manière à en former des espèces de palmettes, ce qui en facilite la pose lorsque les murs sont garnis de treillage; ce placement est très-simple, en ce qu'il suffit de présenter leurs gros bouts sous ce treillage et de les y fixer la tête en bas. Lorsque ces treillages n'existent pas, il est essentiel que ces branches soient beaucoup plus longues et aiguisées par leur gros bout, pour être enfoncées à peu de distance du mur : cette pratique est fort bonne à mettre en usage dans le nord et l'ouest de la France et les pays analogues ! mais le premier moyen doit être préféré, en ce qu'il éloigne l'hu-

on les retire sans les tordre pour les faire sécher. Ce travail doit se répéter toutes les années. Cette lessive doit être composée d'une mesure de tan sur huit d'eau, lesquelles on fera bouillir pendant une heure, et et macérer quelques jours avant d'en faire l'emploi.

midité avec plus de facilité que ne le peut faire le second. On recommande l'usage de couvrir les troncs et les grosses branches charpentières des pêchers, afin de les garantir de l'action du soleil : les uns se servent de petites planches réunies en forme de gouttières; les autres préfèrent des écorces d'arbres de diverses essences, et qui prennent naturellement la forme de ces branches. De Combles, excellent praticien, conseille l'usage de la paille de seigle maintenue avec de la brindille d'osier; ces différents moyens, quoique assez bons à mettre en pratique, ont le défaut de servir de repaire à une foule d'insectes qui s'y multiplient : pour obvier à cet inconvénient, j'ai souvent fait usage d'un engluage composé de matière liquide de couleur blanche, pouvant devenir solide après son application; le blanc de céruse, auquel on joint la quantité d'huile grasse nécessaire pour en former un amalgame un peu épais, m'a paru être la matière la plus convenable, à cause de sa solidité et de sa couleur blanche propre à éloigner les rayons solaires, puis à boucher les fendilles des écorces et empêcher l'humidité d'y séjourner; l'huile qui entre dans cette composition ne peut porter aucun préjudice à ces arbres, puisqu'il m'est souvent arrivé de l'employer pour faire périr plusieurs insectes. (Voyez *Kermès*.) On peut, à défaut de blanc de céruse, se servir d'un lait de chaux ou d'un mélange de lait et de blanc d'Espagne dont on fait l'application lors du printemps de chaque année.

### § V. De la construction et de la couleur des murs propres à aider la culture des pêchers et des autres arbres.

Lorsque les murs seront uniquement établis pour protéger les arbres fruitiers sur lesquels ils doivent être palissés, on devra les placer au moins à 10 mètres les uns des autres, et les orienter du sud au nord, afin que l'une des faces regarde le levant et l'autre le couchant : deux expositions propres à ces cultures, avantage que n'ont pas les murs de clôture, qui, pour la plupart, n'en offrent qu'une, dont la plus favorable est celle qui fait face au soleil de dix heures; toutes les fois qu'on les construira sur un terrain brûlant, on fera bien d'y pratiquer dans la hauteur de leur fondation des issues en forme de barbacanes distantes entre elles de 50 centimètres, lesquelles auront pour objet de donner un libre passage aux racines des arbres plantés du côté sec, afin qu'elles puissent trouver du côté opposé une fraîcheur favorable à leur développement; ce mode de construction très-simple par lui-même devra être mis en pratique toutes les fois que les localités le permettront; aucun de ceux qui sont destinés à soutenir des terres, et connus sous le nom de *terrasses,* n'est propre à la culture des pêchers. Les matériaux employés à la construction de ces diverses murailles varient suivant les localités, ce qui est tout à fait indifférent; l'important est de les crépir d'un enduit qui ne permette aucun refuge aux insectes : le *plâtre,* par sa ténacité et sa couleur, est reconnu comme étant une des matières les plus propres à remplir cette condition. Les cultivateurs de Montreuil et de Bagnolet font souvent recrépir leurs murs pour boucher les trous que les clous y font chaque année, et qui servent d'asile à des myriades d'insectes qui s'y réfugient dans la mauvaise saison; mais un des plus grands avantages qu'ils en retirent et dont quelques-uns se doutent à peine est la couleur blanche qu'ils y entretiennent, et qui, comme nous allons le voir, est aussi nuisible aux insectes qu'utile aux végétaux. Des expériences positives et multipliées ont prouvé que les surfaces brillantes réfléchissaient davantage et absorbaient moins la chaleur que les surfaces ternes; il a également été démontré que cette loi d'absorption et de réflexion était en raison directe de l'intensité de la couleur. Ainsi une surface blanche et polie, par exemple, absorbera cent rayons de calorique dont elle émettra quatre-vingts, tandis qu'une autre de couleur noire et terne en absorbera deux cents et n'en réfléchira que cent; on conçoit que celle-ci, ayant conservé cent rayons contre l'autre vingt, doit être beaucoup plus échauffée : or il s'agit maintenant d'examiner comment chacune de ces deux circonstances peut être utile ou nuisible aux arbres.

1° Les insectes sont ordinairement de couleur brune; ils se logent de préférence dans les murs de cette couleur pour se dérober aux regards; 2° ils aiment la chaleur et la cherchent; 3° leurs œufs en ont besoin pour éclore, par cette raison réussissent bien mieux sur le noir que sur le blanc. Il est évident qu'il y a plus d'insectes sur des murs noirs que sur ceux où l'air est ravivé par le reflet que la couleur blanche y produit pendant la présence du soleil; restait à savoir quel était leur effet sur la végétation; des observations à l'infini m'ont donné des preuves non équivoques que les murailles de couleur blanche sont celles qui conviennent le mieux aux pêchers cultivés dans le centre et l'ouest de la France; que celles de couleur noire ou ternies par l'âge leur sont défavorables, en ce que les premiers rayons solaires de la fin de l'hiver et ceux du commencement du printemps sont absorbés par cette couleur qui se communique presque de suite aux arbres et les excite à une végétation intempestive, qui bientôt est arrêtée subitement par des temps humides et froids susceptibles d'occasionner la perte de leurs produits. Du reste, tous les cultivateurs savent que rien n'est plus dangereux aux végétaux que les alternatives du chaud ou du froid : ce changement subit est d'autant plus prompt ici, que la couleur noire a également la propriété d'absorber le froid de l'atmosphère dans des proportions qui varient en raison du plus ou moins de nuages qui s'y trouvent suspendus, mais que l'on peut évaluer à un treizième (1); les pêchers palissés sur de telles murailles souffriront davantage de la gelée que s'ils étaient sur des murs blancs. Il est bon aussi de prévenir le lecteur que, pendant l'été, cette couleur noire est également nuisible aux pêchers, par rapport à l'excès de chaleur qu'elle leur communique. D'après ce qui vient d'être exposé, on peut conclure que cette couleur n'est vraiment recommandable dans notre pays que pour les cultures primordiales, sur lesquelles on place des vitraux, afin de conserver cette chaleur au bénéfice des végétaux que l'on y cultive.

### § VI. Des treillages.

Les treillages sont, généralement, confectionnés avec

(1) Des expériences répétées, pendant le grand froid de 1838, m'ont prouvé cette assertion, mais dans des proportions bien plus considérables. Je citerai un fait : le 20 janvier de cette même année, lorsque la température était à 16° au-dessous de zéro, trois thermomètres bien gradués avaient été placés, depuis plusieurs jours, sur un même plateau et aux mêmes rumbs de vent; l'un à l'air libre, et les deux autres sous des vases de terre cuite, de mêmes diamètre et pesanteur : l'un d'eux avait été peint en noir et l'autre en blanc, au moment où je faisais cette observation; le thermomètre placé sous le vase blanc marquait 16°, température à peu près égale avec celui qui était resté à découvert; celui qui était sous le pot noir marquait 19° : ne voulant laisser aucun doute sur ce fait, j'opérai vivement sur ces vases *vice versâ*, et je fus convaincu de son authenticité.

des tringles de bois de chêne ou de châtaignier fabriquées
à cet effet; ce dernier a obtenu la préférence, pourvu que
son aubier en soit extrait ; cependant ceux que l'on établit
avec de gros *chênes et des acacias* fendus ou sciés sont bien
préférables, mais trop rares pour l'emploi ordinaire. On est
dans l'usage de joindre ces parties en en formant des petits carrés longs de 19 centimètres de large sur 22 centimètres de haut, terme moyen (1); il serait infiniment plus
avantageux de diviser la masse de ces tringles en deux parties pour être inclinées à l'angle de 45 degrés environ, de
sorte que, par leur ensemble, elles forment des losanges :
cette forme, qui réunit tous les avantages de l'autre mode,
a le précieux privilége de ne pas retenir l'humidité, à laquelle s'attachent souvent de petits corps étrangers susceptibles d'y occasionner la pourriture, et nuisibles à la conservation des treillages et au bien-être des arbres! On a
tenté de faire des treillages avec de gros fils de fer très-

(1) Ces treillages devront toujours être fabriqués de préférence dans
les ateliers et par panneaux, en prenant la précaution de les joindre en
sens opposé à la face qui doit représenter sur la muraille, afin que le
point de jonction et de torsion des fils de fer ne puisse donner prise à des
déchirures aux branches susceptibles de les rencontrer. J'ai vu des
treillages de cette nature faits sur place, et on avait évité l'inconvénient
que nous venons de signaler en remplaçant ce fil de fer au moyen d'un
ou deux clous d'épingle traversant les deux tringles et rivés avec intelligence, du côté du mur. Ces clous, et notamment ceux que l'on est
obligé d'employer pour faire le palissage à la loque, devront, pour le
mieux, être galvanisés pour éviter la rouille, laquelle corrode les écorces
des pêchers qui y sont adhérents et aide à l'accroissement de la gomme
que les blessures de ces mêmes clous y produisent quelquefois. Quant
à la couleur à donner à ces treillages, celle de vert-de-gris devra avoir
la préférence par rapport à son aspect et à sa solidité : le blanc de céruse
et l'olive claire sont également en usage ; mais de telle nature qu'elle
puisse être, on recommande de faire l'application des deux premières
couches avant l'assemblage de ces parties.

largement maillés; l'expérience a démontré que ce procédé ne devait être mis en usage que pour la culture de la vigne ou d'autres plantes sarmenteuses peu sensibles aux blessures. Telles sont les connaissances théoriques utiles aux praticiens; je vais maintenant en faire l'application aux diverses opérations qui font l'objet de la seconde partie.

# SECONDE PARTIE.

## *CONNAISSANCES PRATIQUES.*

## CHAPITRE PREMIER.

### OPÉRATIONS PRÉPARATOIRES.

#### § I. De l'éborgnage.

D'après l'ordre que j'ai suivi dans la première partie, c'est ici que j'aurais dû démontrer cette opération ; mais, comme elle se fait au moment même de la taille, je n'ai pas cru devoir l'en séparer, et j'y renvoie le lecteur.

#### § II. Du pincement.

On entend, par ce mot, rogner un bourgeon en le pinçant avec l'ongle du pouce et celui de l'index, afin qu'il se rompe au moyen de cette pression ; ce mot, quoique adopté par l'usage habituel, est peu intelligible pour l'étude, en ce qu'il n'a pas de rapport à l'opération qu'il désigne ; cette réflexion m'a déterminé à y substituer celui de *rogner*, persuadé qu'il sera accueilli dans la suite des temps ; ainsi, dès aujourd'hui, nous adoptons ce mot, et, si nous nous écartons encore quelquefois de cette règle, c'est par crainte de brusquer les habitudes.

DU PINCEMENT SUR LES ARBRES A FRUIT A NOYAU TAILLÉS EN ÉVENTAIL. — Le pincement est une opération estivale qui a pour but de modérer la vigueur des bourgeons opérés, d'en arrêter le développement et de faire passer l'excédant de leur séve au bénéfice de ceux qui resteront entiers, ce qui leur fait prendre de la force et les rend plus propres à remplir les diverses fonctions qui leur sont assignées lors des opérations de la taille (1). Ainsi, à quelques exceptions près, je le répète, tous les bourgeons nécessaires à l'organisation des arbres, et dont le trop grand développement pourrait être nuisible, doivent être rognés sans égard pour leur position, leur longueur et leur nature ; mais, pour le succès complet d'une grande partie

---

(1) J'ai souvent aussi pincé, et toujours avec beaucoup de succès, des bourgeons très-vigoureux destinés à prolonger les branches mères, afin d'obtenir de cette partie pincée une bifurcation que j'appelle *anticipée*, laquelle ne doit rien changer de la continuation de cette mère branche, en ce qu'une partie de cette bifurcation devra être destinée à son prolongement sans lui occasionner de coude trop apparent ; l'autre moitié aura pour but la création d'une branche secondaire inférieure, qui, comme nous l'avons dit pour ces arbres, doit être espacée entre elles d'environ 1 mètre ; ainsi, lorsqu'il s'agira de faire naître par cette opération une de ces bifurcations au-dessus d'une autre qui aurait été obtenue par la taille précédente, dans ce cas il faut attendre que ce bourgeon ait pris l'accroissement nécessaire pour obtenir cette distance ; arrivé à ce point, on en pincera l'extrémité seulement, et on surveillera attentivement cette première opération afin d'en réformer de bonne heure tous les bourgeons qui se présenteront étrangers à la bifurcation proposée : je reviendrai sur ce mode d'opérer en parlant des premières opérations de la taille moderne en V ouvert.

d'entre eux, il faut opérer lorsqu'ils ont de 8 à 16 centimètres (3 à 6 pouces) de longueur environ, et qu'aucune de leurs parties en soit encore ligneuse. Dans cet état, on les rogne à 3 ou 4 centimètres de leur naissance ; si, par surprise ou manque de temps, ces bourgeons avaient pris un trop grand développement, et que leurs parties basses eussent une consistance ligneuse, il faudrait se servir de la serpette et couper plus court ; malgré cette précaution, l'opération serait beaucoup moins fructueuse que si elle avait été faite à temps (1).

On devra épier les premiers résultats de cette opération, afin que, s'il venait à se former quelques nouveaux bourgeons trop vigoureux sur cette partie, on pût les opérer de même ; et il est fort rare que l'on soit obligé de recommencer une troisième fois.

Ces opérations donneront, lors de la taille, l'avantage d'avoir beaucoup de petits rameaux à fruit du premier et du second ordre. (Voyez le résultat de ces opérations, *pl.* 3, n°ˢ 22, 23, etc.)·

Il existe aussi beaucoup de bourgeons moins vigoureux que ceux dont je viens de parler, qu'on laisse entiers jusqu'à ce qu'ils aient de 27 à 40 centimètres (10 ou 15 pouces environ) de longueur, et qui, arrivés à cet état, devront être rognés, afin de diminuer leur vigueur et de concentrer la séve au profit des yeux qu'ils portent, ce qui leur fait prendre du volume et les constitue à l'état double et triple ; mais il ne faut pas qu'une telle opération les expose à se développer en faux bourgeons, ce que l'on évitera facilement en ne retranchant que la partie herbacée.

(1) On ne peut fixer l'époque où l'on doit faire cette opération, puisqu'elle est relative à la végétation des bourgeons, qui est elle-même très-variable.

C'est plus particulièrement sur les bourgeons des parties supérieures que le pincement peut être employé avec avantage ; il l'est plus rarement sur les parties inférieures ; cependant on l'y opère quelquefois, mais c'est pour une autre cause que je vais indiquer.

Quand les branches à fruit placées sur les coursonnes de la partie inférieure donnent des bourgeons peu propres au développement de cés dernières et nuisibles à ceux destinés au remplacement, on doit les rogner, mais encore avec moins de rigidité que ceux dont je viens de parler ; il suffit de couper leur extrémité pour que la plus grande partie de leur séve les abandonne et passe dans ceux qui sont restés entiers : par ce moyen, on évite la confusion dans les branches sans nuire à leur développement ; la taille en vert et l'ébourgeonnage font le reste. Quant aux branches de même nom placées en dessus, tous les bourgeons, excepté les deux qui se trouvent à leur base, doivent être rognés à la troisième ou quatrième feuille : ce nombre est favorable à l'alimentation des fruits qui se trouvent à la base de chaque bourgeon opéré ; une plus grande quantité serait inutile et souvent nuisible en ce qu'elle mettrait de la confusion et attirerait une trop grande abondance de séve dans l'extrémité de ces branches, et leur ferait prendre trop de force au détriment des deux bourgeons réservés à leur base. (Voyez de ces branches, *pl.* 3, n^os 9, 10, 12 et 14, etc.)

Du pincement des faux bourgeons. — Ils doivent être pincés, en grande partie, lorsqu'ils ont à peine de 11 à 16 centimètres (4 à 6 pouces) de long, un peu au-dessus de la troisième feuille ; si cependant celle-ci se trouvait trop éloignée des deux premiers, qui sont presque toujours opposés, on se contenterait de pincer au-dessus de ces derniers, afin d'éviter un moignon démesurément long. Cette opération concentre la séve dans la partie conservée, assure l'existence des yeux qui s'y rencontrent et fait quelquefois prendre un volume très-considérable lorsqu'il ne forme pas de rameaux à fruit du premier ordre. Si des occupations ou toute autre cause ne permettaient pas de faire ces opérations à temps, et que ces faux bourgeons eussent acquis de 32 à 40 centimètres (12 ou 15 pouces ou plus), on devra, lors de l'ébourgeonnage ou des divers palissages, réformer tous ceux qui seraient inutiles et qui pourraient former de la confusion (1); les autres seront rognés par leur extrémité seulement, à moins qu'ils ne soient destinés à un usage particulier, comme je vais l'indiquer.

Quoique ce soit une règle générale de rogner les faux bourgeons réservés, il est quelquefois prudent d'en conserver quelques-uns entiers, afin, d'une part, d'amuser la séve et, de l'autre, de se procurer des ressources pour le remplacement des bourgeons principaux, dans le cas où tous leurs yeux auraient développé des faux bourgeons, car cette circonstance les rend souvent impropres à continuer les branches, fonction à laquelle ils ont été destinés primitivement; lors de la taille, on se félicitera d'avoir eu la précaution de conserver quelques faux bourgeons pour y subvenir. Leur position n'est pas indifférente, elle doit être en raison du parti que l'on en veut tirer : s'ils sont destinés à remplacer le bourgeon principal, on doit choisir

---

(1) Ces faux bourgeons devront être coupés avec une serpette, et non arrachés, comme on le fait trop généralement; car cette opération détruit souvent la feuille qui est à leur base, ce qui est un inconvénient grave qu'il faut éviter dans cette suppression.

un des plus près de la base, des plus vigoureux, placé en avant du bourgeon auquel il appartient et sur lequel on le fixe d'abord au moyen de petites brides, lesquelles protégent celui-ci pendant toute la montée de la séve, afin qu'il puisse acquérir au moins le tiers du volume du bourgeon principal, ce qui le rendra propre au but proposé. Si, malgré ces précautions, il restait maigre et chétif, lors de la taille il faudrait se servir du rameau principal quel qu'il fût, dans la crainte de donner à la séve une trop forte commotion. Quant aux faux bourgeons destinés à amuser la séve, pour empêcher qu'il ne s'en développe d'autres, on doit préférer ceux qui sont en dessous ; cette position permet de les utiliser, si besoin est, lors de la taille, en cherchant à leur faire produire une grande quantité de fruits, ce qui arrive en les taillant long. Quant à ceux qui se développent aux extrémités et qui devront être réformés par la taille, on est généralement assez indifférent sur leur croissance, toutes les fois, pourtant, qu'ils ne formeront pas confusion et qu'ils ne seront pas susceptibles d'attirer une trop grande quantité de séve prise au détriment de quelques parties utiles ; dans ce cas, leur réforme est de rigueur.

Du PINCEMENT SUR LES ABRICOTIERS. — Les règles de ce pincement sont les mêmes que pour le pêcher. Les branches coursonnes exigent seules des opérations un peu différentes ; en effet, on doit seulement rogner à environ 5 centimètres (2 pouces) de leur naissance tous les bourgeons développés par elles et qui paraîtraient disposés à prendre un accroissement plus considérable. Cette longueur de 5 centimètres (2 pouces) contient une assez grande quantité de feuilles pour que ces branches puissent se conserver en santé et se préparer à donner beaucoup de fruit l'année qui suivra cette opération.

Pour les arbres de cette espèce cultivés en plein air sous la forme en vase et têtard, j'ai remarqué que tous les bourgeons vigoureux destinés au prolongement des branches charpentières doivent être rognés lorsqu'ils ont la longueur de **16** à **18** centimètres, ce qui les réduit à **10** environ : cette opération fait développer beaucoup de petits rameaux, qui sont abondamment chargés de boutons à l'époque de la taille; les autres bourgeons doivent être opérés comme il est dit pour les arbres en espalier. Cette opération, quoique très-importante sur ces arbres, est moins assujettissante que pour le pêcher. Celle pour le prunier et le cerisier est tout à fait semblable.

Du pincement sur les arbres a fruit a pepins taillés en éventail. — Les règles de ce pincement sont les mêmes que celles que nous venons d'étudier et les résultats doivent en être identiques, c'est-à-dire que par cette opération l'on doit obtenir quelques petits rameaux à bois, un plus grand nombre de brindilles et de dards, dont nous avons vu l'importance lorsque j'ai indiqué l'emploi de chaque branche.

Toutes les fois que les bourgeons placés sur les branches à fruit paraîtront, par leur vigueur, donner naissance à des rameaux de plus de **11** à **16** centimètres (4 à 6 pouces) de longueur, on devra les rogner très-rigidement, afin d'éviter leur accroissement, qui par cela même ferait prendre trop de développement à leur mère, et la ferait souvent convertir en branches à bois, ce que l'on voit trop souvent arriver par la négligence ou le manque de temps des cultivateurs. Lorsque ces bourgeons ont pris le caractère de rameaux, on peut, à la vérité, les supprimer en les cassant à 3 centimètres (1 pouce tout au plus) de leur base; mais il vaut toujours mieux éviter cette opération, quand faire se peut : du reste, voyez CASSEMENT.

DU PINCEMENT SUR LES ARBRES EN PYRAMIDE. — Ce pincement ne diffère en rien de celui que nous avons indiqué pour les arbres en éventail; c'est-à-dire que tous les bourgeons de 8 à 16 centimètres (3 à 6 pouces), dont on redoute le développement, doivent être rognés. Ils sont presque exclusivement placés vers l'extrémité de la branche qui continue la flèche de ces arbres et celle de leurs branches latérales.

Nous allons maintenant examiner chacune de ces branches en particulier.

La première qui va fixer notre attention est celle qui doit continuer la flèche ou tige.

Avant de rogner aucun de ces bourgeons, il faut en examiner l'ensemble, et voir si la séve y est bien répartie, ce qui arrive rarement, parce que, comme nous l'avons vu, elle se porte souvent vers l'extrémité aux dépens des parties inférieures : c'est donc au pincement à la répartir d'une manière uniforme.

Ceci examiné, si le bourgeon terminal n'a éprouvé aucune avarie jusque-là, on le conserve intact, pour continuer cette flèche; si, au contraire, on le trouve incapable de remplir ce but, on choisit, parmi les bourgeons latéraux, celui qui y paraît le plus propre, en le conservant entier, pour être fixé aussi perpendiculairement que possible, et l'on a soin de pincer tous ceux de son voisinage afin d'éviter les inconvénients que l'on remarque *pl.* 5, *fig.* 9, aux lettres *A*, *B*, *C*. Le pincement de ces rameaux, lors de leur développement, aurait dû être fait d'après les exemples représentés même planche, *fig.* 10, n^{os} 7, 8, 9. Cette opération est encore plus importante, lorsque ceux-ci semblent nuire aux bourgeons de la même série placés à la base de l'arbre; car il est surtout important de faire prendre de l'accroissement à ces derniers, qui pèchent presque toujours par le défaut contraire; par cette raison, il faut les conserver entiers autant que possible. (Voyez le bas de la *fig.* 10, *pl.* 5.) Si ces opérations ne leur font pas prendre le développement nécessaire, ce qui est rare, il faut rogner un peu l'extrémité du bourgeon terminal lui-même; si, dans le nombre de ceux préalablement rognés, il s'en est développé de nouveaux, il faut les opérer une seconde fois, avec autant de sévérité que la première.

Passons maintenant aux branches latérales : lorsque quelques-unes prennent trop de développement, il faut non-seulement en pincer tous les bourgeons latéraux, mais même le terminal, et quelquefois le supprimer entièrement; mais, dans ce cas, il sera prudent de pourvoir à son remplacement par un des bourgeons latéraux faibles, que l'on redressera par une petite bride de jonc, ou tout autre corps flexible que l'on aura à sa disposition.

Pour les branches dont la végétation est modérée et ne domine pas trop celle des autres (ce qui doit former la majeure partie des arbres bien taillés), les opérations sont fort simples; il suffit, pour la plupart, de rogner un ou deux des bourgeons latéraux placés en dessus de chacune et dans le voisinage du terminal, afin d'assurer son développement (1) et mettre à fruit beaucoup de ceux qui ont été pincés : en effet, par ce moyen, à l'époque de la taille,

_______

(1) Si sa mauvaise constitution ôtait cet espoir, on préparerait de bonne heure un des bourgeons latéraux vigoureux pour le remplacer.

beaucoup portent un ou plusieurs petits dards. (Voyez *pl.* 6, *fig.* 1, lettres *B*, *C*, *D*.) Cette opération assure donc le développement des bourgeons destinés au prolongement des branches, tandis que, si elle était négligée, chacune de ces branches aurait pu devenir semblable à celle qui est représentée à la lettre *A*, même figure et même planche.

Avant de terminer cet article, je dois dire un mot d'un nouveau mode de pincement appliqué aux bourgeons sortant des greffes en écusson destinés à la création de ces arbres; ainsi donc, toutes les fois que ces bourgeons auront acquis la hauteur de 32 à 41 centimètres (12 à 15 pouces), et qu'ils paraîtront vigoureux, on rognera leurs extrémités, ce qui fait prendre du corps à ces tiges naissantes et en fait sortir beaucoup de faux bourgeons, dont le plus rapproché de cette opération est conservé intact à chaque arbre, afin de continuer leur flèche; puis une partie des bourgeons latéraux et notamment les plus forts doivent être rognés de bonne heure, afin qu'aucun de ceux-ci ne puisse dominer la tige ou nuire à la belle symétrie des arbres ainsi traités. Cette pratique est mise en grande vigueur par des pépiniéristes distingués : d'une part, elle aide la formation de ces arbres; de l'autre, elle l'avance de plus d'une année.

En résumé, si le pincement a été opéré d'après les indications ci-dessus développées, à l'époque de la taille, on n'aura aucun rameau inutile à réformer; tous ceux réservés sur les arbres devront avoir leur but d'utilité, pour être taillés ou conservés entiers, selon l'exigence des cas prévus.

### § III. De la taille en vert.

Cette taille, qui est le contrôle de celle de l'hiver, est

connue de beaucoup de personnes sous le nom de taille de mai; elle est spécialement appliquée aux branches à fruit du pêcher; cependant nous verrons plus loin qu'elle ne doit pas non plus être négligée pour celles qui composent la charpente de ces mêmes arbres.

Lorsque les *branches à fruit*, ou propres à le devenir, placées sur les branches coursonnes, n'ont pas réussi, c'est-à-dire lorsque les fleurs ne sont point nouées, il est convenable de les rapprocher sur un ou deux bourgeons les plus voisins de la coursonne; on a recours à ce moyen toutes les fois que la branche est dépourvue de forts bourgeons à sa base. Dans tous les cas, il sera utile de prendre en considération ce que je vais indiquer : 1° l'influence que les bourgeons peuvent exercer sur la végétation, comme je l'ai dit, sont autant de pompes propres à attirer la séve; 2° la position des branches sur lesquelles on opère, leur constitution, leur vigueur, et enfin l'emploi qu'on en veut faire.

Quelques auteurs conseillent de rapprocher indistinctement toutes ces branches; pour moi, je n'admets cette opération que pour une partie : car, si l'on rapproche une branche faible sur un ou deux bourgeons d'une constitution relative, dans l'espoir de la faire développer, ces bourgeons ne pourront attirer dans cette partie une aussi grande quantité de séve que s'il en était resté un plus grand nombre (1), dès lors on court risque de manquer son but. Pour arriver plus sûrement à de bons résultats, je conseillerai de différer au moins jusqu'à ce que la plus grande partie

(1) Ceci n'est point une anomalie, c'est le même principe que pour la taille d'hiver ; en effet, dans l'une et l'autre opération, toute branche en bonne santé non chargée de fruits, à laquelle on laisse peu de bourgeons, prendra moins de développement que si on lui en laisse davantage.

des bourgeons soient devenus rameaux; cependant, quand on visite ces branches, s'il se trouve à leur base un ou deux bourgeons déjà bien découverts de leurs écailles et qui en assurent le développement, on peut supprimer le reste de cette branche, et l'on aura plus de facilité pour placer les bourgeons réservés; quant aux branches qui auraient conservé leurs fruits, on ne pourra leur faire cette opération qu'après la cueillette; elle est même souvent différée jusqu'à la taille d'hiver, mais ce n'est pas sans inconvénient.

Lorsque ces branches sont placées en dessus et qu'elles ont une grande vigueur, comme il arrive très-souvent, si l'une d'elles est destinée à former une branche secondaire ou intermédiaire, il faudrait la laisser entière; autrement il serait utile de la rapprocher le plus tôt possible sur un ou deux bourgeons placés à sa base; s'il ne s'en trouvait que de trop vigoureux, il faudrait en rogner l'extrémité herbacée immédiatement après le rapprochement.

Tout ce que je viens de dire étant également applicable aux branches de la charpente, je ne le répéterai plus; au reste, lorsque ces branches ont été bien taillées, la taille en vert leur est inutile, à moins que la gomme ou quelque autre accident n'ait avarié ou détruit les bourgeons destinés à leur prolongement ou à la création de quelque autre branche; il faut alors rapprocher sur ceux qui paraîtraient les plus propres à les remplacer.

### § IV. De l'ébourgeonnage.

DE L'ÉBOURGEONNAGE DES ARBRES A FRUIT A NOYAU. — Sur ces arbres, l'ébourgeonnage est plus spécialement appliqué aux branches qui doivent former la charpente; car les branches coursonnes et à fruit, qui, comme nous l'avons cité, ont reçu le pincement et la taille en vert, n'ont souvent pas besoin d'être ébourgeonnées.

On nomme ébourgeonnage la suppression de tous *les bourgeons* inutiles ou nuisibles ; cette suppression a pour but de donner à ceux que l'on réserve plus de vigueur et un espace suffisant pour les palisser sans confusion.

Pour bien ébourgeonner, il faut se rappeler les règles du pincement, c'est-à-dire que *les branches prendront un développement d'autant plus considérable qu'elles porteront un plus grand nombre de feuilles, puisque, les bourgeons étant les organes de la végétation, la séve n'afflue dans les branches qu'autant qu'elles en sont plus chargées.*

Quoique ce soit une règle générale de *retrancher tous les bourgeons placés devant et derrière*, il est cependant des cas où l'on est forcé de les utiliser pour remplacer ceux des côtés qui auraient été détruits par un accident fortuit. C'est toujours à ceux de derrière que l'on doit, dans ce cas, donner la préférence ; mais, à leur défaut, il vaudrait encore mieux en prendre un devant que de laisser un vide ; je crois cette méthode préférable à l'écussonnage que d'excellents auteurs modernes ont recommandé, mais qui me paraît plus théorique que pratique. Les cultivateurs intelligents n'emploient ce moyen que très-rarement, parce qu'il se trouve peu ou point de vide où il y ait nécessité d'en faire l'application. Du reste, cette opération n'est guère praticable que sur du bois d'un à deux ans ; plus âgé, les écorces sont épaisses et difficiles à se séparer de l'aubier, ce qui rend la reprise peu certaine, et donne presque toujours suite à des exsudations de séve et de gomme.

Une autre règle presque (1) générale, qu'il ne faut pas non plus oublier, est de ne jamais laisser deux ou trois bourgeons partant du même point (ce que l'on voit toutes les fois que des yeux doubles ou triples se sont tous développés à bois); il faut bien examiner auquel appartient la préférence ; voici, généralement parlant, quel doit être ce choix : *si ces bourgeons sont en dessus*, ce doit être *le plus faible*, et si, au contraire, *ils sont en dessous*, ce doit être *le plus fort*. C'est surtout pour ces derniers qu'il est important d'opérer à temps; trop tôt, la cloque et les insectes, qui sont très-communs à cette époque, pourraient détruire le bourgeon réservé et faire regretter la suppression des deux autres. Ceci peut également arriver à un bourgeon placé dessus; mais sur cette partie sa faiblesse ne peut qu'être utile au progrès des arbres. Ce principe devra être observé dans un sens opposé pour les bourgeons placés en dessous, et, comme on n'obtient de belle végétation dans cette partie qu'avec de très-grandes précautions, l'ébourgeonnage devra aussi être plus sagement combiné ; si les bourgeons doubles et triples y sont ébourgeonnés trop tard, la séve ayant été employée pendant trop longtemps à la nutrition de ceux qui doivent être réformés, il ne lui reste plus assez de force pour développer le bourgeon réservé, et de cet état de langueur ou de faible végétation il résulte infailliblement quelque maladie. J'ai remarqué que, dans des situations assez heureuses, il vaut mieux se hâter un peu et courir les chances, qui, si elles

(1) Je dis presque, en ce qu'il faudrait sortir de ce principe dans le cas où une bifurcation proposée aurait manqué, et qu'il n'y eût d'autre moyen de la réparer qu'en conservant deux bourgeons sortis du même œil.

sont bonnes, rendront l'opération excellente. Il arrive aussi que l'on est obligé de réformer quelques-uns des bourgeons trop nombreux et groupés, résultat de ceux que l'on pince trop tard ou qui sont attaqués de la cloque; cette réforme doit être réglée par le besoin et la destination de ceux tenus en réserve.

Le moment le plus favorable à l'ébourgeonnement est l'approche d'un beau temps; on ne craint pas l'humidité, dont l'action sur les plaies pourrait empêcher qu'elles ne se cicatrisassent; d'un autre côté, la séve, qui est toujours plus abondante, plus active pendant les pluies du printemps et de l'été, ne manquerait pas de déchirer les écorces et de former de la gomme. Cependant, si l'on ébourgeonnait par un temps trop sec, surtout des arbres peu vigoureux plantés dans un mauvais terrain, il faudrait, aussitôt ces opérations finies, mouiller leurs feuilles avec une pompe à main; cette humidité momentanée prévient les commotions que ces arbres peuvent éprouver dans ces circonstances.

La nature du terrain et des individus modifie tellement l'époque de l'ébourgeonnage, que l'on doit dire, comme pour toutes les opérations d'été, que c'est moins le mois ou le jour qui doit servir de règle que l'état de la végétation. Or il ne faut pas conclure que, quand les bourgeons d'un arbre auront acquis une longueur donnée, on doive les ébourgeonner; il arrive souvent que sur deux individus voisins, quelquefois même sur les branches d'un même arbre, il est nécessaire de retrancher les bourgeons lorsqu'ils n'ont que 8 à 16 centimètres (3 à 6 pouces) de longueur, tandis que d'autres d'une étendue plus que triplée sont à peine en état de l'être; la vigueur des arbres et des branches, soit générale, soit relative, leur position, le terrain, l'exposition, et généralement toutes les causes qui influent directement ou indirectement sur la végétation, apportent des modifications plus 'ou moins essentielles à l'époque et au mode de l'ébourgeonnage. On ne saurait donc trop recommander l'étude si simple de ces causes et des lois de la végétation, non plus que se lasser de répéter tout ce qui y a rapport. Je vais tâcher de donner quelques exemples qui éclairciront mon idée et en faciliteront l'intelligence.

Quand les arbres sont peu vigoureux, chargés ou non de fruits, on doit retrancher les bourgeons lorsque les plus forts ont à peine acquis de 5 à 16 centimètres (2 à 6 pouces) environ, afin de perdre moins de séve; car ces arbres en ont grand besoin, tant pour la nourriture de leurs fruits que pour l'année suivante. Le peu de temps qu'ont ordinairement les jardiniers, à cette époque, leur fait souvent négliger cette opération; mais c'est toujours au détriment des arbres, lorsqu'ils sont en cet état : comme le disent les physiologistes, les feuilles étant les poumons des végétaux, la suppression d'un grand nombre, sur des individus où leur remplacement ne peut s'opérer promptement, est toujours préjudiciable et occasionne souvent l'épuisement des individus (1).

Quand les arbres sont vigoureux, mais chargés de fruits, l'ébourgeonnage doit être fait lorsque les plus forts bourgeons ont de 32 à 41 centimètres (12 à 15 pouces) de long. Il vaudrait peut-être mieux qu'on le fît plus tôt, afin de porter la séve au profit des fruits, d'éviter la confusion qui nuit à leur développement, leur ôte l'air qui leur est né-

---

(1) Plusieurs expériences ont prouvé que le nombre et la vigueur des racines dépendaient de la quantité des feuilles.

cessaire, et occasionne souvent une humidité surabondante qui attaque la base de beaucoup de bourgeons et en fait tomber les feuilles avant leur époque naturelle ; or, puisque les feuilles sont indispensables à la bonne constitution des yeux, il est évident que ceux de cette partie sont imparfaits et souvent annulés au moment de la taille , inconvénient d'autant plus grave que c'est sur eux que l'on doit compter pour la production des fruits et de nouveaux bourgeons l'année suivante. Quand les arbres sont plantés dans un terrain léger, calcaire, siliceux, ou de couleur brune, qui s'échauffe rapidement au printemps, leur végétation, trop active alors, et leur séve trop abondante, occasionneraient la sortie d'une grande quantité de faux bourgeons, et le déchirement des écorces à plusieurs places par où elle chercherait à s'échapper : or nous avons vu qu'il se formait presque toujours de la gomme sur les parties ainsi lacérées ; il est nécessaire, dans ce cas, malgré tous les inconvénients que j'ai signalés, de retarder un peu la suppression des bourgeons, et si, dans ces terrains, des arbres très-vigoureux étaient privés de fruits, il ne faudrait retrancher les bourgeons que quand les plus forts auraient 66 centimètres (2 pieds) et plus de longueur. Dans les sols frais ou même froids, la végétation, plus soutenue et moins fougueuse, permet d'opérer beaucoup plus tôt sans faire craindre ces inconvénients.

De l'ébourgeonnage des arbres a fruit a pépins taillés en éventail. — De même que pour les arbres à fruit à noyau, le plus grand talent de l'opérateur consiste à saisir le moment favorable. Comme on a sur ceux-ci beaucoup plus de facilité d'obtenir du bois, la plupart des cultivateurs, soit habitude, soit manque de temps, le font beau-

coup trop tard ; ils attendent, pour cela, que les bourgeons
aient tout à fait cessé de pousser : personne ne doit igno-
rer combien cette pratique est contraire aux bons effets du
pincement et à l'arbre lui-même. D'autres encore, et c'est
le plus grand nombre, négligent tout à fait le pincement
et ne font subir à leurs arbres que l'opération qu'ils appel-
lent à tort ébourgeonnage, puisque les bourgeons (ayant
cessé de pousser) sont alors à l'état de rameaux et souvent
si gros, que leur suppression fait faire des plaies considérables sur la branche qui les portait. Au moyen du pincement, l'on évite ce désagrément : cette opération fait
aussi prendre davantage de force aux bourgeons réservés ;
lors de l'ébourgeonnage, on n'a qu'à retrancher ceux qui
se sont développés inutilement depuis le pincement. Ces
derniers sont généralement faibles et peu nombreux. Ce
retranchement a lieu par l'effet du cassement de 14 à
18 millimètres (6 à 8 lignes) de leur naissance, au-dessus
de la rosette de feuilles qui s'y trouve ordinairement. Si
parmi eux il s'en trouve quelques-uns trop forts, qui résis-
tent à cette opération, il faudrait les couper en prenant le
soin de ne leur laisser qu'une très-petite partie de leur
couronne, et, s'il s'en trouve à l'état de gourmand, il serait essentiel de les retrancher sans réserve.

Sur les arbres à fruit à pepins taillés en pyramide, qui
ont été pincés convenablement, l'ébourgeonnage est fort
peu de chose et souvent inutile. La forme de ces arbres
n'exigeant pas de soins aussi minutieux que celle des espaliers, les bourgeons nuisibles ayant été pincés, leur faible
végétation permettra de les conserver sans danger, et à la
taille ils auront, pour la plupart, pris le caractère de dards
ou de brindilles, et quelquefois de petits rameaux.

Quelques praticiens ont coutume de faire supprimer indistinctement, par leurs ouvriers, lors de la prétendue stagnation de la séve, c'est-à-dire en juillet ou août, selon la température de l'année et la nature des terres, les deux tiers ou les trois quarts de la longueur des bourgeons de leurs pyramides, pour leur donner, disent-ils, une forme plus régulière, leur faire produire beaucoup de fruits l'année suivante, et donner plus d'air à ceux qui sont sur l'arbre. Cette dangereuse opération, en faisant perdre à l'arbre une partie considérable de ses feuilles, arrête aussi les progrès de ses racines et lui retire insensiblement de la vigueur, le fait souvent périr vingt-cinq ou trente ans avant l'époque de sa fin naturelle. Elle peut cependant avoir une application utile ; c'est quand des pyramides d'arbres à fruit à noyau se trouvent dans une terre substantielle où la végétation se soutient presque sans interruption tout l'été, et où les pertes sont promptement réparées. Là elle maintient plus longtemps les branches à fruit en santé ; mais il arrive toujours une époque où les arbres ne portent plus que des *rameaux et branches à fruit*, et c'est alors qu'elle est très-nuisible (1).

(1) Quand les arbres à fruit à pepins, déjà d'un certain âge, sont très-vigoureux, ne portent pas de fruit, on en coupe aussi les bourgeons de cette manière, toujours avec succès quand on peut bien saisir l'instant où la végétation est en repos, et que le temps n'éprouve pas de variations, ce qui est très-rare ; or, lorsqu'il survient des alternatives de pluie et de chaleur, il se développe quantité d'yeux terminaux dont chacun d'eux est entouré d'une rosette de feuilles. Sans cette fausse pratique, de tels yeux auraient conservé leur état primitif pour prendre à l'avenir le caractère de bouton. Dans cet état de vigueur, il est un moyen plus sûr de mettre ces arbres à fruit : il consiste à couper, pendant l'hiver, quelques racines pivotantes ; mais ce moyen ne doit être mis en usage que quand les localités ne permettent plus d'allonger la taille dans des proportions considérables, telle qu'elle aurait pu être faite dans les années précédentes, mais insuffisante pour remplir le but désiré.

## § V. Du palissage.

Le but du palissage est de maintenir les branches dans des positions telles, que ceux de leurs bourgeons qui doivent être conservés puissent, après l'ébourgeonnage, être placés sans confusion ; à cet effet, ceux des pêchers destinés à donner naissance à des rameaux *des deuxième et troisième ordres* doivent être espacés d'environ trois travers de doigt. Je donne cette mesure comme moyenne, à cause des circonstances qui forcent d'en sortir soit en plus, soit en moins ; on doit aussi veiller à ce que chacun de ces bourgeons ne forme pas de courbure trop prononcée ( voyez *pl.* 3). Nous avons vu plus haut que cette opération est un des moyens les plus efficaces de tenir la séve en équilibre dans les diverses parties d'un arbre ; aussi un bon cultivateur ne le fait-il que partiellement.

Quoique très-importante, c'est une des opérations les plus faciles à bien faire : choisir à chaque bourgeon la place véritable qu'il doit occuper, attacher très-près ceux que l'on veut mâter, laisser toute aisance à ceux qui ont besoin de prendre de la vigueur, et ne pas mettre d'attaches fixes sur les parties encore trop herbacées, sont à peu près les seules règles que l'on en puisse donner. Des personnes peu exercées dans l'art du palissage sur des treillages feront bien de se servir de minces baguettes placées à l'avance à l'extrémité des branches charpentières sur lesquelles les bourgeons qui doivent les prolonger seront soigneusement attachés ; cette pratique, peu en usage, donne la facilité de dresser ces bourgeons avec autant de précision que s'ils étaient fixés sur des murs avec des loques. On palisse en tout temps et à toutes les opérations d'été comme d'hiver. Mais, je le répète, dans les palissages d'été, il faut bien se garder de gêner trop subitement l'extrémité des bourgeons; autrement, la séve, ne pouvant plus y circuler librement, ferait développer sur les parties ligneuses un grand nombre de faux bourgeons : ces accidents, qui se font plus généralement remarquer sur les bourgeons placés en dessous des branches charpentières et sur les autres, seront en grande partie prévus toutes les fois que l'extrémité de ces bourgeons ne sera fixée à demeure qu'après avoir cessé de pousser (1).

### § VI. Effeuillage.

Cette opération se fait particulièrement sur le pêcher, à diverses reprises, selon le but que l'on se propose; on l'emploie d'abord sur des parties trop vigoureuses, afin d'en modérer la vigueur (voyez ce que j'ai dit à ce sujet concernant l'équilibre de la séve); on est aussi dans l'usage d'effeuiller les parties qui avoisinent les fruits, afin de leur donner de l'air et de la lumière; on ne doit rien négliger pour que cette opération soit terminée avant que les fruits ne fassent remarquer les premiers signes du commencement de leur maturité. Dans les années sèches, à des expositions en plein midi, et dans les terres légères et brûlantes, il faut être très-circonspect sur cette opération, qui devra être faite alternativement; puis, en la terminant, on aura la précaution de conserver une ou deux feuilles en face de chaque fruit pour

(1) Pendant le palissage, on appliquera, au besoin, le pincement, l'ébourgeonnage et la taille en vert; c'est ainsi que ces différentes opérations se trouvent liées entre elles, et qu'on ne doit cesser de s'en occuper que lorsque la végétation est devenue peu sensible.

intercepter les rayons directs du soleil; autrement, les fruits seraient exposés à perdre de leur volume et de leur qualité.

On devra toujours opérer de bas en haut, afin de ne pas former de déchirure près les yeux ; et, si l'on prend cette précaution, la plus grande partie du pétiole de chaque feuille opérée restera attachée à l'œil qu'il protége. Le temps le plus favorable à cette opération est l'absence du soleil, et, mieux, l'approche d'une pluie. Si l'on est trompé dans son attente, on profitera de la fin du jour pour se servir d'une pompe à main, avec laquelle on mouillera les feuilles, ce qui produira un excellent effet sur la végétation. Ces arrosements ne devront pas être négligés pendant la maturité des fruits, ce qui leur donnera un plus beau coloris et une qualité supérieure.

L'effeuillage peut se pratiquer sur tous les arbres fruitiers, sans en excepter la vigne; mais on devra, pour tous, admettre les conséquences que nous avons développées pour le pêcher.

### § VII. Opérations d'hiver ou règles de la taille.

CHARGEMENT ET DÉCHARGEMENT. — L'opération du *chargement*, généralement appliquée aux jeunes arbres très-vigoureux, a pour but de multiplier en grand nombre les petits rameaux, comme étant les seuls propres à les mettre à fruit, par cela affaiblir le trop de vigueur de ces arbres.

Il y a deux manières de charger un arbre, qui diffèrent en apparence, mais qui ont le même but et les mêmes résultats. On charge en bois, en taillant très-long tous les rameaux bons à conserver d'un arbre trop vigoureux, et qui ne donne que peu ou pas de fruit; on obtient ainsi une quantité de bourgeons telle, qu'elle suffit pour recevoir toute la séve des racines, et que chacun d'eux prend moins de volume que s'il ne s'en était développé que moitié ou un quart. Le chargement est beaucoup plus sûr et moins dangereux, pour faire produire des fruits à un arbre et en diminuer la vigueur, que le mode d'ébourgeonnage dont j'ai parlé en terminant l'article de l'ébourgeonnage sur les arbres à fruit à pepins; en effet, supprimer d'un arbre une grande quantité de longs bourgeons, lesquels sont munis de leurs feuilles bien développées, c'est alors lui ôter une partie de sa séve d'autant plus considérable que cette suppression est grande. Ceci prouve assez les mauvais effets d'un tel ébourgeonnage; mais cette réforme différée et faite durant l'hiver, lorsque la séve est en repos, concentrée dans les racines et les parties très-ligneuses, on ne court aucun risque; au contraire, quelle que soit la suppression que l'on fasse des rameaux dépouillés de leurs feuilles, on ne perd rien de cette séve, qui passe toujours au profit de l'arbre où elle est retirée. Ainsi, en taillant très-long tout un arbre, on multiplie les bourgeons en assez grande quantité pour que, en ayant moins de force, ceux de la série des fruits à noyau prennent le caractère de rameaux à fruit, et ceux de la série des arbres à fruit à pepins celui de brindilles et de dards, qui bientôt porteront des fruits, ce qui diminue insensiblement la vigueur de l'arbre, sans lui faire perdre une trop grande quantité de séve par un ébourgeonnage mal entendu, comme on le pratique dans beaucoup de jardins.

J'ai déjà dit que ce mode de chargement devait s'employer sur des arbres entiers; j'insisterai sur ce point pour en faire ressortir toute l'importance. Quand il s'agit de diminuer la vigueur générale de la totalité de l'arbre, le meilleur moyen à employer étant la production du fruit, si l'ar-

bre n'en porte déjà un bon nombre, on en obtient en le
chargeant de bois; c'est-à-dire en laissant à cet arbre plus
d'yeux que la séve n'en peut faire développer en rameaux
à bois; mais, s'il s'agit d'une vigueur relative, par exemple,
que, sur le même arbre, une branche soit tellement plus
vigoureuse que ses voisines qu'il soit nécessaire de l'affaiblir, il faut bien se garder de la charger de bois, puisque,
*les yeux bien constitués étant autant de pompes propres à
attirer la séve*, on voit qu'il faut, dans ce cas, supprimer,
autant que possible, des yeux sur la partie que l'on veut
affaiblir, et les tenir nombreux sur celle dont on veut augmenter la vigueur : ainsi l'on pourrait, avec raison, appeler le chargement en bois chargement général.

Quant au chargement partiel, c'est-à-dire à l'affaiblissement d'une branche qui paraîtrait prendre trop d'ascendant sur ses voisines, il consiste à y conserver soigneusement, selon la nature des arbres, un très-grand nombre et
quelquefois la totalité des boutons, branches et rameaux à
fruit, puis chercher à multiplier davantage les deux derniers
en faisant l'application des différents moyens dont il vient
d'être parlé, et sur lesquels je reviendrai lors des opérations
de la taille, du pincement, de l'effeuillage, etc. Les rameaux
à bois, sur cette partie, devront être taillés aussi court que
possible, afin qu'il s'y trouve peu d'yeux propres à attirer
la séve.

Le *déchargement* a pour but l'augmentation de la vigueur
des arbres, c'est-à-dire la production du bois; il consiste
à retrancher d'un arbre ou d'une branche une plus ou
moins grande quantité de fruits : j'entends par fruits les
branches ou les rameaux à fruit.

RAPPROCHEMENT. — Rapprocher un arbre, c'est dimi-

nuer la longueur de ses *branches* dans des proportions en
rapport avec sa vigueur ; on le dit également d'une branche en particulier qui aurait subi la même opération. On
le pratique assez généralement sur des arbres déjà fatigués
par l'âge ou par des récoltes trop abondantes, mais pas
assez pour que l'on soit obligé de les ravaler. On doit également rapprocher, toutes les fois qu'au printemps ou en
été on revient sur quelque opération d'hiver ; cette opération est traitée avec détail en parlant de la taille en vert.

RAVALEMENT. — Le ravalement tient le milieu entre le
rapprochement et le recepage ; aussi beaucoup de gens
confondent-ils ces deux opérations. Celle-ci consiste à couper, dans les pyramides, toutes les branches et à ne laisser
que la tige ; et, dans les espaliers, toutes les branches
charpentières, ne conservant que les mères : on l'entend
quelquefois aussi dans un sens moins général, et l'on dit
ravaler telle ou telle partie, lorsqu'on lui a seulement retranché quelques branches charpentières.

RECEPAGE. — Receper, c'est couper toutes les branches
d'un arbre sans en excepter la tige, un peu au-dessus du
collet de la greffe. Cette opération se fait presque généralement sur de vieux arbres encore assez vigoureux pour
reproduire des rameaux propres à en rétablir la charpente.

On recèpe également des arbres jeunes et vigoureux,
auxquels on veut donner une forme plus régulière.

Il en est de même des arbres dont le bois est affecté de
quelques maladies accidentelles ou naturelles.

Cette opération se fait plus généralement avant l'ascension de la séve de tous les arbres fruitiers, excepté cependant le pêcher, pour lequel il est utile de la différer jus-

qu'aux premiers jours de l'été, époque où l'on obtient des résultats qu'on ne pourrait attendre si elle était pratiquée aux premiers jours du printemps, car les yeux latents qui se développent durant le cours de cette saison sont presque toujours détruits par suite de l'intempérie de cette époque.

Ces accidents ne se rencontrent que rarement pendant le cours de l'été. Le temps que ces bourgeons ont à parcourir avant les gelées est suffisant pour mûrir leur bois, avec lequel on pourra rétablir une nouvelle charpente.

Coupe. — On entend par ce mot le point où l'on retranche une partie quelconque d'un arbre; en toute circonstance, cette coupe doit être nette, et, si elle a lieu pour retrancher une partie de rameau, elle devra toujours former avec lui un biseau peu allongé et opposé à un œil qui lui aura été désigné comme on peut le voir *pl.* 1, *fig.* 9. Quand une coupe a lieu pour le retranchement de toute autre partie, elle devra toujours avoir plus ou moins de pente, afin de donner écoulement aux eaux pluviales.

Onglet ou ergot. — L'onglet est la petite portion du rameau qui se trouve entre l'aire de la coupe et l'œil qui en est le plus rapproché; sa longueur doit varier en raison du volume des rameaux : s'ils sont de la grosseur d'un fort tuyau de plume, il doit avoir un peu plus de 2 millimètres (1 ligne) au-dessus de l'œil qu'il protége; si le rameau est de la grosseur du doigt, la longueur de l'onglet devra être plus que double. Si on augmentait cette longueur de beaucoup, on serait exposé à ce qu'il se desséchât, ce qui ferait faire à ce bourgeon un coude désagréable et capable alors de nuire à la circulation de la séve. Au temps de l'ébour-

gconnage ou des autres travaux d'été, il faudra rectifier
cette mauvaise opération, et lors des divers palissages, on
redressera, autant que possible, le coude déjà formé : ces
petits soins ne sont importants que pour les bourgeons
destinés à prolonger les branches charpentières.

CASSEMENT. — Cette opération a lieu seulement pour les
arbres à fruit à pepins ; elle s'effectue sur des rameaux
faibles, trop longs pour former des branches à fruit. Cette
opération consiste à les retrancher au moyen d'une rup-
ture qui se fait de **13** à **23** millimètres (de **6** à **10** lignes)
au-dessus de leur insertion, ce qui se pratique facilement,
en posant le taillant de la serpette à l'endroit de l'opération, puis appuyant le pouce en sens inverse, afin que
le tout puisse se maintenir, comme il vient d'être dit ; et,
par un renversement de main subtil, la rupture se fait de
manière à former une plaie transversale, mais irrégulière (1), condition nécessaire pour faire développer des
rameaux plus faibles et propres à former des brindilles et
des dards destinés à donner des fruits : j'ai déjà eu occasion de parler de cette opération à l'article de l'*ébourgeonnage des arbres à fruit à pepins taillés en éventail.*

(1) Plusieurs cultivateurs se sont récriés sur l'irrégularité de cette
plaie, sous le rapport de la malpropreté, et disent que, si des bourgeons
vigoureux ont à se développer, l'action n'a pas moins lieu que si la plaie
était nette. Je me permettrai de répondre que, si l'opération est faite
comme je l'indique, cet accident est peu fréquent, en ce que les quatre
à huit yeux qui se trouvent dans le voisinage de cette opération se trouvent d'autant plus éventés qu'ils en sont plus rapprochés, ce qui remplit les conditions voulues. Du reste, cette malpropreté est plutôt ima-
ginaire que réelle, en ce qu'elle n'est pas plus désagréable à la vue qu'un
petit dard Si, après tout, ces parties venaient à se dessécher, elles ren-
treraient dans la catégorie des chicots, qui, comme tout le monde sait,
doivent être réformés.

INCISION DES ÉCORCES. — Cette opération consiste à fendre les écorces longitudinalement, lorsqu'elles sont trop coriaces, et que leur tissu trop serré ne livre plus passage à la séve (1). On incise également les branches et les tiges.

Il doit y avoir, entre chaque incision longitudinale, 7 ou 9 millimètres (3 ou 4 lignes) environ.

Cette opération peut être faite en toute saison et par un beau temps; mais sa véritable époque est à l'ascension de la séve. Les incisions longitudinales que l'on pratique pour favoriser le passage de la séve dans des parties faibles des pêchers ou d'autres arbres fruitiers à noyau doivent toujours (et pour le mieux) être pratiquées sur la partie des branches la moins exposée à l'action des rayons solaires; leur profondeur ne devra pénétrer que la moitié de leur écorce. Si l'on pratique cette opération dans le but de diminuer ou d'arrêter même les accidents que fait naître la gomme, ces incisions devront pénétrer jusqu'à l'aubier; néanmoins, s'il arrivait que quelques faibles parties ne pussent se cicatriser, on en extirperait les parties cariées pour être aussitôt garanties de l'humidité. Les emplâtres résineux sont le plus sûr garant; mais, comme il est utile de surveiller ces opérations et de s'en assurer l'efficacité, on différera d'appliquer cet appareil jusqu'à ce qu'on ait acquis cette certitude. Après cet exposé, on peut regarder comme préjugé routinier l'opinion trop répandue que l'on

---

(1) Quelques physiologistes, et, entre autres, un cultivateur très-distingué, ont parlé de l'incision des écorces comme d'un moyen propre à diminuer la vigueur des arbres; leurs raisons sont fondées sur la perte de séve qui se fait par les plaies : sans doute, en répétant l'opération tous les huit ou quinze jours au plus, on en viendrait à ce point; mais, outre que cela prendrait beaucoup trop de temps, les cultivateurs ont des moyens plus sûrs et plus profitables d'affaiblir leurs arbres en employant leur séve à produire des fruits, comme je l'ai indiqué plus haut.

ne peut inciser l'écorce du pêcher; je puis donc recommander ces moyens avec d'autant plus d'assurance, qu'ils m'ont toujours produit de très-bons résultats.

Les incisions longitudinales que l'on fait sur les arbres à fruit à pepins sont moins vétilleuses; celles que l'on pratique sur les arbres en forme de pyramide sont d'un puissant avantage pour attirer la séve dans les parties qu'elle aurait négligées : je reviendrai sur cet article lors de la taille de ces arbres. Une opération non moins importante, que je pratique depuis quelques années, est celle des incisions horizontales ; ces incisions enveloppent le pourtour des tiges un peu au-dessus des parties dénuées de branches afin d'en faire naître. Cette opération printanière doit se faire avec une serpette bien tranchante, qui entre dans toute l'épaisseur de l'écorce et une partie de l'aubier qu'elle rencontre sur son passage, ce qui le comprime fortement et le décompose en partie. Cette altération arrête pendant quelque temps une partie de la séve montante, laquelle détermine le développement des yeux latents propres à la formation des branches dont je viens de faire connaître le besoin. Pour obtenir de cette opération un plein succès, il est utile de pratiquer deux incisions parallèles , comme pour faire une plaie annulaire; mais , par rapport à la grosseur des parties à opérer, ces incisions devront être espacées de 2 à 4 millimètres, en prenant toutefois le soin d'éviter d'enlever l'écorce qui se trouve entre elles , afin de n'arrêter la séve descendante que peu de temps, car une interruption durable formerait un bourrelet qui donnerait très-souvent suite à la rupture des tiges opérées. Si l'on pensait que ces deux incisions ne fussent pas suffisantes, on en pratiquerait deux semblables à environ un travers de doigt des deux premières.

Entailles. — Cette opération consiste à pratiquer, avec la serpette ou la scie, deux incisions parallèles ou opposées, comme le représente la *fig.* 9 de la *pl.* 5, qui partent de la circonférence, et séparent l'aubier de manière à pouvoir l'enlever, soit carrément, soit en coin, comme dans la figure précitée. Cette forme n'est pas de rigueur; souvent il suffit d'un trait de scie bien paré avec la serpette; d'autres fois on la fait en forme de chevron brisé. Au reste, quelque forme qu'on leur donne, les entailles ont pour but de changer le cours naturel de la séve, de la faire passer dans les parties qu'elle aurait négligées, alors on les fait au-dessus de ces parties, ou de l'empêcher d'arriver dans une autre, pour cela on les fait au-dessous de la partie que l'on veut priver de séve.

J'ai souvent employé les entailles avec succès, et sur des arbres de tout genre; cependant il faut, avant de le faire, être sûr que l'œil, le bourgeon, le rameau ou la branche dans laquelle on fait passer la séve sont encore en assez bon état pour que les écorces puissent s'étendre à l'aide d'incisions longitudinales faites sur ce dernier. Quand les entailles sont pratiquées au bénéfice des branches de la charpente des arbres à fruit à pepins, et que celles-ci sont endurcies à tel point que la séve qui leur est destinée ne peut plus s'y introduire, elle fait sortir des yeux latents du point de leur insertion; ceux-ci, choisis de bonne heure, protégés et conservés sans être taillés pendant quelques années, deviennent propres à remplir le but pour lequel on les fait naître.

De telle manière et de tel sens que les entailles soient faites, elles doivent être régulières pour les arbres à fruit à noyau, et recouvertes avec les emplâtres résineux. On a proposé de mettre ces entailles en usage pour faire développer plus sûrement les bourgeons de remplacement, si précieux à la reproduction des rameaux et branches à fruit du pêcher : cette innovation ne pourra être employée que partiellement, à cause du temps considérable qu'elle exige; du reste, elle n'est pas d'une nécessité absolue. On fait quelquefois des entailles sur la greffe des arbres à fruit à pepins, etc. Voyez *Affranchissement*.

Éborgnage. — On a beaucoup exagéré le mérite de cette opération, qui consiste à réformer les yeux avant leur développement, et connue sous le nom d'ébourgeonnage à sec. A moins de réunir toutes les conditions favorables au pêcher, telles que bon terrain, murs, chaperons, etc., on ne doit l'employer que sur les rameaux à fruit taillés en toute perte. Cet article sera traité en détail en parlant de la branche n° 13, *pl.* 3. Quant aux rameaux qui doivent former la charpente, on a tellement à craindre que les intempéries ne fassent périr les yeux sur lesquels on aurait pu compter, que l'on ne doit éborgner que ceux qu'il serait tout à fait impossible d'utiliser.

Il n'en est pas de même des arbres à fruit à pepins, soit en pyramide, soit en espalier, et nous verrons par la suite combien il peut être avantageux de l'employer sur les branches de la charpente même, en ce que sur cette série d'arbres les avaries sont beaucoup moins à craindre.

De l'arrachage des arbres et du soin de leur plantation. — On est dans l'usage de tirer des pépinières marchandes les pêchers et autres arbres tout greffés; il serait beaucoup plus avantageux de les élever chez soi, parce qu'ils seraient accoutumés au sol dans lequel ils doivent vivre. Cependant on ne doit s'arrêter à cette doctrine qu'autant qu'ils seraient bien venants; car les arbres de toute nature, que l'on plante rachitiques, ont beaucoup de peine à se rétablir, même dans les meilleures localités ; or il n'y aurait pas d'avantage de les planter tels dans des terres de nature médiocre.

L'arrachage des jeunes pêchers se fait depuis la fin d'octobre jusqu'au 15 de mars, pour le centre de la France. Pour être bons, ils ne doivent être ni trop forts ni trop faibles, ayant les écorces grises dans les deux premiers tiers de leur longueur, et le reste d'un rouge intense sans aucune altération. Ils devront aussi porter des yeux bien constitués près de la greffe, qui ne devra être que d'un an. Les pêchers qui ont deux années de greffe sont peu estimés, cependant il s'en vend beaucoup ; mais les pépiniéristes ont, sans doute, le soin de les adresser aux personnes qu'ils supposent ne pas s'y connaître. Il est facile de ne pas y être trompé, parce que ces arbres offrent deux plaies, l'une sur le sujet et l'autre un peu au-dessus de l'insertion de la greffe, ce qui rend quelquefois son point de départ difficile à reconnaître. En général, ces arbres sont très-vigoureux, et leur beauté induit en erreur les personnes peu exercées ; mais leurs racines, qui sont proportionnées à la vigueur des rameaux, ayant été, pour l'ordinaire, mutilées et considérablement diminuées par l'arrachage, la reprise en est difficile. Cependant j'ai planté des pêchers de trois à dix années greffés sur amandier, sortant d'un mauvais sol, pour être placés dans un semblable, qui, pour cela, n'en ont pas moins bien repris, puisque les plus forts donnèrent, cette même année, jusqu'à soixante-douze beaux et bons fruits. C'est donc un préjugé de douter de la reprise des gros et des vieux pêchers (1); il en est de même de tous les

_______________

(1) Quelques auteurs ont recommandé la déplantation des pêchers

autres genres d'arbres ; l'important est de conserver autant
de racines que possible, et planter immédiatement, en prenant toutes les précautions voulues pour de jeunes arbres ;
car il faut bien se garder de les lever en motte , en ce que
les sucs nutritifs de ces terres sont, en grande partie, épuisés et calcinés, toutes choses impropres à la reprise; mieux
vaut y suppléer par celle qui est friable, ni trop sèche, ni
trop humide, et riche en humus; on aura le soin de ne la
fouler que très-légèrement , afin que ce tassement ne se
fasse que très-lentement, et, s'il restait quelque doute sur
cet affaissement naturel, on y suppléerait par un arrosement
abondant, mais qui devra être différé jusqu'aux premières
sécheresses du printemps; autrement, cette opération pourrait occasionner de la carie sur les plaies faites aux grosses
racines.

Lors de la taille de ces arbres, on aura soin de conserver leurs branches charpentières, que l'on taillera généralement court, c'est-à-dire que les rameaux destinés à prolonger seront retranchés à quelques centimètres de leur
insertion; quant à ceux qui sont en dehors de cette série
et considérés comme moyenne du troisième ou quatrième
ordre, il est convenable de les retrancher complétement ou
à peu de distance de leur naissance; quant aux petits , ils
devront être conservés entiers, afin qu'ils présentent à leur
surface une très-grande quantité d'yeux, dards, brindilles, etc., qui, sans exiger beaucoup de séve, pourront, sans
effort, donner naissance à une grande quantité de bourgeons
dont leurs feuilles contribueront puissamment à la reprise

trop vigoureux comme moyen de les mettre à fruit; ils étaient donc
persuadés de leur reprise : mais l'école nouvelle rejette cette pratique,
d'autant plus qu'un cultivateur instruit n'est jamais embarrassé d'une
vigueur que les anciens qualifiaient de surnaturelle.

de ces arbres : ces opérations devront être diflérées pendant quelque temps ; une foule d'expériences ont prouvé que, à l'exception des racines, il est extrêmement essentiel de ne rien supprimer aux arbres que l'on plante pendant l'automne et les deux premiers tiers de l'hiver ; il ne faut les tailler qu'après les derniers froids de cette saison ; jusque-là leurs rameaux, leurs branches, la tige même servent à stimuler le développement des racines, ce qui aurait lieu plus lentement si l'on supprimait quelques-unes des parties aériennes avant l'époque qui vient d'être fixée. Cette époque se fait reconnaître par le premier gonflement des yeux, dont l'enveloppe commence à se séparer ; dès lors on profite d'un vent froid ou d'une dernière gelée de 1 à 2 degrés, dont l'action resserre les fibres des rameaux, refoulant dans la tige et les racines le peu de séve qu'elles contenaient ; c'est alors que l'on peut opérer sans craindre une grande déperdition (1). Si cependant on prévoyait ne pouvoir faire cette taille à l'époque que j'indique, il serait infiniment préférable de la pratiquer aussitôt après la plantation, que d'attendre que la séve fût montée dans les parties destinées à être réformées.

Je n'entrerai dans les détails de la plantation des jeunes arbres d'espalier que pour combattre l'opinion de quelques

(1) C'est à l'aide de ces divers moyens que l'on parvient à faire reprendre de très-gros arbres ; tels sont les procédés que nous avons employés en décembre 1824, lors du transfert de l'école des arbres fruitiers du jardin des plantes : là nous avons planté des poiriers et des pommiers taillés en pyramide, dans lesquels il s'en trouvait un assez grand nombre de la hauteur de 4 à 5 mètres et d'un âge plus que relatif ; ces pyramides ont toutes parfaitement repris, puisqu'en 1842, époque où elles ont été sacrifiées pour faire place à l'école de botanique, il y en avait un assez grand nombre qui avaient 8 et 10 mètres d'élévation, dans un état de végétation et de produit admirable.

auteurs, qui prétendent que, lorsqu'on les plante et que l'on en rencontre qui ont des racines volumineuses d'un côté, *il faut avoir la précaution de diriger celles-ci vers le mur, afin de les empêcher de prendre trop de développement, ce qui pourrait devenir funeste à l'arbre, en ce qu'ils croient que la séve produite par ses racines agit au profit d'une seule partie.* Cet effet peut avoir lieu pour les arbres abandonnés à la seule nature; mais il n'est pas à craindre pour ceux confiés à des jardiniers habiles. Considérant le tronc de l'arbre comme le canal central de la séve (1), ils sauront la distribuer également par les opérations dont j'ai parlé en traitant de l'*équilibre de la végétation.* Je recommande, dans la plantation de pareils arbres, de placer en avant la plus grande quantité de racines, afin qu'elles puissent s'étendre d'une manière plus uniforme, et de diriger convenablement les deux yeux propres à donner naissance aux deux mères branches. Il n'est pas moins essentiel que la plaie du sujet soit hors de l'action du soleil, et que l'on

(1) A cette occasion, je citerai un fait fort remarquable, quoiqu'il ne soit pas sans exemple. Un cultivateur possédait une haie sur le bord de sa propriété. La partie extérieure, défendue par un fossé, laissait de ce côté les racines de la haie exposées aux influences de la sécheresse, qui les empêchaient de croître. Les branches de ce même côté étaient toujours restées libres, sans jamais éprouver d'altérations par les voies de la tonture, aussi elles étaient très-volumineuses. La partie supérieure de cette haie était tondue, chaque année, avec beaucoup de régularité; il en était de même sur le côté qui regardait l'habitation : là se trouvait un terrain plat bien amendé par la culture; aussi les racines y étaient-elles fortes et pleines de vigueur. Cette haie, qui avait subsisté un grand nombre d'années, fut arrachée pour faire place à une muraille; ses débris offrirent un contraste tout à fait étrange; les racines les plus vigoureuses se trouvaient du côté où les branches étaient les plus faibles, et *vice versâ* ; j'en conclus que la culture et la lumière sont les seules causes de pareils faits, ce qui prouve la vérité de mon assertion, que le tronc d'un arbre est le canal central de la circulation de la séve.

plante les arbres à **16** centimètres (6 pouces) environ de
la muraille, en ayant soin de les incliner de manière à ce
que le dernier tiers de leur tige y soit appliqué.

J'ai cru inutile de détailler la manière de préparer les
terres et d'indiquer l'espacement convenable ; ces connaissances sont généralement répandues ; cependant, comme
beaucoup de gens font cultiver sans être cultivateurs, j'ai
cru devoir donner pour eux un résumé succinct des conditions nécessaires à toute bonne plantation. On peut,
dans des cas extraordinaires et d'urgence, planter des arbres à toutes les époques de l'année, *toutes les fois, pourtant, que les terres seront maniables ;* mais il importe beaucoup que ceux que l'on se propose de planter, lors de leur
pleine végétation, soient arrachés avec toutes les précautions voulues à la conservation de leurs racines ; puis celles-ci, aussitôt sorties du sol, devront être plongées dans
une bouillie claire composée d'eau et de deux parties
égales de bouse de vache et terre franche ; à défaut de ce
mélange, on versera légèrement sur ces racines une petite
quantité d'eau ; puis après, des terres fines et riches en
humus, afin que ce travail supplée à celui dont il vient
d'être parlé : c'est après l'un ou l'autre de ces travaux que
l'on doit faire la plantation de ces arbres, d'après les principes voulus, dont il sera parlé avant de démontrer la
taille en éventail sur poirier ; mais, pour ceux-ci, il est de
rigueur de faire immédiatement au pied de chaque arbre
un auget peu profond, dont la largeur devra toujours excéder celle des terres dans lesquelles se trouvent placées
leurs racines : cet auget devra être recouvert de 3 à 6 centimètres (2 pouces ou environ) de fumier à demi consumé,
sur lequel on fera un arrosement abondant ; ces eaux devront toujours être jetées comme si elles venaient du ciel,

afin que les bourgeons et les feuilles en soient atteints les
premiers ; dans ce cas, notamment pour les grands arbres, une pompe à main est de toute nécessité : ces arrosements devront être répétés très-légèrement, chaque jour,
après le coucher du soleil, et devront être continués jusqu'à parfaite reprise. Quelques personnes ayant soumis
des arbres à cette rigoureuse opération intempestive conseillent de conserver intègres toutes leurs feuilles, c'est,
du reste, mon avis; d'autres, au contraire, veulent que
l'on retranche toutes celles qui seraient arrivées à peu
près à leur parfait développement, en prenant la précaution de conserver leur pétiole; quant à celles qui sont à
l'extrémité des bourgeons et encore roulées, elles les conservent comme étant propres à aider le développement de
ces parties; j'ai mis en parallèles ces deux moyens; l'un
et l'autre m'ont parfaitement réussi. Voici le fait : le
**8 mai 1841**, agissant sous les auspices de mon supérieur,
j'ai soumis à cette expérience quatre poiriers dont trois
portaient des fruits noués ayant aussi des bourgeons de
**32** centimètres (1 pied) de long; j'ai conservé les feuilles
à deux de ces arbres, et les deux autres en ont été privés;
pendant quinze jours on les a arrosés, comme je l'ai déjà
fait remarquer : les feuilles d'un de ceux auxquels elles
avaient été conservées flétrirent et quelques-unes tombèrent; vingt jours après leur plantation, tout soin minutieux fut supprimé; un d'entre eux donna des fruits à parfaite maturité, et tous ont repris une santé parfaite.


ÉPOQUE DE LA TAILLE.— J'ai divisé l'époque de la taille
en deux sections : celle qui s'effectue pendant l'hiver, et
celle connue assez généralement sous la dénomination de
*taille de mai ou en vert.*

Je ne répéterai pas ce qui a été dit sur l'époque de la taille d'hiver par plusieurs auteurs modernes ; je suis même en contradiction avec quelques-uns d'entre eux, car je ne vois pas de nécessité de terminer les opérations de la taille par les pommiers et poiriers, quand on peut s'occuper à la fois de tous ses arbres pendant les mois de janvier, février et mars, en commençant par les plus vieux et terminant par les plus jeunes. Si, cependant, parmi ces derniers, il s'en trouvait de très-vigoureux, et que l'on voulût les mettre à fruit plus promptement, on attendrait, pour les tailler, qu'ils commençassent à développer leurs yeux pour prendre le caractère de bourgeons de la longueur de 1 centimètre environ, afin de maîtriser la vigueur de ces arbres.

L'époque la plus avantageuse pour les arbres à fruit à noyau est celle où ils commencent à végéter, en prenant les précautions voulues pour que les plus vigoureux soient taillés lorsque leurs fleurs sont sur le point de s'épanouir, mais non plus avancées, comme cela se pratique trop souvent. Dans ce cas, l'opération est plus difficile, et occasionne la perte de beaucoup de fleurs qui auraient été conservées par la taille. Ce fait s'explique aisément, parce que ces fleurs ont souffert jusqu'au moment de cette opération par l'affluence de séve vers l'extrémité des rameaux ; cette partie étant presque toujours retranchée dans des proportions plus ou moins longues, les fleurs réservées qui sont à leur base éprouvent une surabondance de séve trop subite qui leur est souvent très-funeste. Cet exposé doit suffire pour faire connaître au cultivateur l'époque où il doit procéder à l'opération de la taille de ces arbres. D'ailleurs, l'expérience a prouvé qu'il est très-avantageux de les tailler de bonne heure non-seulement sous le point de vue dont il vient d'être parlé, mais encore sous celui d'exciter le développement des yeux inattendus, et ceux qui seraient restés à l'état latent depuis huit à dix années, et qui s'annuleraient souvent par suite des tailles faites trop tard. Cet état de choses a fait dire que le *pêcher ne produisait jamais de nouveau bois à travers ses vieilles écorces;* ce qui est une erreur échappée à des auteurs cependant accrédités.

*Observations sur l'arbre figuré* pl. 3. — Je le répète, cette figure n'est point le produit de l'imagination ; je peux même ajouter aujourd'hui que, par suite de mes opérations largement développées dans cet ouvrage, les habiles praticiens studieux, qui auront des pêchers convenablement placés sur un bon sol, pourront facilement leur faire prendre des formes plus complètes, plus régulières, que ladite figure : dans celle-ci je me suis essentiellement appliqué à faire ressortir l'important besoin d'avoir de bonnes branches sous-mères et secondaires inférieures, et des moyens simples de les obtenir ainsi qu'on va le voir.

D'abord il n'est pas de cultivateur un peu instruit dans la pratique, qui ne sache que, lorsqu'il coupe un rameau un peu vigoureux, l'œil sur lequel il taille pousse avec vigueur, sauf les accidents, et que celui qui lui succède, dans quelque sens qu'il se trouve placé, pousse à peu près dans les mêmes proportions, toutes choses égales d'ailleurs (voyez *pl.* 6, *fig.* 4); car, si l'œil terminal est très-volumineux, et que celui qui lui succède soit petit, il est certain que le premier poussera avec beaucoup plus de vigueur que l'autre. Dans ce cas, et surtout si l'on craint que cet œil terminal ne s'empare de trop de séve aux dépens du dernier dont le développement serait cependant utile, il faut faire la coupe assez près de l'œil terminal pour qu'il s'en trouve un peu fatigué, qu'il n'ait plus les mêmes moyens d'accroissement, et que l'autre reprenne l'égalité de végétation qui lui manque. D'ailleurs, ici comme dans beaucoup d'autres cas analogues, on doit mettre en usage les divers moyens que j'ai indiqués pour la répartition de la séve. (Voyez *Équilibre de la végétation.*)

Maintenant que nous savons que l'œil qui se trouve placé au-dessous du terminal peut pousser avec autant de vigueur que lui, il ne sera pas difficile de concevoir que l'on peut obtenir des branches sous-mères et secondaires inférieures partout où l'on veut (1); on peut même leur faire acquérir autant de vigueur et de régularité que celles que représente la *pl.* 3. Je crois inutile d'appuyer sur l'importance de ces branches; chacun doit reconnaître combien il est avantageux d'en avoir, tant pour garnir le bas des murailles que pour absorber une immense quantité de séve, qui serait obligée de passer dans les mères branches; ce supplément de vigueur les ferait bientôt pousser vers le haut du mur et nécessiterait leur trop grand abaissement. Or nous avons déjà vu que, pour le plus grand succès des mères branches, elles ne doivent être inclinées que graduellement sans trop leur faire dépasser le chiffre de 45 degrés; mais la nécessité de garnir le bas des murs oblige,

(1) Un auteur peu loyal a inutilement cherché à faire déprécier ce mode d'opérer; ces insinuations mercantiles n'ont prévalu nulle part. Ce système d'opérer est adopté partout, même chez les compilateurs avides; puis les praticiens éclairés, appréciateurs et consciencieux ne cessent de le recommander. De ce nombre, je cite M. Hardy, directeur du beau jardin du Luxembourg, professeur d'arboriculture, qui, depuis des années, a acquis, dans ses leçons, une grande célébrité bien méritée.

lorsque les branches secondaires inférieures manquent, à abaisser les mères dans des proportions telles qu'il n'est pas rare d'en rencontrer qui se rapprochent de la ligne horizontale : alors leur accroissement en longueur cessant par cette cause et celle du développement des branches et des rameaux accrus en dessus, ceux-ci prennent d'autant plus de vigueur qu'elles sont peu inclinées, et le parti le plus sage, dans cette circonstance, est de faire de ces rameaux des branches secondaires supérieures; ce qui est facile, en les taillant très-long. Mais celles-ci atteignent bientôt, à leur tour, le haut du mur, ce qui oblige à les abaisser aussi, ce qui ne se fait pas sans confusion, sans peine, même sans occasionner des ruptures et des amputations, toutes choses également nuisibles aux arbres à fruit à noyau ; il n'est pas rare non plus de voir, dans cette circonstance, l'extrémité des branches mères totalement épuisée, aussi bien que les rameaux ou les branches qui garnissent cette partie; il faut alors les rapprocher : ces amputations et ce remplacement continuels, tout en compliquant les opérations, en rendent le succès beaucoup plus douteux. Il n'en est pas de même des procédés par lesquels on obtient d'abord des branches secondaires inférieures qui ont le précieux avantage de partager l'extrême vigueur de leur mère sans menacer son existence, mais bien lui empêcher son trop de développement vers le chaperon. Pour peu que cette méthode soit aidée des principes que j'ai développés précédemment, on parviendra facilement à former une charpente régulière et presque inamovible, qui rend les opérations plus faciles et maintient la santé de l'arbre; d'ailleurs il est reconnu par beaucoup de praticiens habiles que le pêcher est, après la vigne, l'arbre le plus docile et le moins ingrat.

Ici se terminent toutes les opérations et les règles qui réunissent les principes généraux ; je vais maintenant en faire l'application aux divers modes de taille, dont je donnerai des exemples où je tâcherai de signaler le plus grand nombre d'accidents embarrassants pour ceux qui ne connaissent que la théorie de cet art.

# CHAPITRE II.

### DES TAILLES MODERNES.

La taille, selon qu'elle est bien ou mal faite, peut être ou fort utile ou très-nuisible aux végétaux ; il en est résulté que beaucoup de savants, qui n'ont point fait cette différence, ont publié comme certain que « *cette opération contre nature est plus ou moins nuisible aux végétaux*, que, *bien faite, elle n'est que peu dangereuse.* » Pour moi, je puis affirmer qu'il est plus convenable de dire : « *La taille bien faite entretient les arbres en santé, en vigueur et en rapport constant, et prolonge même souvent leur existence.* » Je pourrais citer, à l'appui de cette opinion, des pêchers de quatre-vingts ans qui sont encore en plein état de rapport et de santé, et qui seraient, sans contredit, bien malades ou morts depuis vingt-cinq ou trente ans, s'ils eussent été abandonnés à eux-mêmes ; je pourrais également montrer des poiriers bien taillés, que l'on a recepés à quatre-vingt-dix ans, et dont les rejets ont servi à reformer de nouvelles charpentes maintenant fort belles.

De tout temps, la taille semble avoir eu le même but : faire produire beaucoup de fruits et donner aux arbres une forme agréable. Celle-ci varia selon le goût ou le besoin, et se perfectionna avec le temps : probablement elle fut d'abord une imitation de la nature, c'est-à-dire des *pleins-vents;* de ceux-ci durent naître les *vases,* qui en sont une perfection. Peut-être aussi les quenouilles, qui ont fourni les pyramides, datent-elles d'une époque également reculée.

Quand les excursions guerrières ou marchandes eurent enrichi nos climats des précieux végétaux de l'Orient et d'autres pays plus chauds que les nôtres, le désir de s'approprier ces végétaux dut faire naître l'idée des abris; de là les murs et les espaliers, qui, à la vérité, étaient, autrefois, bien différents de ce qu'ils sont aujourd'hui, mais qui ont pourtant dû leur servir de type.

La taille moderne, telle qu'elle est maintenant, peut être considérée comme très-perfectionnée et la meilleure à étudier; c'est pourquoi j'ai divisé les tailles en deux parties, les tailles modernes et les anciennes, afin que le lecteur, arrivant progressivement du mieux au pire, pût se former d'abord un jugement sain, et être à même d'apprécier l'un et l'autre, lorsqu'il étudiera les tailles anciennes, pour la plupart arbitraires et défectueuses, et qui, cependant, offrent presque toutes quelque utilité, soit locale, soit de circonstance.

## SECTION PREMIÈRE. — Taille en éventail.

### § I. Taille en éventail sur pêcher, et du choix des sujets propres à sa prospérité.

Pour cette forme comme pour toute autre, on est dans l'usage de greffer le pêcher sur amandier, et quelquefois sur les diverses variétés de pruniers *saint-julien, le gros et le petit damas blanc.* Depuis peu de temps, on destine à cet usage le *prunier myrobolan* (prunus myrobolana). Cet arbre, que l'on obtient facilement de noyau, paraît d'abord produire des sujets très-avantageux, mais nous ne pouvons, dès à présent, nous prononcer sur son efficacité : quant à l'amandier, quoique bien préférable à tout ce que nous connaissons jusqu'à ce jour pour la plus grande partie des cultures en ce genre, on est beaucoup trop indifférent sur le choix de son fruit; j'ai acquis l'expérience que les sujets originaires des amandes tirées du commerce venant généralement du midi de la France sont très-inférieurs à ceux que l'on récolte dans l'ouest et le nord de ce même pays. Ces derniers, quoique également à coque dure et amande douce, produisent des arbres plus vigoureux et d'une plus longue vie que ne le font les premiers; cette longévité est encore plus remarquable sur les amandiers à fruits amers, mais la reprise de leur greffe en est plus difficile; ce qui les fait rejeter à tort par les pépiniéristes. Cette greffe est pratiquée par eux au moyen d'un écusson (1) : celui-ci ne produit que rarement deux bourgeons, et peut, en cet état, être regardé comme un fait du hasard; ce qui me dispense d'en faire une règle particulière, parce qu'elle va entrer dans la pratique que je vais développer.

Le savant A. Thoüin conseillait, avec raison, de placer deux écussons opposés l'un à l'autre sur les sujets de tous genres destinés à former des arbres en éventail; c'est ainsi que je l'ai toujours pratiqué au Jardin du roi, sous les or-

---

(1) On peut cependant greffer des pêchers en fente, en l'effectuant au printemps avec des rameaux coupés en février et conservés dans un endroit froid jusqu'à ce que leurs yeux commencent à se gonfler, ce qui se reconnaît par le dérangement des écailles qui leur servent d'enveloppe.

dres de ce vénérable agriculteur. Ce procédé bifurque le tronc dès la première année, et procure les deux mères branches; ce que, par l'ancienne coutume, on n'aurait obtenu que l'année suivante, à moins que deux bourgeons n'eussent pris naissance sur le même écusson, ce qui est très-rare, ainsi que je l'ai expliqué. A cette première innovation on peut en joindre une seconde qui n'est pas de moindre intérêt, et dont voici les détails : si de tels arbres se trouvaient disposés à pousser avec une grande vigueur, on aurait soin de surveiller le développement de ces deux yeux, et, lorsqu'ils seront développés à l'état de bourgeons de la longueur de **16** à **22** centimètres (6 à 8 pouces), on les rognera, afin de réduire cette longueur d'à peu près moitié; il s'ensuivra que les yeux déjà formés dans l'aisselle des feuilles réservées se développeront immédiatement et donneront autant de bourgeons, et, lorsqu'ils auront acquis la longueur de **5** à **11** centimètres (2 à 4 pouces), on devra en faire le choix, afin de n'en réserver que deux sur chaque côté les plus propres à faire naître les deux branches mères et les sous-mères; tous les autres seront retranchés avec soin aussi près que possible de leur insertion et sans attendre qu'ils aient acquis une plus grande étendue au préjudice de ceux dont nous venons de fixer la réserve.

Ce nouveau mode, indiqué dans la troisième édition de cet ouvrage, a été, depuis, pratiqué par plusieurs de mes confrères ou de mes élèves auxquels j'en ai conseillé l'usage ; les bons résultats que nous en avons obtenus m'autorisent à le recommander davantage en ce qu'une telle pratique avance la formation de ces arbres de deux années , sans commotion subite, sans perte de séve et sans plaies dangereuses, chose que l'on ne peut éviter par le mode usité.

Quoi qu'il en soit, celui-ci subsistera encore des années, à cause de la difficulté de se procurer des sujets préparés d'après ce que je viens de citer; dès lors je me trouve forcé d'entrer dans tous les détails nécessaires à la création de ces arbres en suivant les principes de l'école nouvelle, dont je vais faire l'application.

*Première taille.* — Elle a pour but la création des deux mères branches; pour les obtenir, la tige des jeunes arbres que l'on destine à cette forme devra être coupée à 5 ou 11 cent. (2 ou 4 pouces) environ au-dessus de la greffe, et sur deux yeux correspondants, disposés de manière à former l'aile gauche et l'aile droite; ces yeux, en se développant, formeront deux bons bourgeons, que l'on soignera suivant les principes indiqués à l'article du PALISSAGE.

Pendant le développement de ces deux bourgeons, il n'est pas rare qu'il s'en forme d'autres sur la tige : quelques cultivateurs recommandent de les conserver; je n'admets ce principe que dans les circonstances que je vais développer.

Si l'on n'avait pas apporté les soins nécessaires à la plantation et que le sujet parût languissant, il serait prudent de laisser tous les bourgeons naissants, afin qu'ils pussent activer le développement des racines par la transmission de la séve descendante; mais, lorsque la reprise est assurée, on doit supprimer tous les bourgeons inutiles, ayant, toutefois, la précaution d'en conserver deux de chaque côté, afin que, si ceux que l'on destinait à former les deux mères branches offraient trop d'inégalité, on pût, pendant l'été, rapprocher sur les deux autres, en supprimant la partie de la tige qui alimentait les deux premiers. En définitive, ces arbres ne doivent avoir que deux bourgeons égaux au mois de septembre; si, après cette époque, il survenait quelque accident à l'un d'eux, il faudrait aussitôt redresser, aussi perpendiculairement que possible, le seul bourgeon qui aurait résisté. A la taille suivante, ce rameau serait retranché de sorte qu'il ne lui restât que 5 à 6 cent. (1 ou 2 pouces de longueur), afin de déterminer le développement de deux bons bourgeons, que l'on conduirait comme je viens de l'expliquer.

*Deuxième taille.* — Cette seconde opération devrait être appelée la première taille, la précédente n'ayant pour objet que de séparer l'arbre en deux parties égales; j'ai dit, ailleurs, que, lorsque l'on pratique sur le même sujet deux greffes opposées l'une à l'autre, on obtient deux bourgeons qui forment de suite les deux mères branches. Nous avons vu aussi que d'une seule greffe il sortait quelquefois deux bourgeons qui donnaient le même résultat. Cependant, comme cette méthode de greffer n'est pas encore assez répandue et qu'elle ne le sera qu'avec le temps, je me suis résigné à figurer des arbres qui n'ont reçu qu'une seule greffe.

Les futures mères branches, qui ne sont encore que des rameaux, doivent être taillées, la première année, de 8 à 11 cent. (3 à 4 pouces) de leur origine, comme on peut le voir *pl.* 1, *fig.* 1, de manière que l'œil terminal puisse les continuer sans former un coude trop marqué. (Voyez *même planche, fig.* 2.) Les coudes seraient toujours désagréables et souvent nuisibles, s'ils étaient trop prononcés, en ce qu'ils sont presque toujours perpendiculaires : dès lors les branches coursonnes supérieures qui se trouveraient sur ces parties, ou dans leur voisinage, étant sujettes à s'emporter, nuiraient aux branches de la charpente qui lui seraient opposées. C'est pourquoi j'aime assez prendre pour œil terminal un des yeux qui se trouvent placés devant, c'est-à-dire opposés à la muraille; quand je ne peux avoir ceux-ci, j'en choisis un qui regarde le mur, mais c'est toujours malgré moi que je prends ce dernier parti, parce que la plaie, se trouvant exposée à l'action des rayons solaires, occasionne des avaries. En pareil cas, on doit faire cette coupe beaucoup plus éloignée de l'œil que je ne l'ai indiqué, ce qui fera un onglet que l'on enlèvera lors de la taille en vert, époque où le bourgeon sera bien développé. Dans cette seconde taille, il ne suffit seulement pas de s'occuper de l'œil terminal, mais encore de celui qui le suit. Il doit être placé inférieurement, de manière à donner naissance à la sous-mère branche. (Voyez *pl.* 1, *fig.* 1, et ses résultats, *fig.* 2 et 3.) Il y a des cultivateurs qui, par une fausse pratique, taillent d'une manière opposée, ou qui, pour mieux dire, mettent l'œil terminal en dessous. Il en résulte que l'œil qui suit immédiatement se trouve très-fréquemment en dessus, et quelquefois devant ou derrière, de sorte qu'ils sont forcés de le supprimer à l'ébourgeonnage, pour ne pas altérer le bourgeon terminal qui se trouve placé moins favorablement. Par cette fausse opération, ils sont privés de sous-mère branche, chose cependant bien importante.

Par les principes que je viens de poser, je laisse aux mères branches la facilité de se développer, et je forme les sous-mères branches qui remplissent plus tard la fonction de garnir la partie inférieure des murs. Beaucoup de cultivateurs ne doivent des sous-mères qu'au hasard, parce qu'ils ne s'occupent, pendant la première année, que de la formation des mères branches; ils réforment même les sous-mères qui s'y disposent naturellement. Ils allèguent pour raison qu'il ne faut pas former les membres avant le corps, assertion que je trouve contraire aux lois de la nature, qui forme tout à la fois. C'est d'elle qu'il faut prendre des leçons; nous devons l'aider de tout notre pouvoir, et non la contrarier, comme on le fait trop souvent.

RÉSULTATS DE LA SECONDE TAILLE. — Je présenterai pour premier exemple l'arbre représenté *pl. 1, fig. 2*. Cet arbre a donné des résultats aussi satisfaisants qu'on pouvait le désirer. Ses quatre rameaux (1) ont acquis la longueur de 2 mètres environ. Cette longueur n'est pas rare sur des pêchers de cet âge plantés dans un bon terrain et à une exposition convenable. Ces rameaux sont très-propres à commencer la charpente. Les deux supérieurs doivent continuer les mères branches, et les deux inférieurs les sous-mères. Chacun de ces rameaux est marqué pour être taillé à 1 mètre environ. On doit, en opérant, chercher à obtenir non-seulement le prolongement des mères et sous-mères, mais encore la formation, sur chacune d'elles, d'une première branche secondaire inférieure (comme on le verra *pl. 2*). On remarque sur la sous-mère branche de l'aile droite le trait qui indique le point où doit être faite la taille, et qui désigne un œil placé devant, position que je regarde comme la plus avantageuse. Cet œil est à peu près du même volume que celui qui doit donner naissance à la branche secondaire inférieure : je ne veux pas parler de celui qui se trouve placé en dessus près le terminal,

(1) Ou plutôt branche; car, d'après le développement de leurs yeux, ils en auront le nom : je l'ai déjà donné aux branches mères, et, pour éviter dorénavant une répétition inutile, on se rappellera que, quand je parlerai de tailler une branche, il sera question du rameau qui doit la prolonger.

qui , par rapport à cette position , devra être éborgné (ou exactement rogné ), lorsqu'on sera certain que les deux yeux combinés pourront bien se développer. Quant à la mère branche de cette même aile, je ferai observer que les yeux sur lesquels on a taillé sont dans une proportion inégale : 1° parce que l'œil terminal combiné est en dessus, position que nous estimons le moins; 2° parce qu'il est beaucoup plus volumineux. Comme cette disproportion pourrait faire craindre qu'il ne s'emparât de presque toute la séve aux dépens de son voisin, on évitera ce grave inconvénient en pratiquant l'*éventage* (1); ce qui retardera son trop de développement, et fera passer cet excédant au bénéfice du faible que je viens de citer. Enfin , pour arriver plus sûrement à un résultat complet, on emploiera les différents moyens que j'ai décrits en parlant de l'*équilibre de la végétation* et du *palissage*. Si cependant le succès paraissait incertain lors de la taille en vert , on choisirait , parmi les bourgeons placés au-dessous de ceux-ci, ceux qui paraîtraient les plus propres à remplir le but proposé. Mais, pour qu'il n'y eût point d'inégalité entre les deux ailes, il serait à propos d'en faire autant à l'aile gauche. Je terminerai la description de l'aile droite en faisant remarquer à la base de la mère branche deux petits rameaux à fruit de premier ordre, qui sont le produit d'un bourgeon pincé. L'un deux doit rester sans être taillé; et, si l'œil terminal de celui réservé voulait s'emporter par la position qu'il occupe, on aura soin de le pincer quand le temps en sera venu.

Passons maintenant à l'aile gauche de ce même arbre.

On voit que la taille correspond parfaitement au côté qui

____

(1) Voyez ce mot au *Vocabulaire*.

lui est opposé, et que le rameau chargé de prolonger la mère branche a été taillé sur un œil qui doit donner un bourgeon propre à la continuer : si, cependant, on néglige de l'attacher soigneusement à sa base, il pourrait former un petit coude, comme on peut le voir *pl.* 2, même aile ; mais, avec du soin, cet œil doit donner un résultat satisfaisant. On remarque que celui qui vient immédiatement après, destiné à former la première branche secondaire, est d'une force à peu près égale au terminal et donne une belle espérance.

On peut voir aussi à la base de cette branche deux rameaux à fruit, l'un du premier et l'autre du second ordre, qui sont le résultat d'un bourgeon pincé. Le rameau du premier ordre restera sans être taillé ; celui du second pourrait rester dans le même état, mais il y aurait à craindre qu'il ne s'emparât de la séve destinée à alimenter le premier : l'œil terminal de celui-ci doit donner naissance à un excellent bourgeon qui deviendra un rameau à fruit du troisième ordre pour l'année suivante. Il est vrai qu'en faisant la réforme que je propose on peut occasionner un trop grand développement de celui qui reste. Pour éviter cet inconvénient, il eût fallu réserver une portion de celui dont j'ai indiqué la suppression, en le taillant sur le troisième ou quatrième œil, s'il s'en était trouvé à cette place. Mais, tout en ayant pris le caractère du bouton, il a fallu le réformer complétement, puisque, le bouton sur lequel on eût appuyé la taille étant dépourvu d'yeux, il n'aurait pu attirer la séve, pour lui et ses semblables, que dans des proportions propres à faire naître des fruits éphémères, qui sont toujours en danger de tomber longtemps avant leur maturité; cependant j'ai vu de petites branches du premier et du second ordre portant des fruits mûrs à leur

extrémité, qui semblaient toujours avoir été dépourvues
de bourgeons dans cette partie, ce qui n'était pourtant pas
probable , lors du nouement des fruits , puisque mille autres observations faites pendant le cours du printemps m'ont
prouvé que l'on ne doit nullement compter sur le produit
de ces branches toutes les fois qu'elles sont dépourvues
d'œil ou bourgeon à leur extrémité. Quant aux latéraux, ils
ne sont pas de nécessité.

Nous arrivons au rameau destiné à former la sous-mère
branche de l'aile gauche : on voit qu'elle est taillée sur un
œil placé derrière et piqué par un point pour le faire remarquer; cet œil est supposé aussi bon que celui qui précède, en sorte que l'on peut espérer qu'il remplira bien sa
destination.

Outre ce que je viens de dire sur la charpente de cet
arbre, on a cherché à répartir la séve dans des proportions
telles, qu'elle puisse faire développer tous les yeux latéraux
avec assez de vigueur pour développer de bons rameaux à
fruit du troisième ordre pour l'année suivante.

Je terminerai les détails relatifs à cette figure en faisant
remarquer les faux rameaux qui se trouvent sur les rameaux principaux. Ils doivent être taillés sur les deux premiers yeux (1), afin qu'ils se mettent en concordance avec
ceux du rameau sur lequel ils se trouvent placés.

La *fig.* 3, *pl.* 1, représente un arbre de même âge qui
a poussé à peu près moitié moins que le précédent. Les
opérations applicables à cet arbre n'ont aucun rapport avec
celles que je viens de décrire; l'état de faiblesse dans lequel il se trouve doit engager à ne s'occuper que de faire

_______

(1) Nous verrons que, sur des arbres plus âgés, plusieurs de ces faux
rameaux devront être taillés beaucoup plus long, parce qu'ils ont, dans
ce cas, une autre destination.

naître sur chaque branche le bourgeon nécessaire pour la
prolonger sans former le coude. On voit aussi que trois de
ces rameaux ont été taillés assez court pour faire développer des yeux latéraux, et concentrer la séve au bénéfice de
la masse, en aidant le développement du rameau qui doit
prolonger la sous-mère branche de l'aile gauche, qui est
plus faible que celui de l'aile droite : il faut donc le laisser
sans être taillé, afin qu'il prenne plus d'accroissement, ce
qui n'aurait pas lieu si on le taillait selon sa force, et encore moins très-court, comme le prétendent quelques auteurs. Il est vrai que ce rameau a tous les caractères propres
à son développement ; le premier de ces caractères est
d'être charnu à son extrémité, d'avoir les yeux gros, triples
pour la plupart, dont presque tous ont conservé leur premier caractère. L'écorce de cette partie est d'un beau rose
foncé sans altération ; la partie basse de ce rameau est re-
vêtue d'une écorce d'un gris roux : toutes conditions indispensables pour son développement. Si, au contraire,
l'écorce était d'un verdâtre pointillé de rouge dans beaucoup de parties, bien que ce rameau fût d'une dimension
plus étendue, mais grêle, et muni de plusieurs faux rameaux, on ne pourrait en espérer de bons résultats en le
taillant long. (Voyez ÉQUILIBRE DE VÉGÉTATION.)

Je reviens au rameau qui doit continuer la mère branche
de l'aile gauche. On remarque que ce rameau a été rogné
afin d'empêcher son trop de développement, ce qui n'a
pas réussi complétement. Il est présumable, cependant,
que, si cette opération avait été totalement oubliée, la séve
se serait portée tout à son profit et aurait beaucoup plus
négligé le rameau dont il vient d'être parlé. Une taille très-
courte vient achever l'ouvrage du pincement, qui, s'il
avait été fait quinze jours plus tôt, aurait produit lui seul

tout l'effet que l'on en désire, c'est-à-dire qu'il aurait remis cet arbre dans son parfait équilibre de végétation.

Nous arrivons à la *fig.* 4 : on voit que l'arbre qu'elle représente offre encore des résultats moins heureux que celui que nous venons d'examiner. Le rameau qui est destiné à la création de la sous-mère branche de l'aile droite a à peu près 25 centimètres (9 pouces) de long, et se trouve peu disposé à se développer; il n'a que des yeux simples, dont un seul, placé vers l'extrémité, a pris le caractère de bouton. Si l'on opérait comme sur l'arbre que je viens de citer, dans l'espoir de faire développer ce rameau, on n'aurait que de mauvais résultats, parce qu'il est arrivé à l'état languissant, et qu'aucun de ces yeux n'est propre à se développer : c'est pourquoi je le supprimerai totalement, et avec d'autant plus de raison qu'il est placé sur une branche peu vigoureuse. Le rameau destiné à continuer la mère branche a été taillé sur le troisième œil, afin d'obtenir ce que n'a pas donné la seconde taille.

Les deux petits rameaux à fruit du premier ordre sont le résultat d'un bourgeon pincé. Ces petits rameaux doivent être retranchés, comme on peut le voir, parce que l'arbre est trop faible pour porter des fruits. Dans l'aile gauche, nous voyons que le rameau destiné à la création de la sous-mère branche doit être retranché. Il est vrai que j'aurais pu le conserver en le taillant sur le deuxième œil, afin de continuer cette branche; mais alors il y aurait de ce côté plus de moyens d'accroissement et difformité dans l'arbre, ce qui m'a déterminé à en faire la réforme, d'autant plus que les rameaux des mères branches, étant de même vigueur, sont capables de rétablir la nouvelle charpente.

Le cinquième exemple, même planche, offre une irrégularité différente, non moins pernicieuse. Lors de la deuxième taille, cette figure représentait quatre rameaux, deux à droite et autant à gauche. J'ai supprimé, avec une partie de la tige, les deux qui se trouvaient les plus éloignés de la greffe, en rapprochant la taille sur les deux autres, qui m'ont paru alors les plus convenables; malheureusement la plaie a été faite un peu trop près du rameau de gauche; celui-ci a été éventé, ce qui a nui à son développement. Divers moyens ont été mis en usage sans succès, ceux qui auraient pu réussir n'ont pas été tentés; le premier consiste à devancer cette opération, en la pratiquant pendant le cours du mois de juillet ou août; mais, ayant différé jusqu'au printemps, il eût été prudent de couvrir cette plaie avec une feuille d'arbre ou autre chose, ou, mieux, avec un emplâtre résineux (1), qui l'aurait garantie du contact de l'air, du soleil et de l'humidité. Le développement de la branche aurait été assuré, et elle se serait mise en équilibre avec celle qui lui correspond. Le seul parti qu'il y ait à prendre est de la ravaler, comme on peut le voir par le petit trait figuré, et de redresser l'aile droite le plus perpendiculairement possible, de manière à ce que ces deux rameaux puissent tenir lieu des deux ailes : on les traitera ensuite comme il a été décrit plus haut.

*Troisième taille.* (*Pl. 2.*) — Nous allons maintenant examiner les résultats de la troisième taille, qui sont très-satisfaisants, puisque la végétation s'est parfaitement achevée dans toutes les parties. Nous nous arrêterons seulement sur les considérations essentielles, pour ne point employer de temps inutilement.

Pour abréger les démonstrations, il m'a paru conve-

(1) Voyez ce mot.

nable de réunir tous les rameaux de l'aile droite qui ont un même but, en les désignant par un zéro qui se trouve à leur extrémité; pour ne pas être obligé d'entrer dans des démonstrations particulières pour chacun d'eux, je dirai seulement qu'ils sont taillés de manière à obtenir, s'il est possible, quelques fruits, ce qui est rare sur des arbres de cet âge, en ce que les organes sexuels n'y sont pas bien constitués (1). Il est vrai que le fruit n'est pas le point le plus important de ces opérations; ce qui doit fixer davantage l'attention, c'est que chacun de ces rameaux puisse donner naissance à un et plus souvent à deux bourgeons capables de le remplacer après maturité des fruits. Pour obtenir ce résultat, il est de la plus grande importance de ne pas les tailler trop long, afin que la séve détermine les yeux qui sont à leur base à produire les bourgeons dont je viens de parler. Pour y parvenir plus sûrement, il est important que les rameaux qui sont destinés à la charpente ne soient pas non plus taillés trop long, afin que la séve, qui a toujours de la tendance à se porter aux extrémités, puisse être concentrée dans l'intérieur de l'arbre et répartie avec avantage dans toutes ses petites branches. Je ne puis déterminer la longueur qu'on doit leur donner; en pareil cas, c'est l'expérience qui doit servir de guide, et je ne puis que répéter l'avis donné par A. Thoüin dans ses *Leçons d'agriculture pratique :* « Lorsqu'on n'est pas sûr de ses opérations, il vaut beacoup mieux tailler un peu court que trop long; car les fautes que l'on pourrait commettre, dans le premier cas, seraient réparables, par le choix que laisserait le nombre des rameaux dévelop-

_______________

(1) Les fleurs de tels arbres ont ordinairement un pistil très-court et souvent imparfait.

pés, ressource que n'offre jamais une taille démesurée. »

Je donnerai des explications et des exemples suffisants pour opérer dans de justes proportions et vaincre en partie cette grande difficulté.

Nous allons maintenant étudier les rameaux de cette même aile, auxquels j'ai appliqué des opérations différentes de celles dont je viens de parler. Je décrirai d'abord les n⁰ˢ 1 et 4, qui sont très-vigoureux ; on peut les considérer comme rameaux à fruit du troisième ordre, très-forts, qui, dans quelques circonstances, tiennent lieu de rameaux à bois, parce qu'ils peuvent, comme eux, être appropriés à la formation des branches de la charpente. On comprendra très-bien que, s'ils étaient taillés long pour obtenir plus de fruits, la quantité de bourgeons qu'ils développeraient formerait confusion et nuirait à la branche secondaire dont ils sont très-voisins : cette position pourrait même engager à les supprimer ; mais il sera plus prudent de les tailler, comme dans l'exemple, à deux yeux, afin qu'il n'en sorte qu'un ou deux bourgeons. Au reste, si même un seul nuisait à ses voisins, on réformerait toute la branche à l'ébourgeonnage (1).

Nous passerons maintenant au rameau n° 2 : il offre trois bifurcations, qui sont le résultat du pincement ; sans cette opération, il aurait pris une très-grande extension ; mais leur position laissant encore à craindre le même accident, j'ai supprimé celui qui paraissait devoir s'approprier une plus grande quantité de séve, et dont le développement eût été préjudiciable à la mère branche en rompant 'équilibre de la végétation.

(1) Dans un cas particulier, que je développerai n° 5, on peut les tailler très-long.

Les deux autres rameaux doivent rester entiers, en ce que le plus grand est mince et muni d'une assez grande quantité de boutons doubles pour la plupart, sans être accompagnés d'yeux. Malgré l'opinion de beaucoup d'auteurs, qui prétendent que ces rameaux ne portent jamais de fruits, je me suis convaincu du contraire ; il est vrai que, s'ils étaient sur des branches languissantes, ils seraient assurément dans ce cas ; mais la position qu'ils y occupent leur permet de porter des fruits comme si les boutons étaient accompagnés d'yeux. L'important est qu'il y en ait un à l'extrémité comme on peut le voir. Pour le rameau du premier ordre, il deviendrait dangereux, si l'œil terminal prenait un trop grand essor, ce qui peut arriver par l'avortement des boutons situés à sa base.

N° 3. On remarquera que ce rameau a été pincé, ce qui l'a fait bifurquer en deux rameaux presque égaux ; le plus grand a environ 30 centimètres (11 pouces) : l'un et l'autre sont trapus (1) et constitués de manière à absorber une très-grande quantité de séve. J'ai cherché à éviter cet inconvénient en supprimant le plus grand et en taillant l'autre sur les deux premiers yeux, qui, comme on peut le voir, offrent peu de volume ; cependant, comme le rameau qui les alimente est dans une position très-favorable, il sera prudent de bien observer leur végétation, afin de les pincer, s'ils prenaient trop d'accroissement.

Je ferai remarquer le n° 5, qui a été taillé outre mesure ; c'est ce que l'on appelle tailler en toute perte. Ce rameau est destiné à donner des fruits sans fournir de bourgeon pour le remplacer, ce qui est le contraire de ceux qui sont désignés par un zéro. On peut opérer ainsi

_______________

(1) Voyez le *Vocabulaire*.

toutes les fois que les rameaux à fruit se trouvent placés sans confusion sur des branches assez vigoureuses pour ne pas être épuisées par la privation de la séve nécessaire à alimenter ces rameaux. Cela devient même souvent très-important, dans l'économie de l'arbre auquel on l'applique, en modérant la trop grande vigueur de ces parties, et en les empêchant de développer des bourgeons trop volumineux qui pourraient lui être nuisibles. Cette opération demande beaucoup de discernement, parce que, si elle était multipliée sur des parties faibles ou languissantes, elle pourrait leur devenir très-funeste.

J'aurai occasion de revenir sur ce sujet lorsque je traiterai des arbres plus avancés en âge, où nous trouverons des branches coursonnes, sur qui cette opération devient importante.

Nous nous arrêterons un instant sur les rameaux destinés à continuer la charpente de l'aile droite. Je ferai remarquer que le rameau **A**, destiné à former la première branche secondaire inférieure sur la sous-mère, n'est pas de la première vigueur; ainsi j'ai cherché à lui faire prendre du développement en le taillant sur un très-bon œil placé en avant. J'ai aussi porté toute mon attention à ce que la coupe ne fût pas près de cet œil, afin que la plaie ne lui fît éprouver aucune avarie. Il est vrai que ce rameau est taillé de deux à trois yeux plus long que je ne l'aurais désiré, parce que plusieurs yeux placés sur la partie réservée ne sont pas bien constitués, ce qui fait craindre que leur développement ne soit pas bien satisfaisant. J'aurais obtenu un résultat plus sûr en le taillant plus court; mais la difficulté de trouver un œil terminal placé devant m'a forcé de m'arrêter au point désigné. Cependant, pour remédier à cet inconvénient et assurer le développement de ses différents yeux, j'ai taillé B un peu court, afin que la séve qu'il concentrera passe au profit de A et des autres rameaux qui composent cette branche.

Nous voyons que C est dans un état brillant de végétation; il a tous ses yeux bien constitués. L'œil terminal, quoiqu'un peu en dessous, est cependant assez bien disposé pour continuer la prolongation de cette branche; le rameau qui lui est correspondant dans l'aile gauche, quoique moins vigoureux, est bien constitué dans toutes ses parties; ses yeux sont proportionnés, et l'écorce, grise à la base, est d'un rose foncé à la partie supérieure : il y a lieu d'espérer qu'il se développera avantageusement; mais, pour cela, il est nécessaire de ne point le tailler (1). Si l'on cherche la cause de l'affaiblissement de ce rameau, on la trouvera dans le petit coude qui existe près de la troisième taille au point E ; ce coude est l'effet du mauvais choix de l'œil terminal destiné à continuer la mère branche; il a été pris en dessus. On sent parfaitement bien que la séve, qui néglige toujours les parties obliques pour se porter dans les verticales, toutes circonstances égales d'ailleurs, a dû nécessiter l'affaiblissement de ce rameau; c'est pourquoi je recommande de prendre toujours pour œil terminal un de ceux qui se trouvent devant.

Je vais maintenant opérer les deux rameaux qui doivent continuer les mères branches : on remarque qu'ils poussent avec force et régularité; j'en conclus que je peux les tailler environ à 1 mètre (3 pieds), cette distance étant celle qui convient pour obtenir le développement de la deuxième branche secondaire inférieure pour chaque aile,

---

(1) Voyez ce que j'ai dit à l'article *Des branches et des rameaux faibles.*

et pour lesquelles je choisis des yeux dans cette situation, et près de ceux destinés au prolongement des branches mères ; mais il ne m'est pas possible de réaliser les vues proposées, parce que, du côté gauche, je me vois contraint d'utiliser un faux rameau qui a été taillé sur les deux premiers yeux ; l'un d'eux sera réformé lorsque j'aurai la certitude que le plus vigoureux sera parfaitement développé, ce qu'il est difficile de prévoir d'avance ; c'est pourquoi, dans cette circonstance, je n'emploie de faux rameaux qu'à la dernière extrémité. J'aurais pu, en pareil cas, tailler le rameau à deux yeux au-dessous de l'endroit désigné, pour éviter cette incertitude ; mais, par cette opération, la seconde branche secondaire inférieure naîtrait beaucoup trop près de la première, et, de plus, en mauvaise harmonie avec celle qui lui correspond sur l'aile droite. Néanmoins on pourrait être contraint de pratiquer cette opération à la taille de mai ou au temps de l'ébourgeonnage, si le faux rameau ne donnait pas le résultat attendu.

Je terminerai ce qui regarde ces deux rameaux en faisant remarquer que l'œil terminal combiné de chacun est un peu en dessus, mais pas assez cependant pour produire une difformité.

Il me reste à dire un mot des faux rameaux : je les ai décrits plus haut ; il me suffit donc de les faire remarquer ici sur l'un des rameaux en les désignant par un F. Je fais observer que la plus grande partie d'entre eux sont taillés sur les deux premiers yeux : j'ai déjà dit que ceux-ci étaient sujets à s'annuler ; on prévient cet inconvénient par le pincement, qui se pratique sur les faux bourgeons auxquels ces yeux sont attachés, ce qui se fait au-dessus de la deuxième, troisième ou quatrième feuille. Voyez le résultat d'une de ces opérations, n° 6, même lettre. Je ferai aussi remarquer le n° 7, *id.*, qui est resté sans être taillé; il porte une assez grande quantité de boutons qui promettent une grande abondance de fruits. On peut donc utiliser ces sortes de rameaux toutes les fois qu'ils se trouvent dans une position semblable à celle que j'ai représentée, c'est-à-dire lorsqu'ils ne peuvent nuire au progrès du rameau sur lequel ils ont poussé. Ces faux rameaux offrent tous les avantages des rameaux du troisième ordre; ils sont même nécessaires, en ce qu'ils peuvent modérer la grande vigueur du rameau qui les porte; je suis persuadé qu'ils pourraient prendre un très-grand développement, auquel leur constitution et leur écorce souple les rendent très-propres. Dans certains cas, ils pourraient être employés à la création d'une branche secondaire; mais ce n'est pas applicable à l'exemple présent, qui nous offre des ressources plus certaines.

On ne peut employer ce procédé sur les parties supérieures, parce qu'alors une très-grande quantité de séve serait absorbée par ces faux rameaux, au préjudice du rameau qui les aurait fait naître, à moins que ceux-ci ne soient d'une constitution très-grêle, mais alors leurs produits sont fort incertains.

Il est encore un moyen d'utiliser les faux rameaux d'une manière assez importante, en supposant que le rameau D ait développé la plus grande partie de ses yeux en faux bourgeons, comme cela arrive assez souvent dans les terres brûlantes; la taille, alors, serait embarrassante. Mais un cultivateur intelligent prévoit cet accident en choisissant, comme je l'ai dit, lors du pincement et du palissage, le faux bourgeon le plus vigoureux, afin de le rendre propre au remplacement de ce rameau, qui sera alors réformé si le but proposé est atteint, c'est-à-dire si le faux rameau a au moins le quart ou le tiers du rameau principal.

Je renvoie, au reste, à ce que j'ai dit du *pincement des faux bourgeons.*

Je termine ici les détails relatifs à la *pl.* 2, qui représente un arbre de première vigueur, et je pense qu'on peut en déduire facilement les différences qui peuvent être nécessaires dans les opérations applicables à des arbres moins vigoureux : je n'ai pas cru devoir en donner des figures, parce que les principes sont les mêmes; il n'y a de différence que dans l'époque de leurs applications, qui ont lieu à de plus longs intervalles, l'état de végétation étant tel chez quelques-uns, qu'on ne peut espérer que fort tard de pouvoir former des branches secondaires inférieures.

La *fig.* 3 de la *pl.* 1 va m'aider à expliquer ma pensée. Supposons que le résultat de cette taille remplisse notre attente, et que les yeux terminaux, tant fixes que combinés, destinés au prolongement des diverses branches, vinssent à pousser des jets de 1 mètre et demi à 2 mètres (4 à 6 pieds), on pourrait, par la quatrième taille, préparer la formation des premières branches secondaires inférieures, tant sur les mères branches que sur les sous-mères, et cet arbre ne serait en retard que d'une année sur celui représenté *pl.* 2. Ce fait est assez ordinaire dans les terrains où les arbres végètent peu pendant les premières années de leur plantation : si ce retard de végétation ne dure que pendant les quatre ou cinq premières années, on ne doit pas désespérer d'obtenir la forme indiquée ; si, au contraire, cette faible végétation se prolonge plus longtemps, on ne peut espérer que des arbres rachitiques et

difformes, car le plus habile jardinier ne peut rien faire
sans végétation. C'est pourquoi le vénérable Thouin conseillait toujours de planter en terrain riche de matière
nutritive, pour ne pas exposer les jeunes arbres à s'endur-
cir, ce qui est très-dangereux pour eux et surtout pour le
pêcher.

Examinons rapidement les résultats de la quatrième taille.

*Quatrième taille.* — Voyez chaque trait transversal tracé
sur l'arbre figuré *pl.* 2. Je ferai remarquer comme base
principale que tous les yeux qui composent son économie
devront prendre pendant l'été le caractère de rameau, et
que ceux qui existent en ce moment sous ce dernier titre
auront le caractère de branches : excepté celles qui doivent continuer la charpente et qui conserveront leurs noms
respectifs, toutes les autres prendront celui de *branches
coursonnes*, parce qu'elles porteront des rameaux à fruit
de différents ordres qui subiront les opérations convenables à leur vigueur et à leur position.

Je n'ai pas cru nécessaire de donner ici plus de détails
sur cette taille , ne différant des précédentes que par les
branches coursonnes, dont je me propose de parler encore à l'occasion de l'arbre figuré *pl.* 3. Je n'ai pas cru
non plus nécessaire de figurer les résultats des quatrième
et cinquième tailles, parce qu'elles sont peu différentes
de la sixième, qui va bientôt nous occuper. Je ne ferai
qu'une seule observation à leur sujet, c'est qu'à l'égard
de la quatrième et de la cinquième taille on ne doit point
s'occuper de la formation des branches secondaires supérieures; on doit, au contraire, s'opposer, par tous les
moyens de l'art, à ce qu'elles prennent trop d'accroissement; car, si on leur accordait quelque protection avant

que l'arbre eût acquis l'âge et la force voulus , l'on serait
exposé à ce qu'elles s'emparassent d'une très-grande quantité de séve ; ce qui altérerait les mères branches et ne
tarderait pas à les faire périr.

*Cinquième taille.* — Je renvoie , pour cette taille , à la
*pl.* 3, sur laquelle on en peut faire l'inspection. Il faut
considérer que cet arbre n'a éprouvé que des avaries peu
sensibles depuis sa plantation , faite avec un arbre d'une
année de greffe ; il a en ce moment environ **9** mètres
(**27** pieds) d'envergure de l'aile droite à celle de gauche ,
ce qui est une étendue moyenne pour des arbres de cet
âge. Je n'ai figuré qu'une seule aile, afin de pouvoir le
faire sur une plus grande échelle qui permette de rendre
les détails plus sensibles, ce qui est essentiel ici, parce que
cette moitié d'espalier réunit non-seulement tous les résultats heureux, mais encore les petits accidents ou anomalies diverses qui peuvent se rencontrer sur des arbres
bien et mal taillés. Au reste, l'aile gauche devant être semblable, celle-ci suffit pour les démonstrations.

Dans les précédentes éditions , je m'étais arrêté à cet
arbre pour tout ce qui me restait à dire sur les opérations
de la taille des pêchers , d'après les principes de l'école
nouvelle ; cependant, quelques personnes m'ayant réclamé
le complément de mon système , je me suis déterminé à
figurer, *pl.* 3 *bis*, un arbre plus âgé et taillé , mais dont
je ne donnerai aucune explication ici, attendu que le précédent représente des branches et rameaux de toutes les
séries et qu'une partie de sa charpente est formée, ce qui
le rend tout aussi propre aux démonstrations que s'il avait
quelques années de plus.

La seconde taille de la *pl.* 3 a été faite à environ **22** cen-

timètres (8 pouces) du tronc, distance trop considérable
pour le parfait développement des sous-mères branches,
parce qu'elle les éloigne trop de ce point, ce qui leur retire
les avantages d'en recevoir la quantité de séve nécessaire à
leur parfait développement. Mais l'extrême vigueur de l'arbre, à l'époque de cette seconde taille, m'engagea à les
éloigner ainsi ; les rameaux sur lesquels les opérations ont
eu lieu avaient alors plus que la grosseur de 4 centimètres de circonférence (18 lignes), et pour cela il y avait à
craindre quelque extravasation de séve, si on eût taillé à
8 ou 16 centimètres (3 ou 6 pouces), ainsi que je l'ai recommandé comme condition importante. Ces branches ont
acquis néanmoins un très-grand développement ; mais, je
dois le répéter, leur succès n'est pas aussi certain que quand
on les fait naître plus rapprochées du tronc.

On voit que la vigueur de l'arbre s'est parfaitement
soutenue, puisque la troisième taille a été faite à 1 mètre
(3 pieds) environ de la seconde. On peut, sans autre explication, vérifier sur la planche les résultats obtenus par
cette troisième taille, et apprécier ainsi la justesse des opérations.

La quatrième taille ayant eu des résultats heureux et l'arbre étant encore d'une grande vigueur, les opérations ont
été à peu près semblables à celles de la troisième.

La cinquième exige plus de détails, et aurait peut-être
mérité une figure ; mais les explications que je vais donner sur celle-ci en tiendront lieu. Cette cinquième taille a
été effectuée assez près de la quatrième, parce que le rameau destiné à former la deuxième branche secondaire
inférieure était resté alors un peu faible comparativement
à celui destiné au prolongement de la mère branche. Ce
dernier a donc été taillé court, afin de faire passer la séve

au profit du rameau inférieur, que l'on a taillé long pour augmenter sa vigueur. On voit combien cette opération a eu d'heureux résultats. Cette cinquième taille devait aussi former une autre branche secondaire au point J, qui pût remplacer celle de l'année précédente dans le cas où son développement n'eût pas été convenable ; mais sa vigueur, lors de la sixième taille, et l'avantage de sa position lui ont fait donner la préférence. Enfin on remarque encore que l'œil qui a dû prolonger la mère branche était supérieur, ce qui a nécessité un coude désagréable qui gâte la belle régularité de cet arbre.

*Sixième taille.* — Quant à la sixième taille, je n'en dirai qu'un mot. Elle a été établie à la distance de 42 centimètres (15 pouces) environ ; on voit que la coupe a été faite sur un œil placé derrière, ce qui lui fait faire face au soleil, désavantage que j'ai déjà fait remarquer. Peut-être aussi que la coupe représentée ici n'est pas celle qui a été établie par la taille, l'œil terminal ou celui qui le suivait pouvant avoir été détruit par quelque accident, ce qui aurait pu contraindre à revenir sur ce point lors du pincement ou de toute autre opération d'été, époque où l'on s'aperçoit des accidents et où l'on cherche à y remédier (1).

*Septième taille.* — Nous arrivons à la septième et dernière taille pratiquée sur les rameaux destinés à continuer le prolongement de la mère branche. Nous remarquons d'abord que l'œil terminal est placé en avant de la muraille ; cet œil est très-propre à prolonger cette branche sans former de coude. On voit également que ce rameau

(1) Voyez ce qui a été dit en parlant de la taille en mai.

est taillé un peu court, afin de maintenir la séve au profit de celui qui est destiné à la formation de la troisième branche secondaire inférieure. Celui-ci doit rester sans être taillé, sans cependant que l'on soit sûr de son parfait développement, parce que l'œil terminal est un peu avarié, ou au moins mal constitué. C'est alors qu'un des latéraux de son voisinage et le plus vigoureux sera disposé pour en tenir la place. On doit remarquer aussi sur la mère branche le peu de longueur des dernières tailles comparativement aux premières. On sentira que, si je donnais trop d'étendue à cette partie, bientôt la séve, qui a toujours de la tendance à s'y porter, négligerait infailliblement d'alimenter les branches coursonnes placées sur toute l'économie de cet arbre.

Tout ce que j'ai expliqué jusqu'à présent est relatif au développement de l'arbre; il faut maintenant s'occuper de l'état prospère de chacune de ses parties. Il ne suffit pas de recommander cette doctrine, il faut en faire l'application; c'est l'objet dont je vais m'occuper.

J'ai déjà dit, en parlant de l'équilibre de la séve, que, pour le succès des branches mères, elles ne doivent pas dépasser la ligne inclinée qui sépare le quart de cercle en deux parties égales, laquelle marque 45 degrés; c'est le point où se trouvent celles-ci. Il faut maintenant s'occuper de maintenir la séve dans l'intérieur, pour qu'elle puisse se répartir avec justesse dans toutes les petites branches qui en forment l'économie : ce n'est qu'avec une taille raisonnée qu'on peut y parvenir. Je ne dirai pas, comme quelques auteurs, qu'il faut tailler les *branches à fruit court* et les *branches à bois long :* c'est là le résumé de leur doctrine. En thèse générale, ils ont raison; mais une foule de circonstances obligent à sortir de cette règle.

Je suppose que le rameau n° 8, placé sur la branche mère, soit taillé à **8** décim. (2 pieds et demi), assurément il serait taillé très-long; et, en raison de sa force, il serait très-propre à former une bonne branche secondaire supérieure. Mais un rameau de cette nature, placé sur la mère branche et lui offrant un empâtement considérable, est disposé à recevoir une très-grande quantité de séve attirée par un assez grand nombre d'yeux dont il est garni, à cause de son écorce tendre et propre à se dilater. Une semblable disposition ne pourrait donc que menacer l'existence de l'arbre, en détournant la presque totalité de la séve dont le reste serait privé.

Je sens parfaitement bien que, si, par négligence ou par défaut de temps, il était né sept ou huit rameaux de cette nature et dans des positions semblables, on serait contraint d'en conserver quelques-uns des mieux placés tant pour former des branches secondaires supérieures que pour recevoir la séve de ceux qu'il faudrait tailler très-court ou supprimer, à cause de leur position trop rapprochée des rameaux conservés : en effet, en les supprimant tous, on s'exposerait à des extravasations de séve, qui peuvent compromettre l'existence de l'arbre, à moins qu'il ne soit planté dans une terre douce et très-convenable à la nature du pêcher; encore cette opération ne serait pas sans danger, puisqu'elle est mortelle dans un terrain brûlant.

Par exemple, quand il n'existe de ces rameaux que par hasard, et que toutes les branches de leur voisinage sont en bon état, on peut sans danger les réformer; mais il est toujours préférable d'éviter leur accroissement par l'opération du pincement et du palissage.

Je ne dirai plus rien pour ce qui concerne les branches mères, sous-mères et secondaires inférieures, parce qu'elles ont été l'objet de mes démonstrations précédentes ; mais il me reste à parler des autres branches qui concourent à la charpente d'un arbre, comme les branches intermédiaires, secondaires supérieures et de ramification.

On peut voir deux de ces dernières sur des branches secondaires supérieures et inférieures au point marqué D. Occupons-nous d'abord de celle qui a pris naissance sur la deuxième branche secondaire inférieure. Le moyen d'obtenir cette branche D est le même que celui que l'on emploie pour la création des branches secondaires ; c'est toujours, autant que possible, l'œil qui suit le terminal que l'on dispose à cet effet. Il faut, autant qu'on le peut, les établir inférieurement ; dans ce cas, elles sont très-utiles au progrès des branches secondaires, car, dans leur première jeunesse, elles coopèrent à leur parfait développement ; et, lorsqu'elles sont devenues vieilles ou nuisibles à la belle symétrie de l'arbre, on les réforme, ce qui ravive les branches dont elles tirent leur nourriture.

Si de pareilles branches étaient placées supérieurement, elles pourraient causer la mort de celles qui les auraient produites ; ce qui obligerait à en faire l'amputation, c'est-à-dire que, pour prolonger la branche secondaire, on serait forcé d'utiliser la branche de ramification en faisant la réforme de la partie qu'elle aurait épuisée. Dans ce cas, ces sortes de branches sont considérées comme des branches de remplacement ; toutefois il ne faut employer ce moyen que lorsque la séve refuse de passer dans celle qu'on est obligé de remplacer.

Quant aux branches secondaires supérieures, on devra veiller qu'aucune d'elles ne soit en opposition avec les branches inférieures ; il est même de rigueur de chercher, autant que possible, à les établir au milieu de l'intervalle qui se trouve entre les inférieures, de façon qu'elles soient alternées. Chacune d'elles pourra jouir alors des avantages que lui procure la mère branche, ce qui ne pourrait se faire régulièrement si les supérieures se trouvaient opposées ; on ne doit faire développer aucune de ces dernières avant d'en avoir trois inférieures sur chaque aile (voyez *pl.* 3). Les arbres ainsi préparés devront avoir une envergure de 5 à 6 mètres (15 à 18 pieds) environ, et d'un âge de 5 à 7 années, toutes les fois pourtant qu'ils seront plantés dans des localités convenables à leur culture et traités par une main habile : lorsqu'ils seront arrivés à cet état, on peut, sous le rapport d'une élégance prématurée, faire développer une égale quantité de branches secondaires supérieures, sans aucune bifurcation, et dans le cours d'une même année, ce qui se pratique très-facilement à l'aide de forts rameaux que l'on aura négligé de pincer lors de leur développement, ou conservés à cet effet, afin de pouvoir les tailler outre mesure, et sans d'autre considération que celle de faire commmuniquer leurs yeux terminaux sur une même ligne horizontale correspondant à ceux des mères branches. J'ai vu non-seulement se servir d'un cordeau pour plus de symétrie, mais encore employer le même moyen pour soumettre tous les arbres d'un espalier à cette même régularité (1) ; ce principe, mis en vigueur depuis quelques années par des novateurs sous l'égide de mes premières inspirations mal comprises, est une des causes pour lesquelles on trouve aujourd'hui, à Montreuil, Bagnolet, etc., des arbres cultivés d'après cette disposition, qui, inspectés au moment de leur fleuraison et arrivés à

----

(1) Un tel guide, dans les mains d'un cultivateur, n'est propre qu'à lui donner du ridicule.

l'âge de 7 à 8 années, sont d'une beauté à ravir ; on leur a donné le nom d'arbres carrés, c'est-à-dire *carrés-longs* ; arrivés à cet état, leur envergure est de 6 à 7 mètres (21 à 22 pieds) ou environ sur 3 mètres (9 pieds) de haut, et ils remplissent parfaitement les murs sur lesquels ils sont palissés. Cette forme, trop vite créée, a quelque agrément momentané, mais des branches en tel nombre, trop subitement élevées, sont susceptibles de gourmander leur mère ; il est donc plus sage d'élever ces branches plus lentement, en les taillant plus court sur des rameaux faibles chargés autant que possible de boutons qui, à l'aide du pincement et d'autres moyens connus (1), ne devront développer que peu ou point de rameaux à bois et beaucoup à fruit, qui seront, à leur tour, préparés par la taille à donner d'abondantes récoltes dans les années suivantes, afin que toutes ces dispositions empêchent leur trop prompt développement : mieux vaut encore n'en faire naître qu'une sur chaque aile, et suspendre leur accroissement jusqu'à ce que les branches mères soient inclinées à l'angle de 45 degrés ; puis les secondaires supérieures dont il vient d'être parlé seront traitées selon l'exemple de leur mère ; ce qui se pratiquera facilement en suivant les premières dispositions de celle qui est représentée n° 4, *pl.* 3 : on peut aussi, avec celle qui lui sera parallèle sur l'autre aile, les élever sous la forme d'un U, d'une largeur de 40 à 60 centimètres. Cet espace doit être garni de branches coursonnes ou de leurs produits, ainsi qu'on peut en voir une portion *pl.* 3 *bis ;* les branches de ramification qu'on élèvera en dehors de cet U devront être espacées entre elles d'environ 60 centimètres et peu inclinées, afin qu'elles acquièrent

(1) Voyez *Équilibre de végétation.*

de la vigueur dans des proportions telles qu'elles puissent constamment dominer leur mère : on ne devra donc en élever qu'une chaque année sur chacun des bras de l'U, ou bien tous les deux ans, si l'arbre sur lequel il est préparé n'est pas très-vigoureux. Je reviens à la *pl.* 3 pour continuer à démontrer la forme à laquelle j'accorde la préférence en ce que ses branches peuvent, en cas d'accident, remplacer leurs mères, comme nous le verrons plus loin : on remarque que cette branche n° 4 n'est autre chose que le développement d'une branche coursonne qui a déjà subi trois opérations. Les deux premières n'ont rien de remarquable, car elles rentrent dans les principes du rapprochement ; mais il n'en est pas de même de la troisième, qui a été faite dans le but de prolonger la branche coursonne, en cherchant à obtenir en même temps le développement d'un rameau propre à la formation d'une branche de ramification inférieure D : c'est à quoi l'on a parfaitement réussi.

Je ferai remarquer que la création de ce rameau a eu lieu à environ **22** centimètres (**8** pouces) au-dessus de l'insertion de la branche secondaire ; on peut augmenter cette distance de **10** centimètres, mais ne jamais la dépasser, à cause des avantages que l'on en peut obtenir, et qui seront indiqués plus loin.

Il est à remarquer que les deux rameaux destinés à prolonger chacune de ces branches sont marqués pour être taillés assez court, afin d'empêcher leur trop grand développement. Il faut joindre à cette opération le changement de direction. On voit que les deux rameaux et le corps de la branche ont été inclinés vers le centre, afin de leur ôter la perpendicularité et gêner leur extrémité par un peu de confusion produite par l'ensemble des rameaux qui se trou-

vent sur l'aile gauche; mais, à partir de ce moment, ces
rameaux vont être dirigés dans un sens opposé, c'est-à-
dire que, après la taille générale, cette branche secondaire
sera dirigée dans le sens de la mère en lui faisant décrire
une pente assez rapide, mais qui devra diminuer au fur et
à mesure que le besoin se fera sentir d'abaisser la mère
branche, et celles-ci, afin que les bourgeons de leur extrémité, en s'allongeant, puissent trouver au moins un
espace de 40 à 49 centimètres (15 à 18 pouces) sous le
chaperon, afin de ne pas être exposés à s'y contourner
ou le dépasser; deux inconvénients graves, dont le dernier
ferait prendre à ces productions beaucoup trop de vigueur
aux dépens des autres parties, qui ne tarderaient pas à
perdre de leur vitalité. C'est par de pareils procédés, joints
à ceux que j'ai développés en traitant de l'équilibre de la
séve, que l'on maintient ces branches dans un état de
docilité convenable à la parfaite formation de l'arbre; si,
au contraire, on leur laissait la facilité de s'étendre trop
vite, elles épuiseraient promptement leur mère. Dans le
cas où celle-ci annoncerait quelqu'un de ces symptômes,
ce qui se reconnaît à des brûlures sur les écorces, qui produisent des déchirements et des extravasations de séve, et
enfin au peu de vigueur des rameaux que cette branche
développerait, il faut alors préparer son remplacement par
la branche secondaire que je viens de citer, et à laquelle
on donnerait une grande extension, afin de ne pas retarder ses jouissances : c'est pourquoi je ne cesse de recommander que celle-ci soit élevée d'après les principes de la
mère branche afin qu'elle puisse la remplacer dans le cas
où elle viendrait à manquer.

Lorsque ce remplacement sera opéré, la branche de ra-

mification prendra le nom de secondaire, parce qu'elle en
tiendra lieu.

Il me reste à dire un mot des branches intermédiaires :
elles sont ainsi nommées en ce qu'elles sont toujours placées dans l'intervalle des branches secondaires. Voyez les
lettres O E, même planche. Ces sortes de branches ne sont
souvent que provisoires, comme celle qui est représentée.
On peut aussi, dans le cas où ces branches paraîtraient
disposées à prendre du volume, les utiliser pour remplacer
une branche secondaire qui manquerait de vigueur.

Ce que j'ai dit jusqu'alors a eu pour objet les opérations
particulières à la charpente des arbres ; il me reste à parler
des branches coursonnes, ou de celles qui doivent en tenir
lieu à l'avenir. Comme chacune d'elles offre quelque différence, j'ai cru nécessaire d'en désigner une certaine quantité par une série de numéros qui aideront à saisir les diverses modifications que chacune d'elles peut éprouver.
Je n'ai pas cru détailler toutes celles qui composent l'ensemble de cet arbre, ce serait répéter ce que je vais dire
pour celles qui sont numérotées ; j'ai seulement indiqué
par un trait le point où il est nécessaire de tailler les autres.

Avant d'opérer sur un arbre de cette nature, il faut se
rendre compte de la vigueur des branches qui en composent la charpente, et, si quelques-unes d'entre elles paraissent faibles, on devra porter le plus grand soin à ne
leur faire produire qu'une petite quantité de fruits ; c'est
ce qu'on appelle *décharger de fruits*.

On est, en général, trop indifférent sur ce principe ; les
branches les plus faibles sont toujours celles qui portent
les rameaux les mieux préparés à donner une grande quantité de fruits ; mais elles seront épuisées en peu de temps,

si l'on ne vient pas à leur secours par une taille sagement combinée. Elle consiste à tailler très-long les rameaux à bois et à réformer un certain nombre de ceux à fruit, en taillant les autres assez court pour leur faire produire de nouveaux rameaux propres à remplacer ceux qui auront donné une certaine quantité de fruits.

Il n'en est pas de même des branches fortes sur lesquelles les rameaux à fruit peuvent être conservés en plus grande quantité et taillés plus long sans craindre de les épuiser; au contraire, ils servent à tempérer le trop de vigueur de ces branches; c'est ce qu'on appelle *charger de fruits*.

Ainsi une branche faible dont un assez grand nombre de rameaux à fruit auront été réformés et les autres taillés à trois ou quatre yeux peut ne pas se trouver assez déchargée; au contraire, une branche forte dont les rameaux, de même nature, auront été conservés en plus grand nombre, dont la presque totalité aura été taillée à huit et dix yeux peut également ne pas être assez chargée; d'où il résulte que les rameaux, soit à fruit, soit à bois, exigent chacun une attention particulière, ce que je tâcherai de démontrer dans la suite de mes opérations.

Revenons à la *pl.* 3. Le n° 1 indique une plaie, résultat de l'amputation d'une branche trop volumineuse qui menaçait l'existence de l'arbre et particulièrement celle de la sous-mère branche, étant presque opposée avec elle. Les deux petits rameaux qui se trouvent dans le voisinage de cette plaie proviennent d'un œil inattendu ou plutôt latent placé à la base de cette branche, ce qui a encore déterminé sa suppression : dès lors on a fondé l'espoir de pincer le bourgeon qui se développerait de cet œil, ce qui a été fait. Ces sortes de productions restent sans être taillées, afin que les fruits que la nature y a préparés puissent absorber la séve qui pourrait se porter dans cette partie ; et, si quelques-uns des yeux qui y sont réunis venaient à prendre du développement, ils seraient également pincés.

Le n° 2 représente une petite branche portant deux rameaux à fruit, l'un du troisième ordre et l'autre du premier. On ne peut rapprocher sur ce dernier, comme cela est indiqué par un trait, parce qu'alors il y aurait à craindre que l'œil terminal fixe ne prît trop d'accroissement, en raison du peu de boutons qui se trouvent à sa base ; c'est pourquoi il est prudent de les conserver tous deux en taillant le rameau du troisième ordre au point indiqué : en le conservant dans la position qu'il occupe, on assurera le développement de l'œil terminal du rameau du premier ordre, dans une proportion convenable au remplacement, sans craindre de le voir prendre trop de vigueur.

Le n° 3 indique une branche qui a été taillée en crochet, parce qu'elle portait alors deux rameaux assez vigoureux. Le plus voisin de l'origine de cette branche a été taillé très-court, afin d'en obtenir un rameau propre au remplacement, ce qui a eu lieu ; l'autre a été taillé très-long dans l'espoir d'y faire naître une certaine quantité de fruits, dont on peut encore se rendre compte par les pédoncules attachés sur cette partie de branche épuisée. On y remarque aussi des vestiges de rameaux qui sont le résultat du pincement qui a été opéré à l'époque où ces rameaux étaient encore à l'état de bourgeons, et de la longueur de 11 à 16 centimètres (4 à 6 pouces), dans le but de n'attirer vers cette partie que la séve nécessaire à la production des fruits (1), et de lui permettre de favoriser le développement

(1) Cette opération est commune à toutes les branches de cette nature. (Voyez l'article *Du pincement.*)

du rameau du troisième ordre, placé sur la partie taillée en crochet. Ce rameau, dans son état actuel, mérite notre attention ; il faut tâcher d'en obtenir la quantité de fruits combinés avec son volume et la position qu'il occupe. Dans ce but, nous retrancherons de la branche coursonne toute la partie épuisée (1), afin que le peu de séve qu'elle aurait absorbé puisse arriver au rameau qui nous occupe. Ce rameau aurait pu être taillé plus long de quelques yeux à cause de sa vigueur et de sa position ; mais on n'a pas dû le faire, parce qu'il eût été trop incertain d'assurer le développement des yeux placés à sa base et destinés au remplacement après la cueillette des fruits ; ce qui est le point important de l'opération.

Le n° 4 représente l'empâtement d'une branche coursonne que l'on a rapprochée, à cause des avantages du rameau sorti à sa base, lequel a rajeuni et remplacé la partie vieillie et noueuse existant alors ; dans l'état où elle se trouve en ce moment, elle est destinée à former la première branche secondaire supérieure qui, au gré du cultivateur, sera bifurquée, conduite, inclinée comme la mère branche, ou élevée perpendiculairement sur celle-ci, de sorte que, avec une pareille sur l'aile gauche, elles puissent former un U, dont une partie est représentée *pl.* 3 *bis*, et dont il a déjà été parlé page **131.** A l'inspection de cette figure, on peut déjà juger de ce qui devra se faire, chaque année, sur cette branche et de la destination des rameaux C et D. Il est donc inutile d'entrer dans plus de détails à leur sujet : je ferai seulement remarquer quatre petits rameaux placés à la base de cette branche, au

(1) Si le temps le permet, cette opération devra se faire après la cueillette des fruits. (*Observation commune à toutes les branches de cette espèce.*)

point E. Ces productions sont le résultat de deux rameaux pincés, et que cette opération a fait bifurquer. La bifurcation F G se compose de deux rameaux du second ordre, puisque la plus grande partie de leurs yeux sont simples, et que la plupart ont pris le caractère de boutons. Le plus petit de ces rameaux F restera sans être taillé, dans l'espoir d'en obtenir quelques fruits, et d'absorber l'abondance de la séve qui est susceptible de se porter dans cette partie.

En supposant que tous les yeux de ce rameau aient pris le caractère de boutons et que le nombre en paraisse trop considérable, on penserait qu'en pareil cas on pourrait retrancher une partie du rameau. Mais je dois prévenir qu'il n'en faut rien faire, autrement les boutons restants seraient hors d'état de produire, parce que ce rameau étant, par l'amputation, .dépourvu d'œil pour y attirer la séve, ses fruits oblitéreraient bientôt et tomberaient avant leur maturité (1); si, au contraire, on le laisse entier, l'œil terminal y maintiendra la vie, et les fruits arriveront à une parfaite maturité.

(1) Un praticien distingué de notre époque qu'un écrivain copiste a rendu auteur innocent, et qui lui a fait avancer beaucoup de choses hasardées, a voulu essayer de contester cette assertion ; il dit avoir obtenu quelques fruits à parfaite maturité sans le secours de bourgeons alimentaires à l'extrémité des rameaux portant ces fruits. Si cet auteur les avait suivis jusqu'à l'époque de la formation de leurs amandes ou plus tard, il aurait trouvé ces bourgeons terminaux vivant encore en juillet ; mais quelques-uns meurent à cette époque, ou plus tard, sans laisser quelquefois aucune trace de leur existence ; c'est ce qui lui a fait annoncer un fait auquel il ne faut pas s'attacher, car de pareils rameaux, privés d'yeux, ne peuvent produire de bois : leurs fleurs ne pourraient que donner naissance à des fruits qui tombent toujours de bonne heure et qui, pendant leur faible existence, nuisent beaucoup aux autres fruits placés sur des parties mieux constituées.

Le second rameau G a été taillé sur le troisième œil ; il eût été mieux, si cela avait été possible, de le tailler sur le premier, parce que le rameau qui en serait résulté eût été plus avantageusement placé ; mais cet œil ayant pris le caractère de bouton, si l'on eût opéré ainsi, on n'aurait obtenu aucune production fructifère.

Le rameau placé au-dessous de E n'a subi aucune opération, parce qu'il est disposé de manière à pouvoir donner des fruits et à être remplacé ensuite par l'un des yeux placés à sa base.

Le rameau H peut fournir également du bois et des fruits, ses yeux étant accompagnés de boutons ; chaque œil peut donner naissance à un rameau du troisième ordre : mais ce n'est pas dans cette vue que je l'ai taillé dans le premier tiers de sa longueur, car tous ses yeux devront être pincés avec rigidité lors de leur développement, pour qu'ils ne puissent attirer que la quantité de séve nécessaire à la nutrition des fruits.

La branche n° 5 a été taillée à 32 centimètres (1 pied) de longueur environ, dans le but d'en obtenir une très-grande quantité de fruits, ce qui a parfaitement réussi ; mais il eût été prudent de pincer les bourgeons placés à la partie supérieure de cette branche pour les empêcher de se développer et de former des rameaux de la nature de ceux qui sont représentés. Ce manque de précaution aurait pu faire développer cette branche dans des proportions trop considérables, ou empêcher la croissance du rameau I. Cette branche ne se trouve dans la proportion où on la voit qu'en raison de la quantité de fruits qu'elle a portés.

Son état actuel serait très-propre à la formation d'une branche intermédiaire ; mais elle serait nuisible à celle n° 4, qui sera inclinée à l'angle de 75 degrés, pour lui laisser suffisamment de place ; la branche n° 5 sera retranchée sur le rameau I I, qui, comme on le voit, a été taillé très-long sous le rapport du fruit. Le petit rameau bifurqué qui se trouve à la base de cette branche ne diffère en rien de celui n° 1 ; je n'en dirai rien.

Le n° 6 indique une plaie produite par la suppression d'une branche coursonne qui formait probablement confusion.

Le n° 7 offre une branche coursonne très-courte, laquelle porte deux rameaux, l'un du troisième ordre et l'autre du premier. Ce petit rameau doit être seul conservé, attendu que la branche coursonne n'est pas assez forte pour les alimenter tous deux. Comme celui du premier ordre est le plus rapproché de l'insertion de cette branche, on a dû le préférer, son œil terminal pouvant donner naissance à un bourgeon capable de constituer un excellent rameau pour l'année suivante.

Si ce rameau était, au contraire, du deuxième ordre, comme cela se rencontre quelquefois, il faudrait en faire le sacrifice et changer de disposition, en ce que la presque totalité des yeux ayant pris le caractère de boutons, de telles parties seraient exposées à se trouver frappées de stérilité après la maturité de leurs fruits ; de pareils rameaux ne peuvent fournir à leur remplacement, ainsi que je l'ai expliqué précédemment.

Le n° 8 peut être considéré comme gourmand, en raison de son volume et de sa position : il est dû à la suppression d'une branche coursonne, à la base de laquelle existait probablement un œil inattendu, dont on a voulu profiter pour rajeunir cette branche, ce qui est très-avantageux pour toutes celles de cette espèce. Mais, pour celle dont il s'agit, il eût été prudent de pincer plusieurs fois le bourgeon qui s'est développé, afin de l'empêcher de prendre un tel accroissement. Ce rameau est taillé très-court, afin d'arrêter sa vigueur, mais on ne devra pas négliger d'ébourgeonner de bonne heure une partie des bourgeons qui pourraient s'y développer, et pincer immédiatement les autres, afin que leur ensemble ne puisse former une tête de saule, très-dangereuse pour le bien-être de la mère branche. Quelques cultivateurs opèrent les rameaux de cette série avec moins de rigidité; c'est-à-dire qu'ils les taillent de 11 à 16 centimètres (4 à 6 pouces) sur un œil de derrière qu'ils ont soin d'éventer, puis inclinent ces rameaux dans le sens de la mère branche et dans des proportions telles que leurs fibres soient sur le point de se rompre. Cette dernière opération, qui est très-bonne pour tempérer la vigueur des rameaux un peu forts, est insuffisante pour ceux-ci; et, lors de la taille en vert, on est presque toujours obligé de revenir au moyen que j'indique.

La branche n° 9 offre une bifurcation qui est le résultat de deux rameaux à fruit du troisième ordre, qui ont été taillés outre mesure, dans l'espoir d'obtenir une très-grande quantité de fruits, ce qui ne se réalise pas toujours. Mais supposons que ce résultat soit obtenu, la branche en est appauvrie, ainsi que l'indique la figure. On avait eu cependant la précaution de pincer presque la totalité des bourgeons placés à la partie supérieure de cette branche, pour déterminer le développement de ceux placés à sa base; mais l'art ne peut rien contre la nature; les fruits abondants qu'elle a portés se sont emparés de toute la séve, et la branche a été mise à deux doigts de sa perte.

Au lieu d'adopter un aussi faible raisonnement, il eût été prudent de tailler cette branche en crochet; c'est-à-dire

que l'un des rameaux aurait dû être taillé long pour avoir
du fruit dans des proportions combinées sur sa force , et
l'autre très-court, pour faire développer un rameau propre
au remplacement. Dans l'état actuel, si l'art ne vient pas
prêter à cette branche le secours d'une taille savante , elle
périra en peu de temps.

Cependant on pourrait encore, telle qu'elle est, obtenir
quelques fruits sur une partie des rameaux supérieurs; mais
la prudence exige que l'on répare les fautes qui ont été
commises : le moyen d'y parvenir est de rapprocher cette
branche sur les deux petits rameaux qui se trouvent à sa
base , et si chaque œil terminal de ces rameaux paraissait
ne pas prendre assez de volume pour former un bourgeon
propre à la formation d'un rameau du troisième ordre, lors
de la taille en vert, on ferait la réforme du plus éloigné de
l'origine de la branche , afin de conserver toute la séve au
profit de l'autre.

Dans la figure n° **10**, on voit que l'ancien rameau porté
sur cette branche a été taillé dans une proportion convenable, puisque, indépendamment des fruits qu'il a produits,
l'un des yeux qui étaient à sa base s'est développé de manière à servir au remplacement. Il faut dire que cet œil, à
l'état de bourgeon, a été protégé par le pincement de ceux
qui étaient placés au-dessus.

Les opérations qu'exige cette branche se réduisent à deux
coups de serpette, l'un pour faire la réforme de la partie
qui a donné du fruit , et l'autre pour retrancher les deux
tiers environ du rameau de remplacement, afin qu'il donne
les résultats de son prédécesseur.

Le n° **11** étant en rapport avec le n° **6**, j'y renvoie le
lecteur.

Le n° **12** offre une branche où l'on voit le résultat de

deux rameaux taillés en crochet; il n'a pas été heureux , parce que la branche coursonne n'était pas assez vigoureuse pour supporter une pareille charge. Il eût été prudent de traiter cette branche comme celle du n° 10, ou, au moins, si l'on eût voulu la tailler en crochet, on aurait dû diminuer la longueur du *manche* (si je peux me servir de cette expression) de 8 à 11 centimètres (3 à 4 pouces à peu près), afin de n'avoir qu'une faible quantité de fruits.

Les opérations applicables à cette branche sont celles indiquées pour le n° 9.

Le n° 13 désigne une branche coursonne en très-bon état : on voit qu'elle est taillée en crochet, mais le manche de ce crochet a été taillé très-long, puisqu'il a environ 49 centimètres (18 pouces) de longueur, et cela par la raison que je vais expliquer.

Lors de l'opération, les deux rameaux de cette branche étaient dépourvus de boutons à leur base ; et, pour obtenir des fruits de l'un ou de l'autre, il a fallu en tailler un très-long, puisqu'il n'y avait des boutons qu'à leur extrémité : en même temps j'ai éborgné les yeux dépourvus de fleurs, afin que la séve ne fût attirée dans cette branche que dans des proportions nécessaires à la nutrition de ces fruits, et que le surplus passât au bénéfice de la partie taillée en crochet. (Voyez ces résultats.)

Il s'agit maintenant d'opérer cette branche. On fera d'abord la réforme de la partie dénuée de rameaux, pour que la séve qu'elle emploie passe au profit de la branche qui alimente les deux rameaux qui, comme on peut le voir, seront également taillés en crochet. Cette branche pourra, à l'avenir, avoir une autre destination, en ce qu'elle se trouve dans une situation propre à la formation de la deuxième branche secondaire supérieure. Mais il ne faut pas se presser, attendu que plusieurs branches de cette nature, élevées trop précipitamment, pourraient nuire au prolongement de leur mère, ainsi que je viens de l'expliquer.

Le n° 14 représente une branche, résultat d'un rameau taillé très-long ; on eût dû le réduire de plus de moitié, afin d'exciter le développement des yeux placés à sa base pour en obtenir un ou deux rameaux de remplacement. On a pu remarquer que c'était toujours là le point principal du travail de la taille ; aussi je répéterai ce que j'ai déjà dit en parlant des branches et des rameaux de la charpente : si vos connaissances ne vous permettent pas d'apprécier exactement l'état positif du rameau que vous opérez, *taillez plutôt un peu court que long ;* si, par ce procédé, vous vous privez de quelques jouissances actuelles, vous en serez dédommagé plus tard.

L'opération qu'exige cette branche est d'en faire le rapprochement sur l'un des rameaux placés à sa base ; et, si le hasard voulait qu'il se trouvât dans cette partie un œil inattendu, il faudrait employer toutes les ressources de l'art pour le faire développer, dût-on même sacrifier quelques boutons.

Nous voyons que le n° 15 désigne une branche coursonne un peu longue et dénuée de rameaux. Elle porte l'empreinte de deux opérations qui, chacune, ont produit le rapprochement dans les années précédentes ; un troisième va avoir lieu par la suppression de la partie qui a produit des fruits. Cette branche est assez forte, puisque, indépendamment des fruits qu'elle a donnés, on voit qu'il s'est développé deux excellents rameaux à fruit du troisième ordre. Un seul de ces rameaux sera retranché en même temps que la partie épuisée, et l'autre taillé un peu plus court, afin de retenir la séve au profit du petit rameau placé à la base de cette

branche, et d'exciter le développement de son œil ter
minal, pour en obtenir un rameau de troisième ordre ca
pable de remplacer toute cette partie.

Le n° **16** représente une branche coursonne très-vigoureuse taillée en crochet : il y avait à craindre qu'elle ne
prît trop de développement, ce qui serait arrivé si on ne
lui avait laissé qu'une petite quantité de fruits ; mais cet
inconvénient a été prévu, et l'on a taillé un de ses rameaux
très-long, pour que les fruits qu'il conserverait pussent at-
ténuer sa trop grande vigueur ; on a aussi eu grand soin
de pincer tous les bourgeons naissant sur cette partie ;
afin d'être plus sûr d'atteindre le but proposé. Tout cela a
réussi, parce que cette branche a été privée d'une grande
partie des organes nécessaires à son développement, et
qu'elle n'a conservé que quelques feuilles éparses, mais indispensables à la croissance des fruits. Le rameau à fruit
du troisième ordre est le résultat du crochet établi à la
base de cette branche. Lors de l'ébourgeonnage, on eût
pu laisser sur cette partie deux rameaux semblables à celui
du n° **13** ; mais on eût excité son développement, ce qu'il
fallait éviter par toute sorte de moyens, d'autant plus
qu'elle se trouve, pour ainsi dire, opposée à une branche
secondaire inférieure. Toutes ces opérations ont rendu
cette branche plus docile, parce que son écorce est devenue plus ligneuse, par conséquent moins susceptible de
se dilater par l'affluence de la séve. Le travail à faire sur
cette branche est marqué par un trait, ce qui me dispensera d'entrer dans plus de détails.

Le n° **17** représente une branche coursonne peu vigoureuse, qui, comme on peut le voir, a été chargée d'une certaine quantité de fruits. Malgré cela, elle a donné naissance
à deux rameaux en assez bon état. Après avoir réformé

la partie qui a donné du fruit, on taillera le plus grand de ces rameaux sur deux yeux, afin d'exciter le développement de l'œil terminal du plus petit et en obtenir un rameau de remplacement.

Le n° 18 offre le résultat d'un rameau taillé très-court parce qu'il semblait menacer l'existence du prolongement de la branche mère. Ce rameau a pu d'abord être considéré comme gourmand, c'est pourquoi on l'a taillé au point de sa naissance, en ne lui conservant, pour ainsi dire, que sa couronne, afin de diminuer sa vigueur. On a eu soin aussi de pincer sévèrement les bourgeons qui se sont présentés sur cette partie, afin d'empêcher leur développement. On voit que cette opération a donné lieu à plusieurs ramifications, et on peut juger ce qu'il faut y faire pour en obtenir des fruits. Si, pendant le cours de la séve, quelques-uns des yeux placés sur ces différents rameaux venaient à se développer avec trop de force, on aurait soin de les pincer; mais il est probable qu'on en sera dispensé par la quantité de fruits qui s'y trouvent, ce qui suffira sans doute pour diminuer cette vigueur.

Le n° 19 offre une branche qui a été taillé en proportion de sa vigueur; néanmoins elle offre à sa base un empâtement assez considérable, qui, joint à ce qu'elle est elle-même assez renflée, donne lieu de craindre que son accroissement augmente encore. Il est vrai qu'il serait facile de diminuer sa vigueur, en employant les différents moyens que j'ai indiqués à cet effet; mais il serait fâcheux de dépouiller cette branche de la plupart des organes dont elle est munie, ce qui détruirait les fruits qui y sont naturellement disposés : ce sont ces derniers qu'il faut employer pour arrêter son trop grand développement. Pour cela, on conservera tous les petits rameaux capables de porter fruit.

Le plus vigoureux, qui se trouve placé près de l'insertion de cette branche, sera taillé sur les premiers yeux, afin de servir au remplacement de la partie qui sera réformée après la cueillette.

Le n° 20 indique une branche coursonne qui est sur le point de se trouver dépourvue de rameaux, dans une longueur d'à peu près **16** centimètres (6 pouces), ce qui est un grand inconvénient, qu'il faut tenter de réparer, en taillant très-court le rameau qu'elle porte, afin que la séve qui séjourne dans cette branche puisse déterminer la sortie de quelques yeux latents qui pourraient se trouver à sa base; s'il en sortait un, on en profiterait, aussitôt qu'il serait apparent, pour rapprocher la branche sur cette nouvelle production, ce qui se pratique le plus souvent à la taille en vert.

Le n° **21** représente un rameau à fruit du troisième ordre, qui est en très-bon état; ce rameau ne sera pas taillé très-long, ainsi qu'on peut le remarquer, dans la crainte qu'il vienne à s'emporter en raison du petit coude sur lequel il se trouve placé.

Le n° **22** représente un rameau dont on a trop retardé le pincement, puisque le but proposé ne s'est réalisé que superficiellement, en ce qu'il y a trop de développement dans cette partie, laquelle a forcé de renouveler la même opération, mais encore trop tard (1) ; et on n'a pu réparer les défauts de ce rameau. C'est pourquoi on devra le tailler avec beaucoup de soin, pour lui laisser peu d'organes pro-

---

(1) Ces fausses opérations ont fait dı quelques auteurs que le pincement était inutile, et souvent nuisible, en ce qu'il fait naître souvent d'autres bourgeons qui ne font qu'accroître le développement de la partie opérée. Il est vrai que l'on ne peut être trop exact sur cette opération. (Voyez *Pincement.*)

pres à son développement. Si l'on peut y faire naître une certaine quantité de fruits, ce sera une garantie sûre de l'opération, en ce qu'ils serviront à absorber la surabondance de la séve.

Les deux rameaux **23** et **24** resteront sans être taillés parce qu'ils ne portent que peu d'organes nécessaires à leur développement, puisque la plus grande partie des yeux pris ont le caractère de boutons.

Quant aux rameaux chargés de continuer le prolongement de la mère branche et des autres, je crois en avoir suffisamment parlé pour me dispenser de décrire ici leurs caractères et les principes de la taille qu'ils doivent recevoir, d'autant que chacune d'elles est marquée par un trait.

J'ai cru devoir terminer ici les détails des opérations à faire sur l'arbre de la *pl.* **3**, parce que toutes celles qui restent à décrire ont déjà été expliquées; je ferai seulement remarquer une branche secondaire épuisée, placée intérieurement à la sous-mère branche, n° **26**. Il aurait fallu prévenir cet affaiblissement par une taille très-modérée. Il est vrai que l'on a prévu que cette branche était sur le point de devenir inutile, en raison de sa position; mais il eût été mieux d'entretenir sa vigueur, en cherchant à ne lui faire porter qu'une petite quantité de fruits. La conséquence de ce principe est que, si cette branche fût restée vigoureuse, sa suppression eût été d'un grand secours à celle qui l'alimente, en lui rendant une certaine quantité de séve nécessaire à sa prospérité; ce qui ne peut plus être fait, puisqu'elle est déjà trop faible pour se suffire.

Cette branche devra être supprimée presque dans toute sa longueur, comme le seul moyen de la raviver un peu.

Remarquons encore un rameau très-vigoureux placé à la base de la sous-mère branche, n° **27**. Ce rameau ne sera pas taillé, pour qu'il prenne encore plus de développement, ce qui est à espérer, son extrémité étant bien charnue et garnie d'yeux prononcés.

Toutes les fois que de tels rameaux se présenteront, l'on devra apporter le plus grand soin à leur conservation, afin de les utiliser pour la formation d'une branche secondaire, capable ensuite de servir même au remplacement de la sous-mère, si elle venait à manquer.

Tout ce que j'ai dit jusqu'à présent des opérations relatives au pêcher convient parfaitement à tous les arbres de cette nature qui ont été dirigés par une main habile ; mais il n'en est pas de même à l'égard de ceux qui ont perdu leur forme, ou qui, pour mieux dire, n'en ont jamais eu ; ce que je remarque assez souvent dans les jardins où je suis appelé pour leur restauration.

Cependant de tels arbres ne doivent pas être jetés au feu, et, toutes les fois qu'il leur reste de la vigueur, on doit essayer de les rétablir. Pour cela, on cherche à obtenir une certaine quantité de fruits sur le peu de rameaux capables d'en donner (1), car ils sont toujours peu nombreux, n'étant alimentés que par des branches grêles et dépourvues elles-mêmes de toute production dans la longueur de plus de 60 centimètres. On pense bien que, dans le nombre de ces branches, il en est beaucoup qui se trouvent épuisées sans ressources. Elles forment, en général, beaucoup de confusion, aussi doit-on les réfor-

---

(1) Les rameaux à fruit du deuxième ordre, qui, en général, se trouvent en grand nombre sur de tels arbres, doivent être tous réformés, ainsi que les branches qui les alimentent, lesquelles sont considérées comme branches épuisées.

mer, afin que le peu de séve qu'elles absorbent puisse arriver aux rameaux réservés, qui, lorsqu'ils sont à bois, doivent être taillés très-long, ou conservés entiers, afin d'employer utilement la séve qui s'y portera.

Ces rameaux seront espacés convenablement, afin que par leur ensemble ils puissent se rapprocher, autant que possible, de la figure que j'ai donnée.

Si deux rameaux à bois se présentaient sur le tronc ou dans son voisinage, on y trouverait un moyen plus sûr d'arriver à cette forme. Ces deux rameaux seraient considérés comme les deux mères branches d'un arbre naissant, auquel on appliquerait les principes déjà indiqués pendant tout le temps de sa formation.

On taillera les anciennes branches réservées dans la proportion de leur vigueur, en cherchant à en obtenir le plus de fruits possible sans égard pour leur conservation, c'est-à-dire que la plus grande quantité des rameaux réservés sur ces branches seront taillés en toute perte, dans la vue d'épuiser toutes ces parties, afin de faire place à celles qui sont disposées à les remplacer. Le reste des opérations aura lieu suivant les principes que j'ai donnés précédemment.

Telles sont les règles applicables à la taille du pêcher en éventail, comme étant la seule forme qui lui convient, quoi qu'en disent quelques personnes qui prétendent que l'on peut lui faire prendre toute espèce de formes. Cela est vrai jusqu'à un certain point; mais la plupart de toutes ces formes bizarres ne laissent à ces arbres qu'une existence momentanée, en comparaison de ce qu'ils pourraient vivre dirigés en éventails. Il est vrai aussi que l'exposition favorable et un terrain riche en qualités convenables peuvent influer d'une manière remarquable sur la longévité de ces arbres. On voit encore, dans d'anciens jardins, plusieurs pêchers taillés en palmette, par des mains peu habiles, et qui cependant existent depuis plus de soixante ans. Ce n'est pas que j'attribue cette longue existence à la forme en palmette, mais bien à la bonté du terrain dans lequel vivent les racines.

Il existe auprès de Poissy, entre Villennes et Médan (1), une vallée située à l'est, parfaitement garantie des vents d'ouest par un coteau couronné d'arbres de diverses essences ; on y trouve une foule de pêchers connus, dans le canton, sous les noms de la *petite rouge* (notre petite mignonne), la *grosse rouge* (notre grosse mignonne), la *petite blonde* (notre chevreuse), la *grosse blonde* (notre bourdine). Ces quatre espèces sont greffées rez terre sur amandiers, produits d'amandes semées en place. Ces arbres ne sont jamais taillés, et donnent abondamment des fruits de première qualité à la troisième année; productions qui se succèdent pendant quarante ou cinquante ans. Ces arbres prennent un volume considérable : en 1825, j'en ai mesuré dont le tronc avait 1 mètre de circonférence et qui ne présentaient cependant aucun indice de vétusté (2). Je ne doute pas qu'on puisse trouver, au centre de la France, beaucoup de localités où l'on obtiendrait de semblables résultats. Corbeil, Bris, Melun, Thomery sont de ce nombre. J'ai comparé aux espèces que je viens de citer l'espèce acerbe et de peu de qualité connue sous la dénomi-

____

(1) Seine-et-Oise.

(2) J'ai visité ce beau vallon en juillet 1830, et ma surprise fut grande en voyant que tous les plus beaux et les plus anciens étaient détruits par l'hiver qui a précédé cette époque. Un assez grand nombre des modernes, qui avaient résisté à cet hiver, ont eu le même sort en 1838, mais les jeunes au-dessous de dix années donnent de nouvelles espérances.

nation de *pêche de vigne*; je pense qu'il y aurait un grand avantage à la remplacer par les premières, qui, élevées de la même manière, deviendraient, comme à Villennes, un objet de spéculation important. Il n'est pas rare d'y voir des propriétaires qui, dans les années d'abondance, tirent un produit de 4,000 ou 5,000 francs de leurs pêchers; c'est au point, enfin, que la culture des vignes dans lesquelles croissent ces pêchers est, pour ainsi dire, abandonnée et toujours sacrifiée au profit de ces arbres.

Je terminerai enfin par une dernière recommandation, c'est que les pêchers que l'on cultive en espalier devront être débarrassés de toutes leurs attaches aussitôt la chute de leurs feuilles; par suite de cette opération, on aura la précaution d'interposer, entre le mur et les branches charpentières, des bouchons de paille ou autre corps de **3** à **6** centimètres (**1** à **2** pouces) d'épaisseur, et à des distances réglées par le besoin; à chacun de ces points, on aura le soin de faire une attache qui aura pour but de fixer plus intimement les tampons et maintenir les branches à la distance du mur dont il vient d'être parlé : pendant la première quinzaine de janvier, on retirera les tampons pour fixer ces branches aussi près du mur que possible, afin de les protéger contre les frimas qui peuvent survenir au commencement de la végétation; quant à toutes celles qui leur sont adhérentes, elles peuvent attendre le moment de la taille pour être attachées. Cette opération momentanée a pour but de débarrasser des petits corps étrangers, surtout d'aider la destruction d'une infinité d'insectes qui se réfugient derrière les grosses branches.

## § II. Taille en éventail sur abricotier.

La création des branches qui constituent la charpente des abricotiers s'opère par les mêmes principes que ceux que j'ai décrits pour le pêcher ; seulement les branches secondaires devront être plus rapprochées, puisque leur espacement sur les branches mères ne devra être que de 41 à 64 centimètres (15 à 20 pouces), afin que, étant inclinées l'une sur l'autre, elles soient encore éloignées de 22 à 27 centimètres (8 à 10 pouces). Elles devront avoir peu ou point de bifurcation ; on ne devra chercher à protéger ces branches que dans la partie inférieure, jusqu'à ce que les mères branches soient arrivées sous le chaperon et décrivent une pente de 45 à 50 degrés (1). Dès lors on choisira, sur chaque aile, une branche coursonne supérieure qui sera transformée en branche secondaire en lui donnant peu à peu de l'extension pour la conduire comme je l'ai dit en parlant de la formation des branches mères du pêcher.

Quant aux branches coursonnes étrangères à celles dont il vient d'être parlé, les opérations qu'elles nécessitent ne ressemblent en rien à celles qui ont lieu sur le pêcher ; on est rarement obligé de veiller à leur remplacement, la nature y pourvoit le plus souvent. Cependant ces branches recevront des rapprochements d'hiver ou d'été, comme je l'ai indiqué en parlant du pincement, afin de chercher à ce que chacune d'elles soit aussi courte que possible. Mais

(1) Voyez la figure du poirier, *pl.* 4, dont la charpente des abricotiers et pruniers ne diffère qu'en ce que les branches secondaires sont un peu plus éloignées que dans celles-ci, ce qui fait que je n'ai point dessiné de figures pour ces derniers.

il est rare que l'on soit embarrassé pour cette opération
en ce que, dans le cas où plusieurs de ces branches se
trouveraient trop longues ou même épuisées sans ressource,
il suffira de les rapprocher près de leurs couronnes, dans
lesquelles il se trouvera quelques yeux inattendus, qui se
développeront bientôt et donneront naissance à plusieurs
bourgeons; parmi eux on en choisira un pour reproduire
chacune d'elles. Il arrive cependant que, lorsque les branches qui composent la charpente prennent de l'âge ou un
trop gros volume, les branches coursonnes ne veulent plus
se reproduire; ce qui force quelquefois à receper ces arbres, opération dont ils s'accommodent assez bien et qui
les rétablit promptement. En faisant aux abricotiers l'application des principes que j'ai proposés pour le pêcher,
je suis dispensé d'entrer dans de plus long détails.


### § III. Taille en éventail sur prunier.


Cette taille ne diffère de celle des abricotiers qu'en ce
que les branches coursonnes durent peu de temps et ne se
reproduisent que très-rarement; cet inconvénient donne
suite à des vides qui se font remarquer promptement au
centre de ces arbres. Cette forme n'est en usage que pour
un petit nombre d'espèces ou variétés que l'on peut réduire aux suivantes; savoir : la *prune-pêche*, la *mirabelle*,
la *reine-Claude ordinaire* et la *violette*. Cette dernière
surtout se montre la plus docile, ses branches coursonnes
sont plus trapues et se maintiennent plus longtemps en
santé. Du reste, les trois premières espèces doivent avoir
la préférence, sous le rapport de la précocité : on peut
donc en planter quelques pieds en plein midi, surtout

dans les pays froids, où les brouillards et les gelées tardives peuvent détruire trop souvent la récolte des arbres en plein vent.

Ce que j'ai dit en parlant de l'abricotier étant applicable au prunier, je ne le répéterai pas; je ferai remarquer seulement que, dans un terrain également convenable à ces deux genres d'arbres, le prunier pousse avec plus de vigueur ; les rameaux disposés au prolongement des branches secondaires devront être alors taillés beaucoup plus long, et, dans beaucoup d'occasions, on pourra même les laisser entiers. On peut aussi receper le prunier comme l'abricotier.

### § IV. Taille en éventail sur cerisier.

Cette taille n'est en usage que pour quelques espèces des plus hâtives. *La cerise hâtive d'Angleterre* est presque la seule que l'on cultive ainsi à l'exposition du midi, où elle donne des résultats satisfaisants, pourvu que la terre soit de nature convenable. On pourrait employer plus fréquemment cette forme à l'égard de quelques espèces tardives placées à l'exposition du nord.

Les opérations propres à cet arbre sont simples : elles consistent à l'établir sur quatre branches par les procédés indiqués pour le pêcher; ensuite les branches secondaires, selon la figure du poirier, *pl.* 4, mais plus rapprochées l'une de l'autre. Pour les obtenir ainsi, les mères branches devront être taillées assez court; ensuite les branches secondaires ne devront être *ébouclées* que dans le cas où elles paraîtraient avoir de la tendance à dominer celles du même genre qui, pour la plupart, resteront sans être taillées. Ces arbres, bien palissés, sont d'une élégance admirable. Pendant l'été, on pincera avec soin tous les bourgeons qui se trouveront sur le dessus des branches charpentières et qui paraîtraient devoir les dominer; il en sera de même de ceux qui poussent en avant. Si cette opération était faite trop tard, il faudrait ébourgeonner, comme je l'ai indiqué pour le poirier et le pommier, mais couper ceux-ci plutôt que de les casser, et sans attendre qu'ils aient pris le caractère de rameaux. Enfin le palissage fixera tous les bourgeons réservés pour le prolongement de chacune des branches.

### § V. Taille en éventail sur poirier.

Avant de parler de la taille des poiriers, je dois dire un mot de leur plantation (1), sans cependant traiter la nature des terres les plus convenables, ces connaissances étant familières à toutes les personnes qui s'occupent de culture. De plus, on tient à avoir des poiriers dans tous les terrains, ce qui nécessite souvent des dépenses assez considérables causées par les transports ou les défonçages de terres que l'on est quelquefois obligé de faire pour suppléer à la mauvaise qualité du sol. Mais, dans le cas où l'on serait forcé d'employer l'un ou l'autre de ces procédés, je conseillerais comme moyen favorable de faire des tranchées longitudinales, de manière que les racines des arbres que l'on se propose de planter pussent se communiquer sans se nuire. Les trous que l'on fait ordinairement n'ont pas cet avantage, quand ils seraient même d'une dimension démesu-

(1) Ce qui va être dit à ce sujet est applicable à tous les autres genres d'arbres.

rée. On devra donc toujours préférer des tranchées, dussent-elles être étroites et peu profondes ; du reste, l'exploitation, au moyen des trous, est toujours plus difficile à effectuer. C'est au propriétaire à calculer, en remarquant, toutefois, qu'il n'y a pas d'économie à faire dans la plantation des arbres soumis à la culture jardinière, et pour une partie de ceux qui appartiennent à l'économie rurale. Aussi le savant Thoüin, lors de ses leçons pratiques, recommandait à ses nombreux auditeurs de planter *richement*, c'est-à-dire, lorsqu'on destine un terrain à recevoir tel ou tel arbre, on doit porter ses soins non-seulement sur l'opération présente, mais encore réfléchir aux résultats futurs. Ainsi les arbres de tout âge devront être vigoureux et bien arrachés.

Le mode de plantation n'est pas sans importance, quoique la plupart de nos agronomes donnent à ce sujet un précepte dont il est difficile de s'écarter, qui est de ne jamais enterrer le point où la greffe a été faite. Mais je ne l'admets que pour des cas particuliers que je vais expliquer. Dans les terrains secs, on devra placer le point de la greffe à 6 ou 8 centimètres au-dessous du niveau du sol (1), afin d'y former un auget de cette profondeur, dans lequel on placera, chaque année, l'épaisseur de 3 ou 4 centimètres de fumier de vache à demi consumé, qui entretiendra l'humidité dont ces terres sont souvent privées. Cette pratique n'est pas toujours la seule qu'il faille mettre en usage pour les poiriers greffés sur cognassier, les pommiers sur paradis et doucin, plantés dans ces espèces de terres, attendu que, s'ils languissent après quelques années de plantation, on

_______

(1) On devra prendre en considération l'affaissement du terrain, qui sera plus ou moins considérable en raison de sa nature et de la quantité remuée.

fera naître des racines au bourrelet de leur greffe en y pratiquant des entailles perpendiculaires de formes ovales, au moyen d'une gouge bien tranchante de la largeur de 8 à 10 millimètres ; elle enlèvera l'écorce et une égale épaisseur d'aubier, qu'elle rencontrera dans le trajet du mouvement qu'on lui fera prendre à l'aide d'un marteau. Ces plaies devront être multipliées en proportion de la grosseur des bourrelets de chaque greffe, sur lesquels elles seront espacées de 3 centimètres (1 pouce) ou environ. Celles-ci, après l'opération, devront être enduites avec l'onguent de Saint-Fiacre ; les terres extraites pour aider ces opérations devront être remplacées par celles qui auront été choisies de nature franche et riche en humus, et elles devront préférablement être faites au moment où la séve descendante est la plus abondante, ce qui arrive généralement en juillet. Les racines qui naîtront des suites de ce travail rétabliront la santé des arbres qui en seront pourvus. Dans cet état, ils prennent le titre d'arbres *affranchis*.

Cet affranchissement ne peut être favorable aux mêmes espèces d'arbres plantées dans une terre où l'on supposerait qu'il y a tendance à trop pousser, au moyen de leurs propres racines. Dans ce cas très-ordinaire, leurs greffes devront être placées au niveau du sol. Si celui-ci est froid, argileux et humide à l'excès, elles devront l'excéder de plus de 8 centimètres, ce qui nécessitera quelquefois une espèce de butte pour couvrir les racines de quelques arbres qui en sont pourvus jusqu'à la greffe. Les poiriers et les autres arbres destinés à former des éventails devront être plantés à 16 centimètres (6 pouces) des murs pour y être fixés par les moyens connus. Dans queques localités où les vers blancs sont à craindre, on fera bien de préparer une petite quantité de terre riche en humus et substantielle, dans laquelle on ajoutera un cinquième de petits corps étrangers offrant beaucoup d'aspérités, tels que tuileaux, débris de poteries, briques, mâchefer, pierres meulières, cailloux, et autres corps de même nature, bien brisés. Lorsque l'un ou plusieurs de ces corps seront bien amalgamés avec les terres qui viennent d'être citées, on s'en servira pour former une épaisseur de 3 à 4 centimètres autour du tronc de chaque arbre et près de leurs grosses racines, ce qui en éloignera les larves; et, si quelques-unes cherchent à en faire la traversée, elles s'y lacèrent le corps et périssent en peu de temps.

Les espèces les plus généralement employées pour être mises en espalier le long des murs sont *le bon-chrétien d'hiver*, *le colmar et ses variétés, la marquise, la royale d'hiver;* plusieurs espèces de *beurré, le saint-germain, la duchesse d'Angoulême,* les différentes espèces de *doyenné, besi de la Motte, besi Chaumontel, virgouleuse, crassane, bergamote de Hollande, la fortunée,* en général toutes les espèces tardives, devront trouver place ici, par rapport à la délicatesse de leurs fleurs et à la durée de leurs fruits. L'exposition la plus chaude devra être réservée pour le bon-chrétien d'hiver, comme étant la seule qui lui convienne dans le nord et dans le centre de la France. Les autres espèces que je viens de citer s'accommoderont d'autant mieux des autres positions, que le terrain sera d'une bonne nature. Parmi ces espèces, celles qui peuvent résister au nord et au couchant et donner encore quelques produits utiles sont *le doyenné d'hiver, le saint-germain, la crassane, le beurré gris d'Amboise, le beurré d'Iel, ou magnifique, le beurré d'Aremberg* et *la virgouleuse.* Cette dernière ne peut occuper d'autres positions sans être exposée à de grandes avaries; on peut ajouter au nombre que je viens d'indiquer la plus grande partie des espèces hâtives. On peut aussi cultiver des poiriers en éventail le long des plates-bandes qui entourent les carrés : pour cet effet, ils seront fixés sur des treillages qui devront être maintenus avec des pieux en acacia, *robinia pseudo-acacia*, si cela est possible, parce qu'ils durent quatre ou cinq fois plus que ceux faits en chêne.

Avant d'entrer en matière, je ferai remarquer le poirier figuré *pl.* 4; cette figure représente la onzième taille sur un sujet qui a reçu deux greffes.

Je n'ai pas cru devoir figurer tous les exemples précédents, parce que je n'aurais fait que répéter, à quelques modifications près, ce qui a été dit pour le pêcher; je pense que le lecteur pourra facilement s'en rendre compte sans autre secours.

Cet arbre, vigoureux jusqu'alors, n'a encore éprouvé que des avaries peu sensibles, et qui n'ont apporté aucun obstacle à sa formation. Ici, comme dans le pêcher, il faut s'occuper avec soin des mères branches et sous-mères, ainsi que de l'importance des branches secondaires placées inférieurement et appliquer à la pratique la théorie que j'ai précédemment exposée. La seule différence est dans le rapprochement des branches secondaires qui sont placées sur leurs mères à la distance de 32 centimètres (1 pied) environ, de manière qu'étant inclinées, comme l'indique la figure, elles n'ont plus qu'un espacement de 16 centimètres (6 pouces) environ, ce qui suffit pour le développement des branches à fruit, dont chacune d'elles doit être garnie.

Maintenant, je vais exposer succinctement la marche progressive de chacune des tailles appliquées à cet arbre, en admettant que la suppression de la tige ne doit pas

faire partie de la taille, parce que cet arbre a reçu deux
écussons opposés qui ont formé le point de départ. La première taille a eu lieu, comme on peut le voir, à 14 centimètres (5 pouces) du tronc ; elle a donné naissance à la
sous-mère branche L et à la continuation de la branche E (1). La seconde taille a eu lieu sur chacune d'elles ;
on remarque que la mère branche a été taillée assez court,
afin de lui laisser peu d'organes propres à attirer la séve.
Indépendamment de cette taille, on a eu l'attention de ne
pas lui laisser de bifurcation. Il n'en est pas de même de
la sous-mère, qui, comme on peut le voir, a été taillée un
peu long dans le but d'avoir une plus grande quantité
d'yeux propres à attirer la séve. On voit qu'un de ces yeux
a été disposé pour donner naissance à une branche secondaire inférieure S.

Il est probable qu'au moment de la troisième taille on
a trouvé que l'arbre n'avait poussé que faiblement, ou,
dans l'intention de donner plus de développement à la
branche S, on a fait enfin cette troisième taille assez court.
Néanmoins on a cherché, en même temps, à obtenir, sur
la mère branche, la première branche secondaire inférieure, dont la réforme a eu lieu depuis, ainsi qu'on peut
le voir ; la sous-mère a été taillée dans le but seulement de
la continuer, ce qui a aussi déterminé le développement
complet de la branche secondaire S. Cette branche, et
toutes celles de ce genre qui sont représentées graduellement, ont été taillées, chaque année, de manière à ce que
tous les yeux qui s'y trouvaient alors ont pu se développer
pour former des dards et des brindilles, afin que chacun

----

(1) Ici je ne parle que d'un côté de l'arbre, chaque aile devant être
uniforme.

de ces produits pût se couronner par un bouton et, par suite, former des branches à fruit. Les différents moyens d'obtenir ce résultat sont développés en parlant de la onzième taille.

La quatrième taille sur la mère branche et sur la sous-mère a été établie assez près de la troisième, dans la vue de fortifier l'arbre dans toutes ses parties, et donner naissance aux deux branches K et R, qui se sont développées d'autant plus vigoureusement que la séve a été jusqu'à ce jour assez concentrée. On voit aussi combien la sous-mère branche a pris l'ascendant sur la mère, mais il sera toujours temps de lui retirer cette prépondérance par l'effet de l'angle qu'elle occupe dans ce moment.

Comme il est probable que l'arbre était vigoureux lors de la cinquième taille, c'est-à-dire que la plus grande partie des rameaux terminaux de chacune des branches avaient la longueur de 1 mètre (3 pieds) environ, on a pu l'établir de 32 à 33 centimètres (12 à 14 pouces) environ de la quatrième, ce qui a donné lieu aux deuxièmes branches secondaires J et Q.

La sixième taille a été faite assez court, comme on peut le voir, sur la mère branche, et sans chercher à la bifurquer. Il est à supposer que la branche secondaire J n'avait pas pris alors le développement désiré, et qu'il eût été imprudent d'attirer la séve dans la mère branche; c'est en la taillant court que l'on est parvenu à déterminer la séve à passer dans la branche J. Il est vrai que celle-ci a été taillée long pour développer une assez grande quantité d'yeux capables d'attirer la séve. On a, de plus, incisé l'écorce dans le voisinage de son insertion, et en dessous, afin de la détendre et de donner un libre cours à la séve.

Quant à la sous-mère branche, on a opéré la sixième taille dans le but d'obtenir le prolongement de cette branche et la naissance d'une branche secondaire inférieure, qui a été ensuite réformée pour diminuer la confusion qui se faisait remarquer parmi elles, car il est nécessaire de laisser un peu plus d'espace dans cette partie que sur celle du même genre appartenant à la mère branche.

La septième taille ne diffère en rien des huitième et neuvième. Chacune d'elles a donné naissance à des branches secondaires, dont celles de la branche sous-mère sont un peu moins vigoureuses que celles de la mère branche : c'est pourquoi, en opérant chacune de ces branches en particulier, on diminue les branches à fruit sur celles qui sont faibles, et on s'efforce d'en faire naître une grande quantité sur celles qui sont vigoureuses. Je reviendrai sur ce sujet en parlant de la dernière taille.

Il nous importe de bien connaître les résultats de la dixième taille, avant de nous occuper de l'application de la onzième. Nous devons d'abord considérer l'arbre dans son ensemble, en nous rendant compte de l'état de sa végétation, pour reconnaître si nous devons avoir recours à quelques-uns des moyens que j'ai indiqués pour tenir la séve en équilibre; ensuite nous examinerons chaque branche en particulier.

La mère branche E est la première qui va fixer notre attention. Nous remarquons que la dixième taille a donné naissance à un rameau très-propre à la continuation de cette branche, et un second convenable pour former la branche secondaire F; elle a également produit plusieurs autres rameaux, dont l'un, inférieur, a été coupé, lors du palissage, à 8 centimètres (3 pouces) environ de sa naissance, afin d'éviter la confusion qu'il aurait occasionnée.

Je ferai aussi remarquer une plaie un peu au-dessus de ce
point et en sens opposé. C'est le résultat de l'amputation
d'un bourgeon qui paraissait s'opposer à la croissance
du rameau F. Si le bourgeon dont je parle eût été pincé
comme celui placé au-dessous, ou plus strictement encore, on n'eût pas été obligé d'en faire l'amputation, et
il aurait pu former une branche à fruit utile, ainsi qu'il
en a été de celui qui est au-dessous. Plus bas et dans le
même sens, on remarque une autre production qui est
aussi le résultat d'un pincement fait à temps, et qui a
donné naissance à deux petits dards propres à établir une
branche à fruit. Plus bas encore, on remarque un autre
rameau encore peu vigoureux ; mais, si l'on fait attention à son empâtement sur la mère branche, on peut
dès lors juger qu'il en menacera l'existence : c'est pourquoi il faut le tailler court et avoir soin de pincer exactement les bourgeons qui pourraient y croître. Ce rameau aurait dû être pincé lorsqu'il était encore à l'état
de bourgeon de la longueur de 8 à 11 centimètres (3 à
4 pouces).

Il reste à opérer les deux rameaux E F. Ce dernier a
été taillé un peu long, dans le but d'assurer son parfait
développement ; l'œil terminal étant placé devant, le succès en sera encore plus certain. Le rameau E a été taillé
assez court pour appuyer le premier moyen. Cette opération empêchera que l'œil destiné à la création d'une branche secondaire semblable à celle déjà formée ne puisse se
trouver placé à une distance aussi régulière que celles qui
sont représentées. Les deux petits rameaux placés au-dessous de celui F resteront sans être taillés dans le but d'en
faire des branches à fruit; mais le plus fort ne peut être
considéré comme brindille ou lambourde : on éborgnera

l'œil terminal, afin que la séve soit retenue au profit des yeux latéraux.

Quant à la branche G, on peut supposer qu'elle a été taillée un peu court, attendu que le rameau propre à sa continuation est très-vigoureux, quoiqu'il se soit accru en dessous; il est vrai que la réforme de deux bourgeons dont on voit encore la cicatrice de l'un en dessous, et le pincement de deux autres plus bas, peuvent avoir contribué à cette vigueur. Si l'on peut parvenir à faire croître sur cette branche plusieurs dards et brindilles, on aura grand soin de les conserver, afin que les fruits qu'ils donneront puissent absorber la surabondance de séve. Le rameau destiné à la prolongation de cette branche a été taillé assez long, dans l'espoir d'ariver plus vite à ce résultat.

La branche H est d'une constitution faible; aussi l'a-t-on taillée un peu long sur un œil placé dessus, dans l'intention de lui donner de la vigueur; mais il faudra prendre garde d'y laisser croître une grande quantité de rameaux et de branches à fruit; il serait même prudent de diminuer déjà la longueur de ceux qui existent. Cependant, comme cette branche est alimentée par la mère branche qui est vigoureuse, on ne doit pas craindre son affaiblissement, et l'on peut y laisser, pour le moment, tout ce qui a été réservé par la taille.

On voit que la branche I est dans un état parfait de végétation; seulement le rameau terminal de cette branche est en dessus, ce qu'on aurait dû éviter. Mais il a pu arriver que l'œil qui avait été choisi à cet effet ait éprouvé quelque avarie, comme celui de la branche P, ce qui aura forcé, lors du pincement ou de l'ébourgeonnage, de se reporter sur celui qui existe dans ce moment. Comme ce rameau offre un petit coude assez désagréable, et que celui qui est placé intérieurement, quoique faible, peut le remplacer, on réforme le plus fort; pour faciliter le développement du second on le laisse entier. Il est vrai que l'on s'expose à ce que plusieurs de ces yeux restent latents, ou s'annulent complétement; mais, comme la suppression proposée donnera à ce rameau une assez grande quantité de séve, il y a lieu d'espérer que la perte des yeux ne sera que partielle. On voit, sur la partie supérieure de cette branche, que plusieurs pincements ont été opérés, et ont donné des résultats satisfaisants. Aucune des branches à fruit, placée sur celle-ci, n'éprouvera de diminution; un petit rameau placé inférieurement est le seul qui sera taillé sur les deux premiers yeux, avec la précaution d'éventer le terminal pour qu'ils ne prennent que peu de développement.

La branche J est de même dans un état parfait de végétation, mais chargée d'une infinité de boutons vigoureux. Il est prudent de faire la réforme de quelques-uns, non pas précisément dans la crainte d'affaiblir la branche en les laissant, mais bien pour se réserver des boutons l'année prochaine. Ce n'est pas toujours la grande quantité de ces produits qui donne le plus de fruits, ce qui semble justifié par l'axiome *la grande bande rend les étourneaux maigres*. En effet, si un arbre en bon état a un trop grand nombre de boutons, il s'épuise pendant la floraison, et, si la moindre circonstance défavorable survient, on voit tomber tous les fruits; ce qui n'aurait pas eu lieu si on avait supprimé un certain nombre de boutons. Il est difficile de déterminer dans quelle proportion ces boutons doivent être conservés; l'opération dépend toujours de la vigueur de l'arbre en général et des branches en particulier. On peut cependant établir des données approximatives. On sait que chaque bouton contient de six à dix fleurs, terme moyen, et, comme il est prudent d'avoir plus de fleurs que l'on ne doit espérer de fruits, on devra laisser autant de boutons sur une partie que l'on suppose qu'elle peut porter de fruits : par ce moyen, on évitera beauco p d'erreurs. C'est pour cela que j'ai réformé plusieurs boutons, en faisant le rapprochement de quelques branches à fruit placées sur celle-ci. On remarque que le rameau qui termine cette branche est assez bien constitué, sans être de la première vigueur; il a été taillé d'une moyenne longueur. Il est fâcheux que l'œil terminal soit un peu en dessus. L'autre petit rameau inférieur a été taillé dans le but d'en faire une branche à fruit.

Passons à la branche K; si on en remarque l'ensemble, on voit qu'elle est pourvue d'une trop grande quantité de branches à fruit, ce qui occasionne déjà l'affaiblissement du rameau destiné au prolongement de cette branche : aussi, pour le raviver, on a fait une grande réforme parmi ces branches hérissées de bourses (1). Je ne ferai pas l'énumération de chacune d'elles, parce que ce serait répéter ce que j'ai dit en décrivant la branche J. Je ne m'occuperai seulement ici que des deux rameaux placés vers l'extrémité de cette branche. Le rameau destiné à son prolongement a été taillé un peu long et sur un œil placé devant,

---

(1) Je profite ici du reproche qui m'a été adressé par un amateur qui prétend, dit-il, que je n'ai pas assez détaillé les principes d'opérations applicables à ces productions : pour toute réponse, je m'empresse de dire à mes lecteurs qu'il ne faut pas couper ces bourses par leur milieu pour leur faire pousser des branches, ainsi que l'ont prétendu quelques auteurs, mais seulement de diminuer leur nombre sur les parties affaiblies, attendu que celles qui auront été réservées entières peuvent, en cas d'urgence, développer des rameaux vigoureux.

afin d'obtenir plus d'accroissement ; l'autre partie, qui lui est inférieure, a été disposée pour une branche à fruit. Avant de quitter cette branche, je ferai remarquer, un peu au-dessus de sa naissance et sur la mère branche, une entaille qui a été faite dans l'intention de faire passer plus de séve à son profit. Cette pratique ne doit être employée que dans ces cas extraordinaires ; cependant on obtient de bons résultats, surtout lorsque l'on incise les écorces des branches dont on veut faciliter le développement.

La sous-mère branche L paraît être dans un bon état de végétation, ainsi que toutes ses branches secondaires. Je ferai remarquer que plusieurs branches à fruit placées à la partie basse et en dessus ont déjà subi des opérations assez fortes pour empêcher leur trop grand développement. Ceci sera commun à toutes celles de ce genre, dans quelque sens qu'elles soient placées, parce que l'on doit veiller à ce qu'elles soient aussi courtes que possible (1). Néanmoins on remarque près de la sixième taille une branche secondaire inférieure qui, comme on peut le voir, a été retranchée sur deux branches à fruit ; l'une d'elles semble se porter à bois, ce qui est l'effet du retranchement : il faut alors faire porter autant de fruits à cette branche que cela est possible ; c'est pourquoi le rameau qui s'est développé restera sans être taillé, à l'exception de l'œil terminal, qui sera éborgné, puisqu'il n'est pas à fruit. On aura aussi

(1) Pour remplir ce but, je ferai remarquer que plusieurs bourgeons échappés des bourses, ou de quelques productions de même nature, ont été pincés de la manière que j'ai indiquée à l'article du *Pincement,* ou cassés par le procédé du prétendu ébourgeonnage, trop répandu, ainsi que je l'ai déjà dit. La différence de ces deux opérations ne peut se reconnaître, à cause de la petitesse des figures ; mais le lecteur appréciera, sans doute, l'importance de la première, avant même de l'avoir mise en pratique.

grand soin de rogner les bourgeons latéraux, qui pourraient se développer trop vigoureusement vers la partie de
son extrémité. Cette branche se chargera alors de beaucoup de fruits, mais elle ne restera dans cet état que momentanément; ayant été affaiblie par cette grande production, on pourra en faire le rapprochement sans danger. Si
cette branche occupait une place plus aérée, ce résultat serait incertain, en ce que les bourgeons pourraient pousser
plus vigoureusement. Il faudrait donc être très-attentif au
moment de leur développement pour les rogner soigneusement. Le reste des opérations sur ces sortes de branches
n'ayant rien de remarquable, occupons-nous de celles qui
conviennent au rameau destiné à prolonger la branche L.
On voit que ce rameau a été obtenu d'un œil supérieur;
dès lors il en est résulté un petit coude, ce qui est aussi la
cause de l'affaiblissement du rameau destiné à la création
de la branche secondaire M; mais, comme cette branche
serait trop près de celle N, on en fera le sacrifice en la taillant sur le premier œil, avec la précaution de faire la coupe
très-près de cet œil, afin de l'éventer assez. La séve destinée à ce rameau passera au profit de celui L, qui est taillé
très-court, afin de créer un rameau dans une position nécessaire à la formation d'une branche secondaire, en remplacement de celle M.

La branche N est assez bien développée; mais le rameau
destiné à son prolongement est resté en arrière. Pour faciliter sa croissance, nous le laissons sans être taillé. Il est
vrai que l'on s'expose à ce que plusieurs de ses yeux restent latents ou s'éteignent; mais, comme la onzième taille
sur le rameau L est assez rapprochée de la dixième, nous
avons lieu d'espérer de bons résultats. Nous supposons ici
que la sous-mère branche aurait éprouvé quelque avarie

dans le voisinage de la dixième taille ou au-dessus, et que cette avarie lui retire la facilité de se prolonger dans la proportion voulue comparativement aux autres. Dans ce cas, il faudrait effectuer le rapprochement sur la neuvième taille, et relever la branche N, qui bientôt réparerait le dommage : pour cela, il faudrait la diriger selon les principes que j'ai indiqués en pareille circonstance, et, si l'on tenait à la parfaite uniformité de l'arbre, on ferait subir à la branche correspondante sur l'autre aile les modifications en rapport à celles que je viens d'indiquer.

On voit que la branche O est restée entière à l'époque de la deuxième taille, ce qui fait que le point de départ du rameau terminal ne forme aucun coude; on remarque qu'elle a produit un rameau que l'on a taillé assez court, dans l'intention de fortifier les boutons et les yeux qui se trouvent sur cette branche. Le petit rameau supérieur qui succède au terminal a été oublié et devra être cassé près de son insertion.

La branche P est un exemple de la troisième taille : on voit qu'elle a été taillée très-long la première année, et assez court la seconde, sans doute pour remédier à la première. La troisième a été d'une longueur moyenne et établie sur un œil en dessous qui, probablement, avait déjà éprouvé quelque avarie lors du pincement, ce qui fait que l'on a été contraint de choisir pour son remplacement le bourgeon le plus convenable à cet effet. Malheureusement sa position n'est pas agréable, ce que l'on aurait pu éviter en rapprochant sur le petit rameau qui lui est inférieur, et en donnant à celui-ci une direction propre à continuer cette branche; mais alors on courrait le risque de faire éprouver à cette branche un retard que l'on ne pourrait souvent réparer qu'en faisant la réforme d'une assez grande quantité de branches à fruit, ce qu'il faut éviter quant à présent. On voit que trois de ces branches seulement ont éprouvé un petit rapprochement. Le rameau destiné au prolongement de cette branche a été taillé sur un œil en dessous; celui qui lui succède est directement en dessus : il est urgent que cet œil soit éborgné, car, dans le cas où le premier viendrait à éprouver quelque avarie, on ne pourrait tirer parti du dernier, parce qu'il formerait coude sur coude. Avant de quitter cette branche, je ferai aussi remarquer que son extrémité et le petit rameau qui y est joint sont marqués pour la réforme : il eût été imprudent de les réserver au prolongement de cette même branche, parce que leurs écorces ont peu de souplesse et ne permettent pas à la séve une libre circulation ; le mal est même trop prononcé pour que des incisions aient pu y porter remède.

Je ne dirai rien de la branche Q, ses opérations étant semblables à celles de la branche J.

Passons aux branches R et S. C'est particulièrement sur les branches de cette nature qu'il importe beaucoup de diminuer la longueur des branches à fruit dont elles sont garnies, afin de pouvoir les maintenir en santé ; aussi on remarque qu'il leur a été fait beaucoup de réformes en ce genre : de plus, on a supprimé une branche de ramification, dans le but de fournir de la séve pour aider au développement de la branche R. Cette réforme pourra paraître étrange aux yeux de quelques personnes, d'autant plus qu'elle est arrivée au point de donner beaucoup de fruits; mais je répondrai par ce proverbe : *Qui trop embrasse mal étreint.* On aurait pu, il est vrai, obtenir de cette branche un grande quantité de fruits; mais cette production aurait altéré la vigueur de la branche qui lui donne l'existence. On voit sur la branche **S**, dans le voisinage de la sixième taille, une opération à peu près semblable, qui eut lieu dans les années précédentes. Le reste des opérations n'a rien de particulier, ce qui me dispense d'entrer dans de plus longs détails.

Il me reste à dire quelque chose de la branche secondaire supérieure qui, comme je l'ai indiqué pour le pêcher, doit être élevée d'après des principes applicables à la mère branche. Je ferai remarquer que cette branche a été, pendant les quatre premières années, une branche à fruit, en raison de son peu d'étendue, ce qui est démontré par le rapprochement des plaies qui se trouvent à sa base; depuis cette époque seulement, elle a pris réellement le caractère de branche secondaire. Les branches de ramification **B C D**, et la branche secondaire elle-même, sont pourvues d'une infinité de petites branches à fruit et de rameaux propres à le devenir, ce qui est important à leur égard, parce qu'étant vigoureuses, il est bon de se servir de toutes ces petites productions pour les affaiblir.

Lorsque les arbres de ce genre ont été mal taillés, que les branches à fruit sont devenues chancreuses et forment des têtes de saule, comme cela se rencontre dans beaucoup de jardins, on fait le recepage de toutes les branches à 32 centimètres (1 pied) environ de la greffe. Dans ce cas, et d'aussi bonne heure que possible, il faut surveiller les bourgeons inattendus, et réformer ceux qui sont mal placés; les autres seront palissés avec soin à des distances de 11 à 16 centimètres (4 à 6 pouces). Les faux bourgeons qui se développeront sur ces parties devront être rognés au fur et à mesure de leur apparition, afin de ne pas être obligé de les casser, soit en août ou au temps de la taille, opération que je n'admets que pour les arbres fruitiers à pepins et qu'autant que la première aura été négligée.

Lors de la taille qui suivra ces opérations, on aura soin de ne couper que l'excédant de quelques rameaux qui auraient dépassé ceux qui composent l'ensemble de l'arbre; puis leur espacement sera vérifié, et, s'il existe de la confusion parmi eux, on y remédiera au moyen de quelque réforme faite parmi les moins utiles. A l'aide de ces différents moyens, les arbres prendront en peu de temps un grand développement et seront abondamment pourvus de boutons à la troisième taille : alors on les taillera convenablement à leur vigueur, ce qui aura pour but de retenir la séve au centre de l'arbre, mais en combinant cette taille de façon à ne pas faire développer les petits dards, qui seront alors en très-grande quantité, et seulement à leur donner assez de force pour se couronner par un bouton et former des branches à fruit.

Lorsque des arbres de cette catégorie auront été bien tenus, mais dont les branches à fruit auront été avariées par l'âge ou des chancres, on évitera leur recepage en conservant leurs branches charpentières, auxquelles on réformera toutes celles qui leur sont adhérentes, et leurs vieilles écorces mortes ou mourantes (1); si, parmi les branches conservées, on craignait que des insectes se fussent réfugiés dans leurs scissures, on leur appliquerait un lait de chaux : cette opération devra être précédée du recouvrement des fortes plaies, au moyen d'emplâtres résineux. Tous les bourgeons qui se développeront en dessus et en dessous de ces branches devront

(1) Voyez *Ravalement.*

être espacés et soignés de manière à ce qu'ils remplacent
en peu de temps toutes les branches secondaires, ce qui
se fera facilement en ne taillant que l'extrémité des plus
fortes pendant les deux premières années : il est important de réformer de bonne heure tout bourgeon étranger
à cette disposition ; le reste des opérations *présentes et à
venir* est conforme à ce qui a été dit dans le cours de cet
ouvrage.

### § VI. Taille en éventail sur pommier.

La taille du pommier étant en tout conforme à celle du
poirier, je n'entrerai dans aucun détail, me contentant de
renvoyer à ce que j'ai dit dans le paragraphe précédent.
La seule différence qui distingue les opérations nécessaires de ces deux espèces d'arbres, c'est que le pommier ne doit pas être soumis au recepage ; car il ne s'ac-
commode point de cette opération. Si, pour ce genre d'arbres, le désagrément que je viens de citer pour les branches
à fruit du poirier se manifestait, on les ravalerait rez branches charpentières, desquelles il sortira beaucoup de bourgeons, dont on cherchera à faire de nouvelles branches
à fruit par les procédés indiqués pour les poiriers.

## SECTION II.—CONDUITE DE LA VIGNE DANS LES JARDINS.

Avant de parler de la taille de la vigne pour les espèces
exclusivement consacrées à fournir le raisin de table, je
ferai quelques observations sur sa plantation et son exposition, qui varient beaucoup en raison de la nature des
terres dans lesquelles on la cultive.

## § I. Observations sur la plantation et l'exposition de la vigne.

Si les terres sont de nature forte, compacte, humide et froide, les vignes que l'on cultivera le long des murs, dans le nord ou le centre de la France et dans les pays étrangers placés à la même latitude, devront avoir des chapérons très-saillants exposés au soleil levant, et graduellement jusqu'au sud-ouest ; les plates-bandes destinées à cette culture devront offrir une pente assez rapide pour que les eaux pluviales ne puissent y séjourner que peu de temps. La plantation de ces vignes devra être faite très-près des murs, afin que les racines puissent courir le long, et très-souvent s'implanter dans les fondations, ce qui fait qu'elles y seront plus sainement. Cette position influera sur la bonne qualité du raisin, qui, dans des terres de cette nature, sera ordinairement aqueux et d'une médiocre saveur, toutes les fois que l'on négligera de faire ce que je viens d'indiquer.

Si, au contraire, les terres sont légères, friables et chaudes, la vigne sera moins exigeante sur son exposition. Dans ces sortes de terrains, la plantation demande plus de soins, parce qu'elle devra être faite à 1 mètre 50 centimètres (4 pieds) du mur, et plus, si les localités le permettent, afin que les racines puissent aller chercher les sucs nourriciers à de très-grandes distances, et supporter ainsi beaucoup mieux la sécheresse qui peut régner le long de ces murs pendant l'été. Lorsque les localités le permettent, on peut, pour éviter cette sécheresse, planter derrière la muraille, et on se contentera de faire passer la tige de chaque pied de ses vignes par-dessus, pour les cultiver en sens opposé à la plantation. Lorsque des issues ou barbacanes auront été pratiquées au pied du mur, on y fera passer ces mêmes tiges, ce qui est préférable; mais l'on ne peut admettre cette plantation comme faisant partie de la culture, en ce qu'elle n'est applicable que dans quelques localités privilégiées.

La distance qui doit exister entre chaque pied de vigne ne peut être déterminée qu'après s'être rendu compte de la nature des terres, de la hauteur des murs et de l'emploi auquel on les destine. Lorsque enfin on a déterminé la distance voulue par rapport aux localités, on procédera à la plantation, qui se fera dans des fossettes longitudinales, d'une profondeur de **32** centimètres (1 pied), terme moyen, c'est-à-dire que pour les terres normales et un peu humides **27** centimètres (**10** pouces) sont suffisants; mais **36** centimètres (**13** pouces) sont nécessaires dans les terres légères et brûlantes. En plantant, on couchera non-seulement la partie enracinée, mais encore une partie du sarment qui sera dirigé vers le mur et relevé à l'endroit que l'on aura déterminé. Si ces sarments, ainsi plantés, dépassaient plus que deux yeux au-dessus du niveau du sol, on en retrancherait l'excédant, et, si les localités le permettent, on fera, avec la terre de leur voisinage, un petit auget de **5** à **8** centimètres (**3** pouces) au plus de profondeur, que l'on remplira de grand fumier, afin d'empêcher les terres de se calciner et d'être desséchées par l'ardeur du soleil.

Après avoir planté et retranché ces vignes, on surveillera les bourgeons sortant des deux yeux que l'on vient de citer, et qui devront être maintenus par des supports au fur et à mesure de leur développement. Pendant les deux ou trois premières années, ces jeunes vignes devront être généralement taillées à deux yeux sur un seul sarment, le plus vigoureux et le plus rapproché du sol, afin qu'au bout de ce temps elles puissent donner des pousses assez longues pour atteindre la muraille. Jusque-là on se gardera de réformer ni feuilles ni faux bourgeons, afin que ces productions puissent exciter le développement des racines. Ce n'est que du moment où l'on verra que les bourgeons pourront prendre l'accroissement nécessaire pour arriver facilement au mur, que l'on débarrassera les faux bourgeons, afin que la séve qu'ils absorbaient puisse passer au profit de l'extrémité du bourgeon conservé.

Au printemps qui suivra cette opération, on pratiquera des fossettes de la largeur d'un fer de bêche et de la profondeur que nous avons déjà indiquée pour la plantation ; on y couchera les sarments dont l'extrémité sera redressée le long du mur et taillée sur deux ou trois yeux hors du sol. Tous ceux qui seront pour être enterrés devront être annulés soit avec la serpette ou tout simplement avec les ongles : quoique cette opération ne soit pas de rigueur pour aider la reprise des marcottes des vignes que l'on tient à multiplier, on obtiendra toujours de bons effets pour le cas où je le recommande, en ce que cette réforme force toute la séve contenue dans le sarment à se porter au bénéfice des deux ou trois yeux réservés dont il vient d'être parlé. C'est après cette disposition que l'on doit placer ce sarment dans la fossette, puis le recouvrir soit avec la terre du sol, si elle est de bonne nature, soit avec une terre rapportée. Souvent l'on jette sur ces sarments du bon fumier de vache, bien consommé, qui active singulièrement la végétation, laquelle nuit un peu à la qualité du raisin. Mais, comme on a pour but, dans le commencement d'une plantation, d'obtenir surtout du bois, cette pratique peut être employée sans inconvénients. Seulement je recommande de ne point mettre le fumier trop près de la muraille, afin de ne pas exciter le développement des racines dans cette partie, parce qu'elles y sont plus exposées à l'influence de la sécheresse. Après une telle opération, les vignes doivent donner des sarments de la longueur de 5 à 6 mètres ; dès lors il faut appliquer la taille suivante.

### § II. De la taille de la vigne dans les jardins.

La taille la plus avantageuse pour les vignes cultivées dans les jardins est, sans contredit, celle avec laquelle on forme des cordons, soit qu'on en établisse sur toute la hauteur de la muraille, soit que l'on se contente d'en former un sous le chaperon (1). Dans ce dernier cas, le cordon doit être établi de 48 à 54 centimètres (18 à 20 pouces) au-dessous de la partie saillante de la muraille : si, au contraire, celle-ci est uniquement consacrée à ce genre de culture, le premier cordon régnera à 16 centimètres (6 pouces) au-dessus du sol ; les autres qu'on établira en dessus devront être espacés de 54 à 65 centimètres (20 à 24 pouces) dans les terres légères, et de 75 à 80 centimètres dans les terres humides, parce que dans ces dernières on ne devra pas laisser les bourgeons d'un cordon passer sur un autre, à moins qu'il n'y ait nécessité absolue, et cela pour ne pas intercepter l'influence solaire, si utile

---

(1) Butret condamne cette méthode (voyez sa brochure) ; néanmoins j'en recommanderai l'usage toutes les fois que les murs seront assez élevés. Le palissage de la vigne, devant être pratiqué bien avant celui du pêcher, ne peut, par conséquent, lui nuire. Je regarde même cette pratique comme très-avantageuse pendant l'été, en ce que les feuilles et les bourgeons d'une vigne bien soignée, ne devant pas dépasser la largeur des chaperons, pourront en tenir lieu pendant cette saison.

dans cette circonstance. Cette action du soleil est moins nécessaire dans les terres brûlantes, où l'on a quelquefois besoin d'un peu d'ombre pour favoriser le développement des fruit.

*Forme des cordons*, *pl. 4*, *fig. 2.* — Après avoir disposé les sarments de façon à créer les cordons qui devront être inclinés horizontalement et sans faire de coude, afin d'éviter les ruptures, on procédera à la première taille, qui consiste à retrancher pour le moins les trois quarts de la longueur de ces sarments, afin que tous les yeux placés sur la partie réservée puissent se développer avec force et donner naissance à des bourgeons vigoureux qui, pour l'ordinaire, seront garnis d'une bonne quantité de fruits.

Le bourgeon de l'extrémité de chaque cordon, ou, à son défaut, celui qui lui succède, sera palissé de manière à le continuer, sans faire le moindre coude possible; les autres seront palissés verticalement, et, s'il existe un cordon au-dessus de celui-ci, ces bourgeons seront tranchés à quelques centimètres au-dessous du point où ils voudraient le traverser, et sans attendre l'époque de la floraison, comme cela se pratique trop souvent. D'après des expériences comparatives, j'ai trouvé que ce procédé influait avantageusement sur la grosseur des grappes et l'avancement de la fleur; c'est pourquoi je conseille de faire cette réforme de bonne heure, surtout sur les vignes vigoureuses et dans les années pluvieuses. On devra, en outre, faire la réforme des vrilles et faux bourgeons au fur et à mesure qu'ils se développeront, afin d'éviter une confusion de feuilles que ces derniers occasionneraient; l'extraction de ceux-ci se fait en les tirant de haut en bas, ce qui les fera rompre à leur naissance : on devra agir en sens inverse pour retrancher les vrilles; il est même souvent prudent de se servir des ongles pour les couper à 3 ou 6 centimètres (1 ou 2 pouces) de leur naissance : celles qui se développeront sur les grappes doivent être retranchées sans retard, autrement elles les exciteraient à s'étioler, au point de les voir quelquefois passer elles-mêmes à l'état de vrilles, ce qui fait dire aux cultivateurs que les vrilles connues ainsi sous le nom de *cornes* mangent les grappes et donnent lieu à la coulure. La réforme prématurée de celles qui se développent spontanément sur les bourgeons produira toujours d'excellents effets : d'une part, elles n'ont pas le temps de s'entrelacer après tous les corps qu'elles rencontrent, ce qui entraverait le palissage, et, de l'autre, elles empêchent l'étiolement de ces mêmes bourgeons; avantage immense pour les grappes, en ce qu'elles ne sont généralement bien constituées que sur ceux dont les nœuds sont peu éloignés les uns des autres.

*Deuxième taille.* — Cette taille devra toujours être proportionnée à la vigueur des individus, tant pour les sarments destinés au prolongement du cordon que pour ceux qui croisent verticalement; si quelques-uns de ces derniers n'avaient pas pris le développement désiré, ce qui prouverait que la première taille aurait été faite outre mesure, on devra, dans celle-ci, être plus réservé sur le prolongement du cordon, afin de ne pas commettre les mêmes erreurs; dans ce genre de végétal, il vaut mieux forcer la séve à se porter du centre aux extrémités que de ces dernières vers le centre.

Les sarments les plus vigoureux, qui se trouvent placés verticalement sur le cordon, devront être taillés exclusivement sur les deux premiers yeux, en comprenant celui qui se trouve sur la couronne ou talon, de sorte que, après avoir opéré ces différents sarments, leur longueur ne doit pas dépasser celle de 3 centimètres (1 pouce). Quelques personnes pourront être étonnées d'une taille aussi courte ; mais, lorsqu'elles l'auront pratiquée deux années de suite, elles en reconnaîtront l'efficacité. Les sarments faibles qui auront un peu plus que la grosseur d'un tuyau de plume seront taillés sur le premier œil, de sorte qu'ils sembleront n'avoir conservé que leur couronne (1) ; tous ceux qui auraient poussé en dessous et qu'on aurait conservés pour leurs fruits, ainsi que ceux qui se trouveraient sur la tige, seront réformés, à moins que leur conservation ne paraisse d'une nécessité absolue.

On est convenu de donner le nom de *broches* à tous les sarments qui ont subi la taille et qui se trouvent placés en dessus du cordon. Chacune de ces broches donne le plus ordinairement naissance à deux bourgeons que l'on palisse et traite comme je l'ai indiqué à la première taille.

*Troisième taille.* — Je ne répéterai pas ici ce qui concerne le sarment chargé de prolonger l'extrémité du cordon, non plus que ceux qui ont poussé dessus, puisqu'il faut leur appliquer les principes posés précédemment pour la première et la seconde taille. Ce qui reste à dire de la troisième taille est destiné aux broches ; on a déjà pu re-

---

(1) Quant au cordon *pl.* 4, *fig.* 2, il ne faut pas s'arrêter à l'inspection des broches, qui ont été dessinées d'après une échelle qui les représente beaucoup plus grandes que je ne le recommande par le texte.

marquer qu'elles n'ont encore subi qu'une opération,
dont sont nés sur chacune deux sarments (voyez *pl.* 4);
le plus éloigné du cordon sera réformé avec une portion
de l'ancienne broche, de manière que la partie réformée
ressemble un peu à une crosse, ce qui lui a valu le nom
de *crossette*; l'autre sarment sera réservé et taillé à deux
yeux, pour former une nouvelle broche que l'on traitera
de la même manière. Alors il existera entre cette broche
et le cordon une espèce de tête de saule (à laquelle on
donne le nom de *courson*) peu apparente d'abord, mais
qui, par une taille mal raisonnée, pourrait prendre une
certaine élévation. Ce serait un inconvénient, parce qu'il
sortirait sur ces parties vieilles une infinité de bourgeons
inattendus qu'il faudrait réformer, chaque année, à l'é-
poque de l'ébourgeonnage. Les sous-bourgeons qui sortent sur les broches et à l'empâtement des bourgeons
principaux (1) devront aussi être réformés, à moins qu'il
n'y ait nécessité d'augmenter les récoltes. Mais, quel que
soit le nombre de ceux qui marchent vers ce but, il est
prudent de ne leur conserver que deux grappes les mieux
constituées ; en vouloir davantage serait exposer les ceps
à produire, dans le cours d'une année, trop de raisin,
qui souvent reste petit, peu savoureux et toujours au préjudice des récoltes futures : du reste, tous les cultivateurs
sont convaincus qu'une bonne demi-récolte est préférable
à tout autre produit. Les différents ébourgeonnages se
font lorsque les grappes sont apparentes ; on opère simplement avec les doigts et sans efforts, à moins qu'on ne
néglige de les faire à cette époque, ce qui serait préjudi-

_________

(1) Ces sortes de productions ne sont pas apparentes à l'époque de la
taille, parce qu'elles font corps avec les yeux dont l'enveloppe les recouvre encore.

ciable à la vigne, surtout si elle n'était pas très-vigoureuse.
Quoiqu'il soit de règle générale de réformer les différents
bourgeons dont je viens de parler, particulièrement ceux
qui se développent sur les coursons, cependant, s'il arrivait que l'un de ceux-ci prît, en vieillissant, un accroissement démesuré, et qu'à sa base il se trouvât un bourgeon,
*ce qui n'est pas rare,* on conserverait ce dernier pour pouvoir, à l'époque de la taille, réformer le vieux courson,
qui serait à l'instant remplacé par une nouvelle broche.
C'est ainsi que l'on agira sur de vieux ceps et les vieux
cordons qui auraient été maltraités.

Il arrive aussi une époque où les cordons eux-mêmes
sont épuisés. Cette époque varie singulièrement en raison
de la nature des terres et de la quantité des engrais qu'elles ont reçus. Quel que soit cet état d'épuisement, il est
rare qu'il ne reste pas encore quelques ressources, ce qui
est annoncé par des productions vigoureuses qui partent
du pied du cep. On profite de ces nouveaux jets pour remplacer le vieux cordon qu'on supprime, ce qui donne encore d'excellents résultats. Si l'on craint le mauvais état
des racines, on couche en terre les nouveaux sarments,
en leur faisant décrire un demi-cercle ou un cercle entier,
afin de les éloigner du mur autant que possible, en cherchant seulement à ramener leur extrémité vers cette muraille. A l'aide de ce moyen et de quelques engrais, on
peut complétement rétablir un cordon en peu de temps.
Dans quelque position que l'on cultive la vigne sous cette
forme, soit le long d'un treillage à l'air libre, ou adaptée
à des tonnelles ou berceaux, les principes sont les mêmes.
On donne encore à la vigne une forme en espalier, en
maintenant sa tige verticale et en la laissant se garnir,
dans toute sa longueur, à droite et à gauche, de coursons

et de broches. Cette forme convient aux vignes plantées près d'un mur de peu de hauteur à une exposition chaude. Les principes pour cette taille sont les mêmes que ceux que je viens de décrire.

Dans quelques jardins situés à des positions chaudes et sur des terres brûlantes, on cultive la vigne à l'air libre, conduite sous la forme d'une quenouille soutenue par un échalas sur lequel viennent s'attacher tous les bourgeons sortant des coursons. On est convenu de donner à ces vignes le nom de *ceps*. Cette culture ne peut être mise en usage que dans la situation que je viens d'indiquer, et encore, dans le nord et dans le centre de la France, les récoltes sont assez infructueuses et la qualité du raisin médiocre. Du reste, les principes de la taille sont les mêmes que pour les cordons.

On cultive également la vigne propre au raisin de table en la tenant en massif peu éloigné des murs exposés au midi. La forme la plus ordinaire que l'on donne à chaque pied, planté à une distance assez irrégulière, consiste dans l'établissement de quatre à cinq coursons sur le tronc, qui est peu élevé du sol ; ces coursons devront toujours être établis de manière à ce qu'ils s'éloignent du centre, afin que par leur ensemble ils puissent former un *cul-de-lampe* dont ce mode de culture a pris le nom. Lorsque ces vignes sont très-vigoureuses, on peut conserver deux ou trois sarments des plus élevés sur les coursons ; on donne à ces sarments le nom de *ventelles :* pour cet effet, on les taillera à environ 1 mètre de leur insertion, et, lors de l'ascension de la séve, on les courbera en anse de panier en fixant leur extrémité dans le sol, afin d'en répartir la séve plus uniformément ; ce qui fera donner beaucoup de fruits et diminuera l'extrême vigueur du cep qui les alimente. Après la récolte ou à l'époque de la taille suivante, on fera la réforme de ces parties pour faire place à de semblables, si les ceps sont encore assez vigoureux ; dans quelques localités, on conserve ces ventelles une année de plus; dès lors on retranche tous les sarments latéraux, à l'exception des deux placés à l'extrémité, qui sont, pour l'ordinaire, les plus vigoureux; ceux-ci sont généralement retranchés à 32 centimètres (1 pied) de leur naissance, afin de pouvoir immédiatement en enterrer la moitié, accompagnée d'une partie du vieux bois dont l'ensemble produit environ 1 mètre de longueur : les parties enterrées, prenant racine, servent à la nourriture d'une abondante récolte ; après quoi, ces parties sont arrachées et livrées au commerce sous le titre de *chevelures*. Le reste des opérations est conforme à ce que j'ai dit plus haut. Au surplus, cette culture, extrêmement simple, convient plutôt au vigneron qu'au jardinier.

Je termine ici ce que j'avais à dire sur les opérations de la taille appliquée à la vigne dans les jardins. Je n'ai pas cru devoir augmenter son article de faits curieux et intéressants sous le rapport de son histoire, que j'aurais pu emprunter à des auteurs anciens et modernes. J'ai préféré me renfermer dans ce qui est purement pratique.

## SECTION III. — TAILLE EN VASE.

Cette taille varie beaucoup en raison de la nature et de la vigueur des arbres, ce qui fait qu'elle est souvent mal établie par beaucoup de jardiniers, qui taillent tout d'après les mêmes principes, tandis que chaque arbre exige un raisonnement particulier. C'est pour cela que nous croyons utile d'examiner ces arbres sous quatre modes de culture tout différents : il est vrai qu'ils offrent encore entre eux quelques petites modifications qui varient selon qu'ils sont plus ou moins vigoureux; mais il m'a paru suffisant de les désigner sous les quatre titres ci-après pour connaître les manières d'opérer selon la vigueur de chacun d'eux.

### § I. Taille en vase sans le besoin de support.

C'est plus particulièrement sur des pommiers greffés sur paradis et douçains que cette taille est établie; on la rencontre assez généralement dans les jardins modernes comme étant la plus propre à former des massifs d'un grand produit. Ces arbres acquièrent à peine la hauteur de 65 à 130 centimètres (2 à 4 pieds), ce qui varie un peu en raison de la nature du sol; aussi choisit-on les paradis pour les terres fortes et subtantielles, et les douçains pour celles qui sont maigres ou peu argileuses. Dans ce cas, ils ne dépasseront pas la hauteur indiquée ci-dessus, ce qui les dispensera de tout l'appareil dont les plus élevés soumis à cette taille ne peuvent se passer.

Les pommiers greffés sur paradis et sur douçains (1) sont

(1) Les pommiers douçains s'obtiennent souvent par les semis, et quelquefois comme le paradis, au moyen d'œilletons ou de rejets sortant des souches d'arbres de cette espèce que l'on prépare à cet effet en les coupant rez sol et en les recouvrant de quelques centimètres de bonne terre à travers laquelle sortent les œilletons. Dans cet état, cette souche prend le nom de *mère*. On les obtient aussi fréquemment sans peine, attendu qu'il s'en trouve quelquefois suffisamment sur les souches des vieux pommiers greffés : après les avoir extraits de ces vieilles

envoyés des pépinières ayant déjà éprouvé la suppression
de la tige de **16** à **22** centimètres (**6** à **8** pouces) au-dessus
de la greffe. Les rameaux qui ont poussé sur cette tige sont
irrégulièrement placés ; il importe alors de régulariser la
forme qu'ils doivent avoir : pour y parvenir, on choisira
trois ou quatre de ces rameaux, et, comme il est rare qu'ils
aient le même volume et qu'ils soient jamais placés à égale
hauteur sur le tronc, ils devront éprouver des modifications
que la taille leur fera subir, afin que par leur ensemble ils
puissent représenter un vase, mais qui ne pourra, cette
première année, avoir une bien grande dimension , tant
en largeur qu'en hauteur, puisque la partie réservée des
plus forts rameaux ne pourra être taillée au-dessus de 16
à 17 centimètres ( 6 pouces ), en prenant la précaution de
faire cette opération sur un œil terminal dérivant de gauche à droite, ou de droite à gauche du vase, et qu'il soit
suivi d'un autre œil placé en sens opposé, afin qu'en se
développant l'un et l'autre ils puissent former, dans la
partie circulaire de ce vase , une espèce de fourche, à qui
on a donné le nom de *bifurcation* ( voyez *pl.* 6, *fig.* 4 ) :
quant aux plus faibles, on les taillera de manière à les
faire concourir à la régularité de ce gobelet , mais sans
les bifurquer ; à cet effet , l'un des yeux, placé à l'extérieur et quelquefois même à l'intérieur de ce vase , sera

souches, on peut les utiliser ; ils possèdent les mêmes avantages que
l'on obtient sur les mères préparées.

Le douçain se distingue du paradis par sa plus grande vigueur, et
par ses rameaux d'un vert sombre, qui passent au brun pendant l'hiver
Les rameaux du paradis sont courts, de couleur glabre pendant l'été
et très-rosés pendant la mauvaise saison, quoique la vigueur du douçain soit regardée comme étant double de celle du paradis : on doit observer qu'elle est beaucoup inférieure à celle des sujets greffés sur franc
(dit *égrain*).

préféré, à moins qu'il n'y ait nécessité de reporter la continuation de cette branche à droite ou à gauche de la partie circulaire : lorsque, à l'avenir, ces branches auront pris un volume égal à celui des plus fortes, on n'en fera point de différence.

La deuxième taille devra être pratiquée d'après les principes que j'ai développés pour la première. Si, par suite de cette seconde opération, la plus grande partie des rameaux destinés au prolongement de chaque branche circulaire avaient acquis la longueur de 65 centimètres (2 pieds) ou environ, on pourrait les tailler à 14 ou 16 centimètres (5 à 6 pouces), afin que l'œil terminal de chaque rameau et celui qui le suit pussent se développer avec vigueur pour être propres à continuer la charpente. Tous autres yeux qui se trouveront sur les rameaux seront destinés à produire de petits dards ou brindilles.

Les rameaux avec lesquels on veut former des bifurcations devront être taillés moitié moins long, terme moyen (voyez *pl.* 6, *fig.* 3, lettres A B et E F), afin d'éviter des *cornes* (1); ce n'est qu'à leur deuxième taille que l'on devra les mettre en équilibre avec les autres branches. (Voyez D G, *mêmes planche et figure*) (2).

A la troisième taille on devra vérifier la seconde, et si quelques-unes des branches circulaires étaient bifurquées dans un sens opposé, ou si elles étaient trop multipliées, il faudrait les réformer. Il est prudent de rogner les bourgeons qui donnent lieu à de telles productions, ce qui évite

---

(1) Si toutefois je peux me servir de l'expression de Butret.

(2) Je ferai remarquer que cette figure ne présente qu'un quart de vase : j'ai préféré retrancher les trois autres parties, n'étant propres qu'à mettre de la confusion et nécessiter des répétitions inutiles.

de fortes plaies toujours nuisibles. C'est ce qui a été observé au-dessous des rameaux D G.

Si, à l'époque de cette troisième taille, la vigueur s'est maintenue dans les proportions indiquées pour la deuxième, on agira pour celle-là d'après les principes établis pour celle-ci. Il n'en sera pas de même lors de la quatrième, parce qu'à cette époque les arbres dont nous nous occupons devront être munis d'une assez grande quantité de boutons, ce qui oblige à tailler plus court, afin de maintenir la séve qui doit les alimenter. Il serait prudent, dès cette époque, de faire la réforme de quelques brindilles placées sur les branches circulaires de nature faible, afin de leur donner la faculté de se mettre en équilibre avec les plus fortes.

La cinquième taille sera faite dans le but que j'ai indiqué ici, et les suivantes également. Mais il arrive une époque plus ou moins reculée où ces arbres ne poussent que dans des proportions peu considérables, en raison de leur âge, de la nature des terres et de la quantité de fruits qu'ils portent chaque année. Dès lors on devra considérablement diminuer les branches à fruit, en cherchant à ce que l'extrémité des branches circulaires puisse donner des rameaux vigoureux, afin de raviver ces arbres. Voyez ce que j'ai dit, à ce sujet, à l'article *Déchargement*.

Les proportions que j'ai données pour la vigueur de ces arbres sont généralement le terme moyen; il s'en rencontre où elle est plus ou moins dominante, ce qui fait varier les principes que j'ai posés. Si les arbres se sont développés plus vigoureusement que je ne l'ai indiqué, ils devront être taillés plus long; si, au contraire, ils n'ont poussé que faiblement, ils seront, par cette raison, taillés plus court, en empêchant également l'accroissement d'une trop grande quantité de branches à fruit.

### § II. Taille en vase au moyen de supports et de cerceaux.

C'est généralement pour les arbres vigoureux du genre à pepins, greffés sur franc, que ce second mode de taille est établi. On appelle franc tout arbre arrivé à un certain état de domesticité, soit qu'il soit le produit de boutures, drageons, œilletons, marcottes ou semis. Ce dernier moyen est bien supérieur aux autres, en ce qu'il donne des sujets plus vigoureux ; aussi les pépiniéristes l'emploient-ils avec beaucoup de succès. On appelle quelquefois aussi les francs du nom de sauvageons; cependant ceux-ci s'en distinguent par leurs feuilles petites, leur bois mince et le plus souvent armé d'aiguillons, tandis que les francs ont pour l'ordinaire les feuilles larges, charnues, les rameaux gros portant peu ou point d'épines. C'est surtout dans le genre du poirier, où ce caractère est plus constant, qu'il est le plus important de faire la distinction de ces deux variétés, parce que les francs doivent être réservés pour recevoir les espèces les plus difficiles à se mettre à fruit. Les sauvageons peuvent recevoir les autres espèces, et notamment celles que l'on cultive à haute tige dans les vergers.

Ces précautions, quoique importantes, ont été longtemps négligées par nos pépiniéristes les plus remarquables, qui greffaient ces sujets indistinctement, parce qu'il est assez difficile de distinguer si telle espèce a été greffée sur franc ou sauvageon (1). Il en résulte que, parmi ces arbres plan-

(1) Néanmoins, lorsque ces arbres sont arrachés, on peut, jusqu'à un certain point, juger de leurs qualités parce que les racines des francs

tés pêle-mêle, ceux greffés sur franc donnent des fruits abondamment et d'un beau volume, tandis que les autres se font attendre longtemps et n'en donnent que peu et de petits ; encore sont-ils souvent galeux ou pierreux. Ceci est commun à toutes les espèces, c'est pourquoi on a généralement adopté les pommiers greffés sur paradis et sur douçain, et les poiriers sur cognassier. Mais, je le dirai avec connaissance de cause, pour les terres maigres, peu substantielles ou impropres à la nature de ces deux genres d'arbres, les francs doivent être préférés ; les poiriers surtout auront un avantage immense sur ceux greffés sur cognassier même plantés dans un bon sol ; si, cependant, les terres étaient trop substantielles, argileuses ou peu profondes, les cognassiers seront d'un meilleur emploi (1).

sont plus charnues et se rompent plus facilement que celles des sauvageons.

(1) Les poiriers greffés sur franc et sur sauvageon se distinguent de ceux greffés sur cognassier en ce que, dans les premiers, la partie sur laquelle repose la greffe de chacun des individus est quelquefois plus grosse et le plus souvent égale avec celle qui constitue l'espèce qui lui a été adaptée ; quant aux mêmes arbres greffés sur cognassier, cette égalité de grosseur n'existe point, vu la faible constitution de celui-ci et son manque d'une parfaite analogie avec le poirier. Ces diverses causes donnent suite à une espèce de nodus ou de bourrelet qui se fait remarquer de bonne heure à l'insertion de la greffe ; ce bourrelet, déjà très-prononcé dès l'âge de deux à trois ans, ne fait que d'augmenter en vieillissant, et, lorsque l'arbre approche de sa caducité, ce bourrelet est très-souvent deux fois plus volumineux que le corps de l'arbre. Lorsque ces nodus se trouvent placés rez sol, ou à quelques centimètres au-dessous, ce qui est le plus ordinaire, on en rencontre quelquefois qui, munis de fortes racines en dessous, donnent une grande vigueur aux arbres qui en sont pourvus et appelés, par les jardiniers, *arbres affranchis*. On peut déterminer le développement de ces racines ainsi que j'en ai parlé à la suite de quelques détails

Pour le genre pommier, les arbres greffés sur franc poussent dans des proportions plus considérables que ceux greffés sur paradis ou sur douçain. Néanmoins les deuxième et troisième tailles devront être établies comme pour les paradis; mais, lorsqu'un certain nombre de bifurcations seront formées et que l'embonpoint de toutes les parties en annoncera la vigueur, les rameaux destinés à prolonger les différentes branches circulaires pourront être taillés de 32 à 42 centimètres (12 à 15 pouces), avec la précaution de leur faire obtenir, par leur ensemble, autant de régularité qu'il est possible (voyez *pl.* 6, *fig.* 3). Les rameaux destinés à la formation des nouvelles bifurcations devront être taillés comme nous l'avons dit pour les paradis. Si les autres rameaux ont été rognés, on sera dispensé d'en faire la réforme, en évitant également des plaies considérables. Alors on se contentera de casser quelques-uns de ces rameaux qui n'auront pas subi l'opération du pincement, et qui auraient trop de volume pour être considérés comme brindilles.

On voit, d'après ce qui vient d'être dit, que des supports et des cerceaux sont indispensables pour le maintien de ces branches et leur espacement, qui doit être de 11 à 16 centimètres (4 à 6 pouces); quant à celui des cerceaux, le terme moyen est de 32 centimètres. L'évasement doit aussi se pratiquer au fur et à mesure que les arbres prennent de l'accroissement, ce qui ne peut avoir lieu sans les moyens que je viens de citer.

Il nous importe maintenant de faire l'application de la

sur la plantation de ces arbres, avant d'expliquer leur taille en espalier.

quatrième taille sur ce même arbre. On voit que le rameau A a été taillé sur deux yeux placés dans la partie circulaire et propres à donner naissance à une nouvelle bifurcation, mais en sens opposé à la lettre B. Cette précaution devra être prise, autant que possible, pour toutes les branches qui auront la même destination, de sorte que les bifurcations se trouvent alternativement à droite et à gauche, et à des distances qui ne peuvent être déterminées que par le besoin des branches circulaires.

Les bourgeons qui se développeraient trop vigoureusement au-dessous de la bifurcation proposée, et qui pourraient nuire à son accroissement, seront rognés et donneront le résultat que l'on peut remarquer au-dessous de la bifurcation B.

Le rameau C, comme on peut le voir, est très-vigoureux; c'est pourquoi j'ai cherché à en obtenir une bifurcation, avec la précaution indiquée plus haut. Le reste des opérations n'a rien de particulier.

La lettre D désigne une branche produite par une bifurcation, laquelle a développé un rameau très-vigoureux qui a été taillé de manière à le mettre en correspondance avec les rameaux les plus vigoureux, mais sans chercher à le bifurquer. Cette bifurcation serait ridicule et inconvenante, parce qu'elle se trouverait à la même hauteur que celle qui lui est préparée sur le rameau C. Ce soin est de rigueur pour toute autre partie.

La lettre F n'exigeant pas d'autre opération que la lettre C, et la lettre G étant aussi en rapport avec D, je me dispenserai d'entrer dans plus de détails.

On remarque ici que chacun de ces rameaux n'est pas taillé en raison de sa force, comme le recommandent quelques auteurs, mais seulement en raison de sa destination particulière. Dans la supposition qu'un des arbres soumis à cette forme viendrait à s'emporter dans l'une de ses parties, il faudrait que les rameaux de cette partie fussent taillés très-court, multiplier autant que possible les branches à fruit, qui, par leur produit, absorberont la surabondance de la séve. Le contraire devra être fait sur lé côté faible, c'est-à-dire que les rameaux destinés à l'accroissement de la charpente seront taillés très-long, si l'on ne trouve pas convenable de les laisser entiers. Les branches à fruit seront taillées très-court, afin que leurs produits soient peu considérables.

Tout ce que je viens de dire à l'égard des pommiers est également applicable aux poiriers, pruniers, abricotiers, etc.

Quoique la forme en vase avec des supports soit très-gracieuse, elle est presque généralement rejetée et remplacée avec raison par des pyramides ou des éventails. Néanmoins on en rencontre encore dans les jardins plusieurs greffés sur franc. Trop souvent ils sont taillés si court, qu'ils n'offrent, pour ainsi dire, que des nœuds et des plaies considérables. De telles opérations leur retirent la faculté de donner des fruits, parce que la réforme annuelle des rameaux vigoureux détermine les dards et brindilles peu nombreux à se transformer en branches à bois, ce qui engage un assez bon nombre de porteurs de serpette à faire de nouvelles réformes qui multiplient encore les plaies. Si une main habile ne vient pas au secours de ces arbres, leur vigueur se ralentit, la séve refuse d'arriver à l'extrémité des branches circulaires par l'effet des plaies qui y sont multipliées, et bientôt ils n'offrent plus que le triste assemblage de chicots dégoûtants. Les propriétaires sont réduits à en ordonner l'arrachage, qui a lieu sans qu'ils aient obtenu autre chose que des fruits verts et de mauvaise qualité. Tel est l'état de beaucoup d'arbres que l'on m'invite souvent à rétablir. Si ce sont des pommiers, mes premiers soins sont de débarrasser l'intérieur d'une foule de rameaux et de branches auxquels succèdent des têtes de saule. Les rameaux formés dans l'intervalle des vieilles branches y sont maintenus, malgré la confusion qu'ils forment, en disposant les plus forts à la formation d'une nouvelle charpente. Dans ce but, on les taille extrêmement long, et quelques-uns pas du tout, ce qui a lieu pour les plus faibles, afin de régulariser une nouvelle couronne.

Lors du pincement, il sera prudent de visiter l'ensemble de ces arbres et rogner tous les bourgeons vigoureux mal placés. La seconde taille sera faite d'après les principes de la première.

A l'époque de la troisième taille, ces arbres devront être pourvus d'une très-grande quantité de boutons, et, si le temps est favorable pendant la floraison, ils se trouveront rétablis et en état de donner une très-grande quantité de fruits. Alors les rameaux destinés au prolongement des branches circulaires devront être taillés beaucoup plus court, afin que la séve puisse mieux alimenter les fruits.

A la quatrième taille, on commencera à débrouiller la confusion que j'ai indiquée comme régnant dans les rameaux à l'époque de la première taille; et si, lors de cette opération, il se rencontre quelque vieille branche de la charpente morte ou mourante, il faut en faire la réforme seulement à cette époque, parce que les fortes plaies sont très-pernicieuses aux pommiers, surtout faites à des branches dont le tissu est encore très-dilaté : elles le sont beaucoup moins aux poiriers ; c'est pourquoi, sur des arbres de cette nature, on peut effectuer le recepage afin d'obtenir une forme plus régulière, à moins que l'état de l'arbre ne permette de le réparer entièrement sans recourir à ce moyen.

### § III. Taille en vase à branches croisées.

Lorsque les arbres soumis à la forme dont nous venons de parler plus haut auront une vigueur extraordinaire, on pourra croiser les branches ou les rameaux destinés à la création de la charpente : dans ce cas, elles seront partagées en deux séries, dont l'une sera inclinée à droite et l'autre à gauche, en leur faisant décrire un angle de 45 degrés environ. La plupart des rameaux destinés au prolongement de ces branches ne seront point taillés, excepté les plus vigoureux, que l'on devra bifurquer en sens inférieur, afin de multiplier ces branches au fur et à mesure que le vase prendra de l'étendue.

Les vases ainsi croisés peuvent aisément se passer de support; cependant quelques cerceaux de distance en distance seront nécessaires pour la régularité.

### § IV. Taille en vase-quenouille.

Quoique ce mode de taille soit peu usité dans les jardins, on peut le mettre à exécution, afin de se dispenser de croiser les branches et les rameaux trop vigoureux, comme je viens de l'indiquer dans le paragraphe précédent.

Ce mode consiste à conserver un rameau près l'assemblage des branches charpentières, et aussi verticalement que possible sur le tronc, ce qui est commun sur ces arbres ; à son défaut, on emploie une greffe placée en cheville, qui bientôt s'emparera d'une très-grande quantité de séve, ce qui diminuera la vigueur des branches circulaires du vase et les mettra à fruit en peu de temps. Cette greffe ou ce rameau sera traité comme pour obtenir une pyramide ; mais la tige sera dénuée de branches à sa base, afin de ne pas obstruer l'air destiné à la vie du vase. Je dois prévenir le lecteur qu'à une certaine époque la séve peut abandonner le vase pour se porter totalement à la pyramide : l'un et l'autre se trouvant alors en état de donner des fruits, on est le maître de choisir entre les deux. On peut, au reste, par quelques traits de scie ou des plaies demi-circulaires pratiqués près de l'insertion de la tige de la pyramide, maintenir l'équilibre assez longtemps. Il y a bien encore un moyen qui consiste à tailler la pyramide très-court et très-tard ; mais alors cette partie ne donne souvent pas de fruits.

## § V. Taille en vase sur abricotier (1).

Les principes de taille applicables à ces arbres sont les mêmes que ceux dont j'ai parlé pour les pommiers et poiriers ; mais, pour ceux-ci, on doit éviter le développement des forts rameaux à bois, en multipliant autant que possible ceux à fruit, ce que l'on obtiendra facilement en rognant l'extrémité de tous les bourgeons vigoureux lors-

(1) A laquelle on doit substituer la forme en têtard, comme moins rigide.

qu'ils auront acquis environ 15 centimètres de longueur, ce qui les fera ramifier et mettra à même de choisir les mieux placés lors de la taille qui suivra cette opération ; cette pratique a aussi le précieux avantage de forcer la séve à se porter dans les petites branches et rameaux, et, en les conservant en santé, de leur faire porter d'abondantes récoltes ; cette pratique a été jusqu'à présent trop négligée. (Voyez à l'article du pincement de ces arbres.)

## SECTION IV. — DE LA TAILLE EN PYRAMIDE.

Cette forme est, sans contredit, la plus naturelle à une infinité d'arbres. On a souvent confondu la pyramide avec la quenouille, parce que les pépiniéristes nous envoient des arbres sous cette dernière forme, et dans cet état il faut une main habile pour leur faire prendre celle de pyramide. Un auteur moderne a prétendu que cette forme n'était guère propre qu'à donner du bois. Cette assertion est facile à combattre, puisque avec du bois on peut avoir du fruit à volonté ; d'ailleurs, les succès que l'on obtient dans quelques jardins, pendant un très-grand nombre d'années, prouvent assez la bonté de cette forme.

Le même auteur prétend que la forme de quenouille est la plus propre à donner des fruits. J'avoue que les arbres qui sont ainsi taillés donneront plus de fruits, les cinq, six ou sept premières années, que sous la forme de pyramide ; mais, après ce temps, ils vont toujours en dépérissant, et font dire, avec raison, que les quenouilles ne durent pas, et cela parce qu'elles sont épuisées de fruits avant d'être en état d'en soutenir les produits. Si, au contraire, on soumet les arbres à la pyramide, moins productive d'abord, on en est bien dédommagé ensuite, parce que l'on n'a pas le désagrément de voir périr les arbres au moment d'en obtenir d'abondantes récoltes. Ce n'est, en effet, qu'à la sixième ou huitième année que l'on doit attendre d'une pyramide des produits abondants qui se succéderont pendant trente ou quarante ans. D'après cela, il me semble que les pyramides doivent être préférées, c'est pourquoi je vais indiquer tout ce qui a rapport à cette taille ; je m'occuperai ensuite des quenouilles, et m'efforcerai de détruire les mauvais procédés employés pour les conduire.

### § I. De la taille en pyramide sur poirier.

Cet arbre se présente assez volontiers sous cette forme dans la nature, et, pour peu que l'art vienne l'aider, on aura des résultats aussi flatteurs qu'utiles.

Nous allons examiner les figures des *pl.* 5 et 6, à l'occasion desquelles je développerai les connaissances indispensables pour obtenir cette forme.

Remarquons d'abord deux jeunes arbres, *pl.* 5, *fig.* 7 et 8, qui sont le résultat de sujets greffés en écusson. On voit que ces greffes ont poussé à peu près 1 mètre 67 centimètres (5 pieds), ce qui est le terme moyen dans les pépinières. Les deux rameaux ont à peu près la même vigueur sans avoir la même configuration. L'un deux, *fig.* 7, est muni d'une infinité de faux rameaux , ce qui n'existe pas sur la *fig.* 8. Toutes les fois que de semblables productions se trouvent placées sur des rameaux destinés à créer ou à prolonger une tige, on devra les utiliser pour donner naissance aux branches latérales, qui seront taillées de manière à commencer la pyramide ; de sorte que plus ces productions seront éloignées de l'œil terminal combiné, plus elles devront être taillées long : leur plus ou moins de force n'aura aucune influence sur cette opération; tout dépend de leur position. On voit, par exemple, deux de ces faux rameaux qui sont restés sans être taillés, dans l'espoir de les faire développer. A l'aide des suppressions que l'on devra faire sur toutes les autres parties, on y parviendra facilement.

On remarque, dans le voisinage de la suppression faite sur le rameau principal, trois petits faux rameaux qui ont le caractère de dards; ceux-ci sont taillés d'autant plus court qu'ils se rapprochent davantage de l'œil terminal combiné. Il n'eût pas été prudent de conserver ces dards dans toute leur intégrité, en ce que l'œil terminal fixe de chacun d'eux, à cause de leur position, les aurait mis dans le cas de se développer avec beaucoup trop de force, comparativement aux autres productions placées en dessous (1).

*Première taille*. — Elle doit toujours être plus ou moins longue, en raison de la vigueur des individus que l'on veut soumettre à cette forme ; toutes les fois que les yeux placés à la base de ces rameaux sont bien constitués, et qu'ils diffèrent peu de ceux qui se trouvent dans le voisinage de l'œil terminal combiné, on peut tailler ces rameaux vers la moitié de leur longueur (voyez *pl.* 5, *fig.* 8); si, par extraordinaire, les yeux placés à la base de ces rameaux étaient plus volumineux que tous les au-

(1) Tout ce qui vient d'être dit sur les faux rameaux destinés à créer des branches latérales ne doit être considéré que comme accessoire; c'est pourquoi je l'ai placé en dehors de la première taille sur l'arbre, *fig.* 7.

tres, on taillerait un peu plus long sans dépasser le dernier tiers. Cette circonstance, toute favorable qu'elle est, ne se présente que très-rarement; et il est plus ordinaire de réduire ces rameaux au premier tiers, à cause de la petitesse des yeux que l'on rencontre à leur base. Dans tout état de cause, il vaudra beaucoup mieux tailler un peu plus court que trop long, parce qu'il est toujours plus facile de faire passer l'excédant de la séve du bas vers l'extrémité que de cette partie vers le bas, toutefois, cependant, que les arbres sont jeunes et à l'état de formation, car le contraire arrive presque toujours dans les arbres vieux qui ont été préalablement mal soignés. Toujours l'œil terminal combiné sera choisi de préférence parmi ceux qui sont les plus propres à continuer la tige (1). Ceci n'a pas été fait exactement dans l'arbre qui est représenté, car il aurait fallu prendre l'œil qui est au-dessous; mais, étant trop faible pour remplir cette fonction, on eût été contraint d'opérer sur le quatrième, ce qui aurait rendu la taille trop courte, en ce qu'elle serait diminuée de 14 à 16 centimètres (5 à 6 pouces).

*Deuxième taille.* — Avant de traiter de cette taille, je dois faire remarquer les résultats de la première sur deux individus de même force, où ces résultats n'ont pas été semblables, ainsi que l'indiquent les *fig.* 9 et 10 de la *pl.* 5. On voit, *fig.* 9, trois rameaux latéraux, A, B, C, placés dans le voisinage de la taille, dont le volume est en disproportion avec ceux du même genre placés au-des-

(1) Si, lors de cette première opération et de celles qui doivent se succéder chaque année, on se trouve forcé de se servir d'un dard à la place d'un de ces yeux, on ne devra pas s'en faire un scrupule toutes les fois qu'ils n'auront pas une longueur au delà de 6 centimètres; il en sera de même pour la continuation des branches latérales.

sous. Pour éviter cette mauvaise inégalité, il eût fallu écourter par le pincement ces productions dès leur naissance, et l'on aurait eu un résultat semblable à celui de la *fig.* 10. Dès lors, les opérations de ces deux arbres ne doivent plus être en rapport, quoiqu'ils aient la même vigueur et qu'ils tendent au même but ; c'est pourquoi je vais dire ce qu'il faut faire pour chacun d'eux, en commençant par la *fig.* 9.

Considérant le besoin du développement des rameaux et des yeux placés à la base de la tige, la seconde taille sera établie à **16** centimètres (6 pouces) environ de la première, sur un œil disposé à maintenir la perpendicularité de la tige. Si cet œil paraissait trop volumineux, on pourrait, par l'opération de la taille, en faire l'éventage (voyez *pl.* **1**, *fig.* 10), afin de suspendre son trop de développement. Mais il faut être circonspect dans de telles opérations, afin de ne pas s'exposer à la perte de cet œil, que l'on ne remplacerait que très-difficilement. Il vaudrait mieux, pour quelqu'un peu exercé, s'assurer de son développement ; et, lorsque son bourgeon aurait pris un caractère trop prononcé, on en froisserait les feuilles naissantes au moyen des doigts ; ce qui retarderait sa vigueur en proportion de ce que cette opération serait faite avec plus ou moins de rigueur.

Les rameaux inférieurs à celui que je viens de citer sont taillés de la manière suivante : le rameau A sera démonté totalement en enlevant toute la couronne ou empâtement qui se trouve dessous et dessus, afin qu'il ne forme aucun nodus le long de la tige dans le sens de la coupe ; néanmoins il devra en rester une petite portion des deux côtés afin qu'il puisse en sortir quelques faibles bourgeons incapables de dominer les autres, ce qui pourrait arriver si ce rameau conservait sa couronne (1). Si, dans la position qu'il occupe, ce rameau n'avait que la dimension de celui D, on pourrait le retrancher en lui conservant sa couronne, et, s'il avait le volume de celui E, on pourrait le tailler sur le premier œil. Le rameau B, étant un peu éloigné de la taille, devra être retranché, en lui conservant une faible portion de sa couronne, c'est-à-dire que cette couronne devra être un peu éventée. Le rameau C, étant encore plus éloigné et plus faible que les précédents, sera taillé sur le premier œil avec la précaution de l'éventer un peu. Le rameau D sera taillé à 5 centimètres (2 pouces) environ, ce qui lui donnera l'avantage d'avoir deux ou trois yeux, afin de le maintenir dans l'état d'équilibre où il se trouve. Le rameau E est encore taillé plus long sur un œil supérieur, afin qu'il puisse augmenter plus sûrement la vigueur de cette branche. Il est vrai que le bourgeon qui se développera dans cette position pourra s'élever perpendiculairement ou à peu de distance de la tige ; mais, à l'époque de la seconde opération, il aura rempli son but, et on pourra rabattre sur le rameau qui se sera développé de l'œil que l'on voit placé inférieurement.

L'autre petit rameau, placé au-dessous de tous ceux que nous venons de passer en revue, a le caractère de brindille un peu grosse par son extrémité, ce qui donne l'espoir qu'en le laissant entier il se développera avec assez de force pour se mettre en équilibre avec tous les autres. Si l'on craignait de ne pas obtenir un succès complet, on pratiquerait, le long de la tige et en dessous de ce rameau,

(1) Une foule de cultivateurs qui ne connaissent aucunement le résultat de leurs opérations taillent de semblables rameaux à deux, trois et quatre yeux, comme je le ferai remarquer à l'article *quenouille*, ce qui est un défaut très-grave.

deux ou trois incisions longitudinales qui viendraient aboutir sur la couronne de ce rameau, ce qui détendrait les écorces et donnerait la facilité à la séve de s'y porter abondamment. Si c'est une branche faible dont on veuille aider le développement, les incisions devront y être pratiquées de manière à ce qu'elles communiquent sur celles dont je viens de parler. On peut joindre à ces différents moyens celui qui a été annoncé dans les *Annales de la Société d'horticulture*, n^os 7 et 8, par M. Oscar Leclerc, qui dit avoir conçu et pratiqué cette méthode dans une de ses propriétés de Maine-et-Loire.

Ce savant plein de modestie, dont la science regrette la perte, pouvait, à juste titre, déclarer que cette ingénieuse idée lui était déjà venue lors de nos leçons particulières dans les écoles d'agriculture, fondées par son vénérable oncle A. Thouïn, au jardin des plantes. Cette opération consiste à faire des entailles dans l'épaisseur de l'aubier au-dessus des yeux latents (voyez *pl. 5, fig. 9*). Le même procédé peut être mis en usage pour des branches et des rameaux faibles dont on veut rendre la réussite plus certaine (1).

Cette pratique, peu connue et peu employée pour des pyramides bien tenues, est, pour ainsi dire, indispensable pour des quenouilles qu'une main habile sera chargée de réparer. Cette opération a pour but de retenir la séve montante au profit de chaque branche que l'on veut développer, dans une proportion combinée d'après l'étendue des entailles qui, en pareil cas, devront être plus larges que

---

(1) Il y a un principe important à observer dans les pyramides, c'est que les branches latérales tournées du côté du nord poussent toujours moins que celles qui regardent le midi. Il faut tenir compte de cet effet dans la formation de ces branches.

profondes, afin de ne pas exposer la tige à être rompue par les vents. Je dirai, en terminant, que les différentes opérations indiquées doivent être rigoureusement faites dans l'espoir de faire développer les deux petits dards placés au bas de l'arbre et de leur faire produire deux bonnes branches utiles à son organisation.

Passons à la deuxième taille, *fig.* 10. J'ai déjà fait remarquer sur cet arbre l'importance du pincement, qui aide à la répartition égale de la séve dans les différents rameaux latéraux. Le rameau terminal a été taillé beaucoup plus long que dans l'exemple précédent; néanmoins il a fallu tenir compte des observations que j'ai faites relativement à l'état des yeux, et cette taille a été combinée pour que tous les yeux latéraux qui s'y rencontrent puissent se développer et former des rameaux semblables à ceux résultant de la première taille.

Les différents rameaux sont taillés d'après les formes prescrites, puisque leur ensemble forme une pyramide aussi régulière que possible. Je n'entrerai pas dans des détails pour chacun d'eux, parce que je répéterais ce que j'ai dit pour la *fig.* 9.

La théorie qui dirige dans la conduite de ces rameaux a pour but important de créer des branches latérales au fur et à mesure qu'ils se développent sur la tige, de les espacer à des distances convenables, afin qu'elles ne forment aucune confusion durable, et faire en sorte que ces branches conservent entre elles et la tige un équilibre parfait. Cette théorie sera expliquée à mesure que nous nous occuperons d'arbres plus avancés en âge; mais, avant de quitter cet exemple, je ferai remarquer la position des yeux destinés au prolongement de ces différentes branches.

En général, les yeux placés en dessous devront être pré-

férés, à moins de circonstances particulières que j'ai expliquées en parlant du rameau E, *fig*. 9. Il est encore un
autre cas qui empêche l'observation de cette règle, c'est
lorsqu'il sera nécessaire de bifurquer une branche, ou de
l'éloigner d'une de ses voisines pour la rapprocher d'une
autre. Ceci se pratiquera en taillant sur l'un des côtés qui
sera désigné par le besoin. Les bifurcations devront toujours être établies sur les branches les plus vigoureuses,
avec l'attention qu'elles les partagent de droite à gauche,
et *vice versâ* : il est beaucoup de cas où il est nécessaire de
les établir en dessous, mais jamais en dessus, parce que la
création d'une branche, dans ce sens, ferait périr tôt ou
tard celle qui lui aurait donné naissance.

Il est beaucoup d'arbres de l'âge de ceux qui nous occupent qui sont plus ou moins forts que ceux que j'ai figu-
rés ; les principes des opérations qu'ils exigent sont les
mêmes, sauf les modifications nécessitées par la vigueur
des individus.

*Troisième taille*, *fig*. 11. — Cet arbre est le résultat de
la deuxième taille. (Voyez la *fig*. 10, pour la comparer avec
celle-ci.)

La branche n° 1 est restée sans être taillée ; on en voit
les résultats. Celle n° 2 a été taillée de 14 à 16 centimètres
(5 à 6 pouces) ; on voit qu'elle a donné naissance à trois
rameaux. Celui qui est destiné à la continuation de cette
branche devra être taillé vers le quatrième œil en raison
du sens où on peut l'observer, considération à laquelle
pourtant il ne faut pas toujours s'arrêter sans un examen
bien approfondi. Après s'être rendu compte de l'œil le plus
favorablement placé selon les principes que j'ai expliqués
à la seconde taille, on se présentera en face de cette bran-

che en portant la main gauche au-dessous de la partie que l'on veut opérer, le pouce placé en arc-boutant sous l'œil : le taillant de la serpette sera porté sur l'endroit même où doit se faire l'opération, en lui faisant prendre la direction que l'on veut donner à la plaie; et, par un tour de main habile et vigoureux, l'amputation sera faite. Ensuite on réformera totalement le rameau placé en dessus de la branche, en conservant, toutefois, un peu de couronne du côté qui offrira le plus d'espoir de donner un dard ou une brindille qui, devenu branche à fruit, ne formera aucune confusion.

Le troisième rameau sera conservé pour former une bifurcation; on le taillera sur le troisième œil, comme étant le plus propre à la continuer.

La branche n° 3 ne diffère de celle n° 2 que parce que le rameau destiné à la continuer sera taillé sur le cinquième œil. Le rameau qui existe à la base de cette branche sera conservé entier dans le but d'en faire une branche à fruit.

Le n° 4 représente une brindille de deux années qui, comme on peut le voir *fig.* 10, avait été disposée à la formation d'une bonne branche latérale. Mais l'œil terminal a été avarié ou détruit, ce qui l'a empêché de remplir le but proposé; et, comme elle est réduite à l'état de branche à fruit, il serait difficile de la faire changer d'état sans opérer des suppressions considérables sur toutes les autres branches de son voisinage.

Le n° 5 représente une branche en avant qui ne permet pas de déterminer la longueur des deux rameaux vigoureux dont elle est munie, et que l'on disposera à former une bifurcation. L'autre petit rameau formant un dard sera conservé, afin d'en faire une branche à fruit.

Le n° 6 porte deux rameaux. Celui qui termine la branche sera probablement taillé sur le quatrième œil, ce que je ne peux déterminer positivement, parce qu'il se trouve peu apparent. Le rameau supérieur sera traité comme celui du même genre placé sur la branche n° 2.

Le n° 7 désigne une branche terminée par un rameau dont on n'a pu fixer le point où il doit être taillé, parce que plusieurs yeux sont masqués par la position. On remarque que la première taille de cette branche a été établie à 8 centimètres (3 pouces) environ, ce qui a conservé deux yeux, le terminal étant un peu faible, comparativement au second ; mais, lorsque ce dernier s'est développé, on l'a rogné de façon à le maintenir, pour ainsi dire, dans un état d'inertie.

La branche n° 8 en rapport avec celle du n° 5, mais vue plus en face ; on remarque, lors de son premier développement représenté au numéro correspondant, *fig.* 10, combien elle était peu volumineuse ; mais la position rapprochée de la première taille lui a permis de prendre un très-grand développement ; c'est ce qui oblige quelquefois à pincer ces productions, afin qu'elles ne prennent que les dimensions propres à la formation des branches latérales, sans menacer l'existence de la tige.

La branche n° 9, dont l'insertion est à peine apparente, porte un rameau de 81 centimètres (2 pieds 6 pouces) de longueur environ : il sera taillé sur le cinquième œil, afin de le mettre en concordance avec ceux qui sont opérés. Le reste des opérations est tout à fait semblable à ce qui a été dit pour la première et la deuxième taille. D'après les principes que je viens de poser, j'ai cru pouvoir me dispenser de donner des figures de la quatrième et de la cinquième taille ; seulement il m'a paru nécessaire de donner les résultats de cette dernière et les dispositions de la sixième taille.

On voit que les différentes tailles sur la tige de l'arbre représenté *pl.* 6, *fig.* 1, n'ont pas été faites dans une égale proportion, puisque la seconde et la troisième sont assez rapprochées de la première. Il est probable que cette première avait été un peu trop allongée, ou que la vigueur de l'arbre paraissait ralentie lors de cette opération. On remarque que cet arbre a donné des fruits, puisqu'il est déjà muni de quelques bourses ; c'est par cette raison que les branches à fruit commencent à se multiplier. Sur un arbre de cette vigueur, il est bon d'en avoir un assez grand nombre, dussent-elles former un peu de confusion, afin d'arrêter un peu son développement. C'est surtout dans sa partie supérieure que l'on doit chercher à les multiplier, parce qu'elle en est le moins pourvue. La partie inférieure en est suffisamment garnie : plusieurs des branches latérales de cette partie sont même arrivées au point où il est prudent de diminuer le nombre de leurs boutons, afin de ne pas trop les fatiguer ; on y parviendra en réformant quelques-unes de ces branches à fruit ou en diminuant leur longueur.

C'est ainsi que les réformes se feront successivement, soit en partie, soit en totalité, à mesure qu'une branche ou l'arbre lui-même s'affaiblira. On remarque sur cet arbre les différentes tailles des branches latérales qui ont été faites dans la longueur de 16 à 22 centimètres (6 à 8 pouces) ; néanmoins, pour des arbres plus vigoureux, la taille devra être faite beaucoup plus long, ce qui pourra être fixé à la moitié des rameaux toutes les fois qu'ils seront dans une position convenable à l'organisation de la pyramide. Il est rare que l'on soit contraint à leur donner un plus grand développement pour les faire rapporter; cependant je me suis vu quelquefois forcé d'arquer quelques rameaux propres à la formation ou à la continuation des branches latérales.

Cette méthode, que je n'admets que dans des cas rares pour les arbres extrêmement vigoureux et rétifs, devra être attentivement observée, attendu que des branches ainsi arquées se chargent d'une très-grande quantité de fruits qui bientôt diminueront l'extrême vigueur de l'arbre. Mais il ne faut pas attendre qu'il soit trop affaibli pour réformer ces parties. Le moment est favorable lorsqu'il s'est formé une quantité suffisante de branches à fruit sur d'autres parties que celles dont nous venons de parler. Cette méthode, préconisée par Cadet de Vaux, ne donne aucune garantie contre l'appauvrissement des arbres ainsi traités; ce qui arrive instantanément. Si toutefois les terres sont profondes et riches, les arbres pourront se soutenir plus longtemps, mais il faudra admettre les conséquences que je viens d'expliquer; autrement, les branches arquées mettront la confusion dans d'autres branches aussi utiles aux progrès des fruits, qui, dès lors, seront sans couleur et malsains.

Lorsque les différents arbres dont j'ai parlé jusqu'alors seront suffisamment pourvus de branches à fruit, on devra les tailler plus court que je ne l'ai indiqué. Il arrive même une époque où l'on est contraint de diminuer la longueur des branches latérales dans des proportions assez considérables, afin de concentrer la séve au profit des branches à fruit, dont on ne conserve qu'un petit nombre, surtout sur les arbres qui arrivent à l'état de caducité.

Dans cet état de choses, il est souvent prudent, pour les genres poirier, abricotier et prunier, de ravaler toutes les branches latérales sur leur couronne, afin qu'il sorte de ces parties des bourgeons vigoureux, qui, lors de leur apparition, seront choisis et espacés en faisant la réforme de tous ceux mal placés susceptibles d'être nuisibles à l'organisation d'une nouvelle charpente : au printemps qui suivra cette opération, ces rameaux seront taillés très-long, afin de rétablir les pyramides et de les mettre en état de donner d'abondantes récoltes en peu de temps.

On n'attend pas toujours, pour faire cette opération, que les arbres soient arrivés à l'état de caducité. Cette époque est souvent indiquée, dans les poiriers, par la présence de plusieurs rameaux qui sont les produits des yeux inattendus qui se développent le long de la tige. Néanmoins, quand la plus grande partie des branches latérales sont encore en bon état, on se contentera seulement d'utiliser les nouveaux rameaux qui seront convenables pour le remplacement des branches appauvries ou sur le point de le devenir; on les remplacera successivement et toujours avec avantage, parce que du jeune bois, en pareil cas, vaut mieux que du vieux. Il arrive aussi quelquefois que tout ce que je viens de dire ne peut servir de base pour déterminer à faire le ravalement des branches latérales, en ce qu'il n'est pas rare de voir des arbres du genre poirier, plantés dans des terres un peu froides, à des situations humides, qui, quoique jeunes encore, vigoureux et bien traités, sont attaqués d'une foule de chancres qui affectent d'autant plus les branches à fruit qu'elles sont plus noueuses, plus petites et plus délicates, ce qui les met hors d'état de produire des fruits; dès lors le ravalement des branches latérales est indispensable. On aura ensuite le plus grand soin de gratter toutes les parties affectées et les corps étrangers qui se rencontrent sur la tige, susceptibles d'y retenir de l'humidité, toujours funeste à tous les arbres pendant le cours des mauvaises saisons. Cette opération sera suivie d'un engluage de chaux éteinte avec de la lessive, dans laquelle on aura fait dissoudre un peu de savon noir, afin de détruire les plantes parasites, et les portions chancreuses, dont la plus grande partie est attribuée à des piqûres d'insectes. (Pour les proportions de ce mélange, voyez le cinquième chapitre de la troisième partie.) Les terrains secs, brûlants, et les expositions chaudes, produisent une autre maladie connue sous le nom de *tigre*, qui, sans être aussi apparente, partage tous les désagréments de la précédente, si elle n'est pas plus nuisible encore. Les moyens de s'opposer à cette maladie sont les mêmes que ceux que j'ai indiqués plus haut.

Avant de quitter la pyramide, *pl.* 6, je ferai remarquer la branche A, sur laquelle on a négligé de pincer le bourgeon représentant, en ce moment, un rameau vigoureux dans le voisinage de la dernière taille : on voit combien le rameau terminal en a souffert; l'état de décrépitude où il se trouve, joint à celui du bout de branche qui l'alimente, laquelle offre une espèce de retrait qui empêche la libre circulation de la séve, indique un mal trop grand pour espérer son rétablissement en réformant le rameau supérieur. Cette opération ne ferait qu'empirer le mal par la plaie énorme que nécessiterait cette réforme. Il vaut donc mieux faire l'opération qui a été indiquée *pl.* 4, à l'extrémité de la branche et au bas du rameau P. Mais ici on n'a pas la ressource de pouvoir maintenir ce rameau à la place jugée convenable; ce n'est qu'à l'aide d'un petit appareil que l'on y parviendra, mais non sans peine. A l'exception de cette branche, toutes les autres opérations n'offrent rien de particulier.

On peut également juger, par ce que j'ai dit, des opérations qui auront lieu sur les arbres plus avancés en âge et plus ou moins vigoureux, ce qui me dispense de donner d'autres figures.

Lors de la création de ces arbres, je me suis arrêté sur les différents moyens de contraindre la séve à développer les branches latérales; mais il arrive quelquefois que, pour avoir donné trop d'extension à ces branches, elles finissent par s'emparer d'une très-grande quantité de séve, au détriment d'une partie de la tige, ce qui rompt l'équilibre qui doit exister dans ces diverses parties. Lorsque ce cas se présente, il ne faut rien négliger pour le rétablir, car les difficultés augmenteraient au fur et à mesure que les vaisseaux séveux seraient trop ouverts dans une partie, tandis qu'ils seraient presque desséchés dans l'autre.

Supposons que l'arbre que j'ai figuré *pl. 6*, *fig. 1*, vienne à s'affaiblir dans sa partie supérieure, et que le rameau terminal n'ait poussé que dans la proportion de 22 à 25 centimètres (8 à 9 pouces); supposons encore que les rameaux terminaux de chaque branche latérale aient poussé dans les proportions que la figure représente, lesquelles offriraient une grande différence; dès lors il faudrait trouver les moyens de rétablir l'équilibre. Si on en croyait quelques auteurs, il faudrait *tailler la partie faible très-court et la partie forte très-long*; en le faisant, on aurait bientôt une désorganisation complète. C'est parce qu'elles ont été traitées ainsi que l'on voit quelques pyramides et beaucoup de quenouilles couronnées dès l'âge de huit à dix ans, qui n'offrent dans les jardins qu'un aspect dégoûtant. Pour garantir ces arbres d'un tel désastre, il faut tailler la partie forte très-court et le rameau destiné à prolonger la tige très-long, si même on ne le laisse entier, en incisant alors les écorces de la tige au-dessous de ce rameau pour laisser un libre cours à la séve.

Si l'affaiblissement de l'arbre avait lieu dans la partie inférieure, il faudrait se servir des mêmes principes, mais appliqués en sens inverse.

Les pyramides et les quenouilles qui auront été préalablement mal dirigées, et qui auront de la vigueur dans toutes leurs parties, mais dénuées de boutons et déjà garnies de quelques têtes de saule, sont des causes qui, lors de la taille, ne laissent pas que d'embarrasser les meilleurs praticiens, à cause de la confusion qu'ils rencontrent parmi les branches et les rameaux. Réparer de tels arbres en une année est souvent impossible, attendu qu'il faut souvent deux ou trois ans, et quelquefois plus, pour en obtenir de bonnes récoltes; pour y parvenir on fera d'abord le choix des rameaux que l'on destine à prolonger les branches latérales, ce qui ne peut se faire sans hésitation, à cause de la grande confusion que je viens de citer. Ce choix fait, sur chaque branche on réformera tous les autres rameaux qui s'y trouveront de la longueur de plus de 33 centimètres (1 pied); les autres, plus petits, resteront entiers toutes les fois qu'ils ne formeront pas trop de confusion entre eux. La conservation de ces petits rameaux, qui auront, pour le plus grand nombre, le caractère de brindilles, a pour but de les déterminer à se garnir de boutons; les autres, qui formeraient trop de confusion, seront mis au rang de ceux à rompre : la partie réservée a pour objet de leur faire développer des dards qui coopéreront aussi à faire naître d'abondantes récoltes.

Cette opération achevée sur toute l'étendue de l'arbre, on jugera mieux ce qui reste à faire pour terminer les opé-

rations destinées au prolongement des branches latérales,
en commençant par celles du bas et en agissant comme
elles suivent. Les rameaux destinés au prolongement des
plus faibles devront rester dans toute leur intégrité ; ils
devront généralement servir de mesure pour tailler les plus
fortes branches, afin que la totalité de l'arbre présente par
son ensemble une forme circulaire. Cette première zone
d'opérations devra servir de base pour régler la taille qui
doit être pratiquée sur toutes celles qui resteront à opérer.
On comprend que plus les brànches se rapprochent de la
flèche, plus il importe de les tailler court, ainsi qu'on a pu
l'observer dans le cours de mes démonstrations. Dans la
saison d'opérer le pincement sur ces arbres ou sur de plus
jeunes, on devra porter le plus grand soin à ce que tous
les bourgeons vigoureux qui se développent dans les positions étrangères à celles qui auront été réglées par la taille
soient strictement rognés ; on doit surveiller attentivement
ce premier travail et le répéter autant de fois que le besoin se fera sentir , pour empêcher le développement de
quelques bourgeons vigoureux mal placés. Si ces travaux
ont été suivis pendant le temps de la séve , au printemps
suivant il y aura peu d'opérations étrangères à celles qui
ont été développées dans le cours de cet ouvrage ; c'est
pourquoi je m'abstiendrai d'entrer dans de plus longs détails à leur sujet.

### § II. De la taille en pyramide sur pommier.

Le pommier se prête assez volontiers à cette forme : elle
est moins employée à son égard que pour le poirier, quoiqu'elle réussisse aussi bien. Il faut observer que le pom-

mier ne souffre que difficilement les grandes amputations; ce qui s'oppose à l'emploi du recepage des branches latérales, ainsi que je l'ai indiqué pour le poirier. La conduite des pommiers en pyramides exige donc encore plus de soins que pour des poiriers, surtout pour maintenir un égal équilibre de la séve, qui, dans de certaines espèces, a une tendance à se porter abondamment dans les branches latérales, aux dépens du prolongement de la tige. Il faut donc, en créant ses branches, s'efforcer de rendre la tige dominante. Cette condition sera facilement obtenue par les moyens que j'ai indiqués dans le paragraphe précédent. Celui de tous qui doit être d'un emploi plus répété est, sans contredit, le pincement, qui évite les fortes plaies sur la tige. Si l'on était contraint à y faire des amputations, bientôt les plaies se multiplieraient, entraveraient le libre cours de la séve et empêcheraient le développement des rameaux placés à l'extrémité de cette tige; la langueur qui en serait la suite rendrait son prolongement impossible.

Supposons que l'arbre, *pl.* 6, *fig.* 2, soit un pommier, les opérations qu'il a subies feraient craindre que la tige ne fût éventée, et que l'œil destiné à son prolongement ne donnât des résultats fâcheux (1).

Néanmoins, pour ce genre d'arbres, on ne pourrait employer d'autres moyens, puisque celui indiqué est le seul capable de déterminer sûrement la sortie des rameaux vigoureux à la base de la pyramide; et d'autant plus que les entailles, que j'ai également conseillées en pareil cas, peuvent produire les mêmes inconvénients, surtout si elles sont trop multipliées.

(1) Cet inconvénient n'est pas à craindre pour le poirier.

### § III. De la taille en pyramide sur abricotier.

Les précautions que j'ai recommandées pour la formation des pommiers pyramidaux devront être encore plus strictement observées pour les arbres à fruit à noyau, et surtout pour l'abricotier. Il n'y a, pour ainsi dire, que le pincement qui puisse donner le moyen d'obtenir des pyramides avec ce genre d'arbres. Si, dans leur jeunesse, on les expose à recevoir de fortes plaies, on court risque que la gomme se mette sur la tige, y produise des chancres et, par suite, la perte de l'arbre.

Le seul moyen d'éviter ce désastre est de rogner avec soin les bourgeons latéraux; puis ceux qui se développeront sur les branches du même nom n'en seront pas exempts toutes les fois qu'ils paraîtront attirer trop de séve dans leurs diverses parties. Cette opération aidera le développement du bourgeon destiné à prolonger la tige, et, lorsqu'il est devenu rameau à bois, il sera taillé très-long ou conservé entier, selon les circonstances et par les raisons que j'ai déjà données en parlant des poiriers près de se couronner. Cependant il arrive une époque où ces arbres prennent ce caractère, parce que la nature cherche toujours à reprendre ses formes. Alors les branches latérales auront pris une très-grande dimension et seront, en général, dénuées de rameaux et de branches à fruit dans les deux premiers tiers de leur longueur. Il faudra profiter de ce que ces arbres seront fatigués par une trop grande production de fruits, ou choisir une année où les gelées printanières auront détruit tous les boutons avant ou après la floraison, pour faire le ravalement de toutes les branches latérales. A la fin de l'année, elles seront remplacées par des rameaux disposés à donner des fruits abondants. Quoique cette forme soit très-avantageuse, tant pour les produits que pour l'agrément de ces arbres, on devra cependant préférer celle en têtard en ce qu'elle se rapproche davantage de sa forme naturelle ; puis les couvertures que l'on est souvent obligé d'employer se placent avec beaucoup plus de facilité.

### § IV. Taille en pyramide sur prunier.

Le prunier offre les mêmes désagréments que l'abricotier ; il est cependant moins difficile dans sa formation, et les branches latérales se maintiennent beaucoup plus longtemps sans qu'on soit obligé de les ravaler. Ces arbres, quoique d'une élégance et d'une beauté à ravir lors de leur floraison, ne peuvent pourtant guère conserver cette forme intacte plus de dix ou douze années, en ce qu'ils ont, comme l'abricotier, le défaut de se dégarnir de rameaux et de *branches* à fruit dans leur intérieur, ce qui contribue à donner des récoltes moins abondantes que s'ils étaient sous la forme en têtard, à laquelle je conseille de donner la préférence.

## SECTION V. — DE LA TAILLE EN QUENOUILLE.

Je ne fais pas connaître les principes de cette taille dans l'intention de les faire adopter, mais bien pour en indiquer les mauvais effets et m'efforcer de la faire proscrire. Cela n'est pas facile auprès d'un grand nombre de pépiniéristes qui, par une ancienne routine, s'obstinent à conserver cette forme, qui a pour eux l'avantage de servir leurs intérêts. Il n'en sera sans doute pas de même auprès de mes confrères et d'une foule d'amateurs qui conviennent déjà des inconvénients de cette espèce de taille. —

Pour mieux faire comprendre les dangers de cette méthode, j'ai figuré, *pl.* 6, *fig.* 2, une quenouille sortant des mains d'un pépiniériste. Cette figure représente un arbre de trois ans, âge auquel ces commerçants les livrent. Cet arbre est une crassane, espèce très-vigoureuse qui, comme on peut le voir, a des rameaux très-étendus dans sa partie supérieure, tandis que dans la partie intérieure ils sont très-courts et la plupart couronnés par des boutons. Ces petits rameaux sont souvent rompus par le transport; ceux qui échappent sont disposés à prendre le caractère de branches à fruit. La plantation vient exciter encore cette abondante fructification prématurée. Il paraît tout naturel de conserver tous ces boutons, dont la grande quantité de fleurs suffit pour énerver le jeune arbre dont les racines peuvent à peine fournir à ses premiers besoins; et comme les parties qui se mettent à fruit ne rendent rien aux racines, qu'au contraire elles absorbent beaucoup de séve, il en résulte un appauvrissement complet que les feuilles ne peuvent pas réparer. Elles sont d'ailleurs rares sur de tels arbres en comparaison des fruits, ce qui fait dire avec admiration aux propriétaires que leurs arbres portent plus de fruits que de feuilles. Mais un tel état ne peut durer longtemps; les feuilles servent à la respiration des végétaux; ce sont elles aussi qui aspirent dans l'atmosphère les gaz nécessaires à la nutrition des racines, et l'on peut dire avec raison que, pour les végétaux ligneux, il n'y a point de végétation durable sans le secours de feuilles. On peut donc conclure que ces arbres, qui n'en sont pourvus que d'une petite quantité, ne pousseront qu'en proportion de ce nombre; c'est pourquoi ils vont toujours en dépérissant, à moins que, plantés dans une terre de prédilection et dans une atmosphère humide, la nature ne fasse plus que l'art; alors ils prennent de l'accroissement. Mais encore, s'ils sont dirigés par une main inhabile, ils ne produisent que pendant les premières années, parce qu'ils sont bientôt mutilés par la serpette ou le sécateur (1), qui les retient dans des bornes trop limitées. Dès lors, tous les dards ou brindilles prennent le caractère de branches à bois que l'on casse et mutile de nouveau sans en obtenir aucun succès.

J'ai cru devoir faire ce tableau exact de la conduite des quenouilles, ce que le lecteur pourra vérifier en parcourant les jardins où il s'en trouve, afin de se dégoûter de cette forme. Cependant, en soumettant les quenouilles à la forme en pyramide, on peut en obtenir des produits considérables en fruits, dont on est même étonné en faisant la cueillette. Voyons par quels moyens on peut restaurer ces quenouilles.

Le besoin de changer la forme de quenouilles se fait sentir dès le moment de la plantation. La première opération consiste à retrancher toutes les branches et les rameaux vigoureux placés à l'extrémité de cette quenouille, comme l'indique la *fig.* 2, *pl.* 6. Il y a lieu de penser que sur la

_______

(1) Cet instrument à la mode ne peut être en usage dans les mains des jardiniers pour faire des opérations délicates, parce qu'il mutile les plaies et souvent les yeux sur lesquels on fonde ses espérances. Cet instrument n'est vraiment admissible que pour la taille de la vigne et de quelques arbrisseaux épineux sur lesquels cette coupe, se faisant éloignée de l'œil, n'exige pas le recouvrement des plaies faites par son action.

couronne de chacune de ces branches il sortira des bourgeons assez vigoureux pour appeler la séve dans ces parties. Si quelques-uns y croissent avec trop de vigueur, comparativement à ceux des parties faibles, il faudra avoir soin de réformer les plus forts aussitôt qu'ils paraîtront; les plus faibles seront conservés en nombre suffisant à la création des nouvelles branches; plusieurs de ces bourgeons seront rognés très-sévèrement aussitôt qu'ils auront acquis la longueur de 5 à 8 centimètres (2 à 3 pouces) à peu près pour n'avoir plus rien à craindre de leur trop de végétation.

Tous les boutons qui se rencontreront sur cette quenouille devront être retranchés lors de leur épanouissement, sans attendre l'époque de la floraison. Lors de cette opération, on aura le plus grand soin à ce que le pédoncule de chaque fleur reste attaché à l'extrémité du rameau, qui, dans cet état, prend un caractère boursouflé, connu sous le nom de bourse; celle-ci prendra d'autant plus de volume que cette opération sera faite à temps opportun : c'est alors qu'elle sera en état de développer un ou deux bons bourgeons, dont le choix, fait à la taille, déterminera le développement d'une branche vers ce point. Cette pratique est bien préférable à celle où l'on réforme le bouton encore recouvert de ses écailles avec la prétention d'assurer le développement des bourgeons sur la partie de rameau conservée intacte; ce qui a lieu quelquefois, mais toujours tardivement; puis ces bourgeons sont tellement faibles et multipliés, que l'on court risque de mal remplir le but proposé.

Si, à l'époque de la seconde taille de ces arbres, on leur rouve de la vigueur, on pourra leur laisser quelques boutons sur les parties les plus fortes, ce qui aidera à tenir la séve de ces arbres en équilibre. Au fur et à mesure qu'ils prendront de la force, on en augmentera le produit; et, lorsqu'il sera proportionné à la vigueur des individus, leur durée égalera celle des pyramides dont ils ne différeront plus alors.

C'est ainsi qu'on peut rétablir les quenouilles qui n'auront subi que les mauvaises opérations des pépiniéristes; mais, si ce sont des arbres plus âgés et mutilés par un jardinier maladroit, et qui soient couverts de têtes de saule, le seul moyen à employer est de ravaler toutes les branches latérales; ensuite on les traitera d'après les principes que j'ai indiqués en parlant du ravalement des vieilles pyramides.

# CHAPITRE III.

## DES TAILLES ANCIENNES ET HÉTÉROCLITES.

**§ I. Résumé de la taille à la Quintinie, à la Montmorency et à la Montreuil, etc.**

Parmi les différents modes de taille que le célèbre professeur André Thoüin avait réunis dans l'école d'agriculture du jardin des plantes, sous ce chapitre je mentionnerai tous ceux qui m'ont paru pouvoir être de quelque avantage aux cultivateurs et utiles à leurs méditations. Quant aux tailles qui sont connues sous la dénomination de tailles à la *Quintinie*, à la *Montmorency*, à la *Montreuil*, cette dernière, qui n'est qu'une amélioration des deux précédentes, a été préconisée par une foule d'auteurs qui n'ont pas craint d'avancer que la méthode de Montreuil était préférable à toutes celles connues. Cependant il faut convenir que les cultivateurs de ce pays n'ont rien gagné pendant plus d'un siècle. Les éloges qu'en ont faits l'abbé Roger Schabol, le Berriais, de Combles, Butret, etc., ont pu être mérités lors de l'apparition de ces divers écrivains ; mais l'école nouvelle les a dépassés pour longtemps : cependant depuis quelques années on remarque un petit nombre de jeunes gens qui ont amélioré le système de leurs pères. Espérons que les connaissances de physiologie végétale qu'ils acquièrent chaque jour, en lisant quelques ouvrages modernes dont quelques-uns ont reconnu le mérite, leur donneront la facilité de rétablir la réputation d'un pays qui servit de régulateur à une foule de cultivateurs et d'auteurs distingués du dernier siècle.

### § II. Taille en éventail à la Sieulle sur pêcher.

Je dois prévenir le lecteur que, pour avoir quelques résultats satisfaisants de cette taille, il est indispensable d'avoir des arbres plantés dans une terre des plus propres à la culture de cet arbre. La théorie en est simple et facile à comprendre ; elle consiste , lors du printemps qui suit la plantation, à étêter les arbres à 11 ou 16 centimètres (4 ou 6 pouces) au-dessus de la greffe ; puis on admettra tous les principes que j'ai développés lors de la taille moderne en V ouvert. A la seconde année , on aura les deux rameaux propres à la formation des deux ailes : ces rameaux ne devront pas être taillés par leur extrémité, condition qui devra se perpétuer, chaque année, sur le rameau qui viendra successivement s'établir à l'extrémité des branches mères ; celles-ci, en s'allongeant, prendront la forme d'une large arête de poisson. Les opérations qu'il y aura à faire pour obtenir ce résultat ont été suffisamment décrites dans le cours de cet ouvrage pour me dispenser d'en faire la répétition. Quoique cette taille soit vicieuse par rapport au vide immense qu'elle laisse sur les murailles où on l'établit , l'auteur, en la professant, n'a pas moins jeté de très-grandes lumières sur l'art de cultiver le pêcher et sur les autres arbres, puisqu'il prouve, d'une manière incontestable, que, loin d'affaiblir des rameaux vigoureux en se dispensant de les tailler, cela n'a servi qu'à augmenter leur vigueur, tout en prenant le caractère de branches charpentières. J'en appelle ici à témoin une foule de curieux et d'amateurs de pêchers qui ont vu, dans les superbes jardins de M. le duc de Choiseul, à Vaux-Praslin, près Melun, des pêchers traités par cette méthode, et dont plusieurs avaient une envergure de 26 mètres (78 pieds) environ (1). Ces branches n'auraient été raccourcies qu'autant que quelques accidents auraient eu lieu à l'extrémité des rameaux destinés au prolongement de chacune d'elles. Ces faits, assez rares, sont loin de prouver que l'on ait taillé court; du reste, l'inspection que j'en ai faite en 1817 m'a mis à même de juger de cette assertion (2), aucune plaie n'était apparente sur les mères branches, il fallait avoir l'œil exercé pour y reconnaître quelques opérations. J'ai dit plus haut que ces branches avaient été établies en forme d'arête de poisson, assez bien garnies de branches coursonnes ; cependant quelques petits membres inférieurs y avaient été pratiqués par le même procédé, mais généralement maigres, en ce que la séve les négligeait pour se por-

(1) Je doute fort que nos anciens auteurs, et quelques modernes qui les ont copiés, trouvent ici leur compte, eux qui veulent que tailler une branche longue soit un moyen de l'affaiblir, ce qui est vrai pour celles qui sont languissantes ou démesurément chargées de fruits. Cette définition laisse un grand problème à résoudre, puisqu'il arrive constamment le contraire pour les branches et les rameaux forts ou plus faibles que ceux qui sont parallèles. (Voyez *branches et rameaux forts.*)

(2) Cependant j'ai appris, depuis, que ces branches ont été réduites au régime de toutes les autres, aussitôt que les rameaux de prolongement sont devenus assez faibles pour prendre le caractère que j'ai indiqué comme étant à fruit du troisième ordre.

ter aux extrémités des mères branches. J'ai aussi remarqué que le pincement et l'éborgnage à sec étaient mis en grande vigueur par ce cultivateur distingué, qui faisait de ce dernier principe une espèce de mystère, quoiqu'il n'en soit pas l'inventeur, comme il a plu à M. du Petit-Thouars de le publier avec beaucoup d'emphase, ignorant sans doute que cette méthode est en usage depuis plus de soixante ans chez les cultivateurs de Montreuil, et d'autres non moins habiles, qui la mettent en pratique sur des rameaux à fruit taillés extrêmement long, à cause du manque de fleurs à leur base, et nos auteurs modernes sont surpris que Butret et Roger Schabol ne parlent pas de cette opération. (Voyez *Éborgnage.*)

### § III. Taille en demi-espalier oblique.

C'est chez M. Noisette, cultivateur distingué de la capitale, que j'ai vu le plus grand nombre d'arbres soumis à cette forme : pour s'en faire une idée frappante, il suffit de se représenter la moitié d'un arbre conduit en **V** ouvert; pour parvenir à ce but, lors de la plantation, on aura soin d'incliner la tige de chaque arbre du côté où viennent les rayons les plus directs du soleil, afin d'éviter leur action perpendiculaire sur les grosses branches et le tronc; lors de la taille, cette tige devra être traitée, chaque année, comme le serait une mère branche conduite en **V**. On comprend que, par un tel mode, chaque arbre se trouve n'avoir qu'un point de départ, ce qui constitue la branche mère, et lui fait prendre le double du volume qu'elle aurait pris étant conduite de la manière ordinaire. On comprend également que cette grosseur leur retire de la souplesse et les met souvent dans l'impossibilité de pouvoir être abaissées selon le besoin. Je dois aussi prévenir que la partie supérieure de ces branches est beaucoup plus sujette au développement des gourmands et plus difficile à mâter que celle sur des branches d'une autre dimension. Il y a également de l'inconvénient dans l'extrême longueur des branches mères, quoiqu'il soit facile de les incliner les unes au-dessus des autres pendant quelques années; mais bientôt tout l'espace se trouve pris, et la confusion vient régner au milieu de vos plus belles jouissances. Sans être partisan de cette taille, je dirai que l'idée est ingénieuse et admissible pour les terres maigres et peu substantielles, et si, lors de la plantation de ces arbres, on pouvait juger de leur vigueur, on pourrait, par cela même, en fixer l'espace, et, sans espérer des jouissances aussi agréables que celles que l'on éprouve en face d'un arbre bien conduit sous la forme d'un V bien garni de toutes ses branches, on pourrait en obtenir les mêmes produits.

### § IV. Taille en éventail-palmette.

Les arbres soumis à cette taille sont ordinairement des quenouilles, des poiriers et pommiers dont on a supprimé le canal directeur de la séve, à 1 mètre et plus de l'insertion de la greffe. Elles sont plantées contre un mur, sur lequel on fixe toutes les branches qui croissent à droite et à gauche de la tige. Les opérations qui leur sont applicables sont simples, puisqu'elles consistent à les espacer entre elles de 11 à 16 centimètres (4 à 6 pouces) (1), et à les

---

(1) Ce qui est trop rapproché pour le bien-être des branches à fruit.

incliner horizontalement pour la plupart. De tels arbres partagent tous les désavantages des quenouilles, en ce que, d'une part, les branches placées à leur base restent faibles et disposées à donner beaucoup de fruit dans les premières années, et celles de la partie supérieure, au contraire, sont trop fortes, puisque toute la séve s'y porte. Les cultivateurs qui se piquent de quelques connaissances profitent de leur vigueur, et ne se contentent pas de les laisser à l'angle que j'ai indiqué; ils leur font décrire une portion de cercle vers la terre, ce qui les met infailliblement à fruit. Mais il se développe alors des rameaux très-vigoureux en dessus et près de l'insertion de ces branches, ce qui les fait périr après quelques années de produit, quoique l'on cherche à éviter ce désastre en inclinant ces rameaux de bonne heure; mais, arrivés à leur tour à l'état de branches productives, ils sont aussi détruits par de semblables rameaux.

On voit, par ce court exposé, que la séve et les fruits sont très-mal répartis sur ces arbres; mais cette forme plaît à quelques propriétaires, en ce que ces arbres donnent, comme les quenouilles, des jouissances rapides, mais peu durables. Dix années d'existence sont souvent trop dans les terres médiocres, et si, comme je l'ai dit pour les quenouilles, il se trouve de ces arbres plantés dans de bonnes terres, ils finissent par s'emporter. Dans ce cas, le jardinier, même instruit, est souvent contraint de mutiler ou d'entasser les branches dans la partie supérieure, eu ne pouvant trouver à les placer. Ce mode de taille, quoique vicieux le long des murs, peut être employé avec quelque succès pour garnir promptement des berceaux, en prenant toutefois la précaution de faire décrire une pente de 45 degrés à toutes les branches latérales qui sortent à droite et à gauche de la tige , dont le tout doit être attaché au treillage composant la tonnelle.

### § V. Taille en éventail-queue-de-paon.

Cette taille est une amélioration de la précédente ; sa
formation a lieu au moyen de jeunes quenouilles de deux
à trois années de greffe, dont la première taille a pour
but de retrancher la tige à 33 ou 41 centimètres (12 à
15 pouces) au-dessus de la greffe, puis on fera le choix des
bourgeons qui se développeront à droite et à gauche le
long de la tige, en les espaçant de 16 à 19 centimètres (6 à
7 pouces) l'un de l'autre, et palissés d'abord à un angle
peu incliné : ceux qui se développeront devant et derrière
seront retranchés aussitôt leur apparition ; le terminal devra être pincé avec soin, afin de l'empêcher de prendre
du développement. A la deuxième taille, ce rameau sera
taillé très-court sur un œil derrière, si la chose est possible ; les rameaux latéraux seront taillés et placés de manière à correspondre avec le terminal, afin de présenter
dans leur ensemble la figure d'une queue de paon. Pour
cet effet, les rameaux du bas de l'arbre seront taillés très-
long.

Ce qui vient d'être dit de la deuxième taille devra être
rigoureusement observé pendant les années suivantes, en
veillant à ce que chacune des branches latérales soit inclinée au fur et à mesure des besoins. On voit que cette taille
demande peu de théorie et doit être préférée aux palmettes ; car, en suivant exactement ce que je viens de prescrire, la séve se portera difficilement au centre de la partie
supérieure, ce que l'on ne peut éviter dans les palmettes.

Le reste des opérations présentes et futures se rattache aux principes développés dans le cours de cet ouvrage.

### § VI. Taille en éventail-queue-de-paon perfectionnée.

Tous les arbres fruitiers peuvent être soumis à cette taille ; cependant elle est plus particulièrement affectée aux jeunes poiriers et pommiers en quenouille, tirés des pépinières marchandes et placés le long des murs peu élevés, ou des treillages pour en former des contre-espaliers. C'est au printemps qui suit leur plantation qu'ils sont étêtés à environ 66 centimètres (2 pieds) au-dessus de leur greffe (voyez *pl.* 8). Cette opération a pour but de faire sortir quatre branches latérales de chaque côté de la partie de la -tige réservée ; les trois branches que l'on voit de chaque côté, aux lettres BCD, doivent être peu inclinées les premières années et taillées très-long, c'est-à-dire que la plus faible qui a crû pendant le cours de ces années devra rester entière ; dans cet état, elle donnera la mesure pour tailler celles du même genre et de force moyenne, ou plus courtes, lorsqu'elles seront démesurément plus fortes, et qu'il sera nécessaire de maintenir la forme queue-de-paon ; au fur et à mesure que celle-ci prendra de l'étendue, les branches charpentières seront inclinées davantage, pour être fixées à angle horizontal lorsque l'arbre sera arrivé à son état parfait.

Les deux branches désignées par la lettre A seront taillées très-court chaque année et d'après les principes tracés sur cette figure, lesquels valent mieux que les meilleurs préceptes. Cet arbre, arrivé à son état parfait, devra avoir la forme d'un carré long, et le V sera rempli avec les pe-

tites branches telles que celles dont on voit un échantillon,
mais qui devront être moins inclinées au fur et à mesure
de leur vieillesse.

### § VII. Taille en éventail à la Forsyth.

Quelques personnes ont regardé cette taille comme de
nouvelle invention, mais des recherches assez récentes
prouvent, au contraire, qu'elle est très-anciennement
connue, puisque Legendre, curé d'Hénonville, en parle
dans un traité publié, à Paris, en 1684. Lorsque j'étais
jeune homme, mon père me fit une simple analyse de cette
forme, et me dit que plusieurs de ses confrères la lui avaient
décrite sous le nom de taille à la *per omnia*, par rapport
aux branches charpentières placées horizontalement, à
l'imitation du prêtre à l'autel, ayant les bras ouverts; on
lui a aussi donné, par erreur, divers autres noms, comme
en *éventail-candélabre étagé*, en *éventail-girandole étagé*,
et *à la du Petit-Thouars*, etc. Cette taille, qui est exclusivement affectée pour les pêchers, est généralement rejetée
par la difficulté d'avoir des murailles d'au moins 6 mètres
(18 pieds) de hauteur pour les y recevoir. Son peu de durée est aussi une des causes qui l'ont fait rejeter; car il
est rare de voir des pêchers soumis à cette forme qui puissent la conserver plus de huit à dix années, époque où ils
sont arrivés à l'état de caducité, et à laquelle il ne faut plus
espérer d'en obtenir des produits.

La théorie de cette taille consiste à planter, dans une
terre substantielle et profonde, des jeunes sujets d'une année de greffe. Lors du printemps, chaque tige devra être
étêtée à **22** ou **27** centimètres (**8** ou **10** pouces), terme

moyen, au-dessus de la greffe, et sur un œil propre à la continuer dans sa perpendicularité; les bourgeons qui en sortiront devant et derrière seront ébourgeonnés d'aussi bonne heure que possible; ceux à droite et à gauche seront réservés et palissés sans trop les déranger de l'angle d'inclinaison qu'ils occupent naturellement, en prenant toutefois le soin de faire usage des principes que j'ai décrits pour maintenir ou rétablir l'équilibre dans les végétaux. A la seconde taille, on aura soin de ne pas retrancher l'extrémité du rameau, qui doit continuer la flèche, puis on choisira deux latéraux des plus forts et aussi correspondants que possible, on les fixera horizontalement pour ne plus les changer de cette position; ce qui formera le premier étage. Ils devront également rester dans toute leur longueur, afin de conserver l'œil terminal, qui donnera, à son tour, un nouveau rameau qui, à l'avenir, sera traité de même. Quant au rameau qui doit prolonger la tige dont nous venons de parler, s'il a poussé avec vigueur, comme de 1 mètre 66 centimètres à 2 mètres (5 à 6 pieds), et qu'il soit muni de faux rameaux, on en choisira deux correspondants distancés d'à peu près 66 centimètres (2 pieds) du premier étage, afin que ceux-ci forment le second. *Cette distance de 66 centimètres est celle adoptée pour tous les étages que l'on établira à l'avenir.* Quand les arbres poussent avec une vigueur extraordinaire, et que le même cas des faux rameaux se présente, on en dirige deux autres avec lesquels on établit le troisième; autrement, on attend leur développement. Tous les autres rameaux seront indistinctement taillés assez court pour former plus tard des branches coursonnes dont les opérations futures ne différeront en rien; ce qui me dispense d'entrer dans de plus longs détails à leur sujet. Les opérations d'été qui auront lieu par suite de cette seconde taille devront être en rapport avec celles de la première, et ainsi de suite pour les années subséquentes; la troisième taille se fera d'après les principes développés dans la seconde : il en sera de même pour la quatrième, la cinquième, etc. On voit, par cette espèce de taille, qu'on peut amener les arbres à donner une très-grande quantité de fruits en peu d'années, mais toujours aux dépens de leur longévité; on peut aussi remarquer qu'elle n'est admissible que dans quelques localités particulières, encore est-elle très-précaire par rapport à la conservation de la tige; ce qui donne à la séve une direction verticale qui, par cela même, abandonne les branches horizontales pour se porter à l'extrémité de la flèche, qui, à son tour, ne tarde pas à dépasser les murs les plus élevés. Cette taille a reçu diverses modifications qui ont toutes pour but de prolonger l'existence de ces arbres et de pouvoir les cultiver le long des murs moins élevés : nous croyons utile d'en donner une simple analyse.

### § VIII. Deuxième mode de la taille à la Forsyth.

Ce second mode ne diffère en rien du premier sous le rapport de la plantation et de la première taille; la seconde en diffère essentiellement en ce que, si le rameau destiné à continuer la flèche est vigoureux, *ce qui est assez général,* il sera taillé à **1** mètre (3 pieds) environ, mais toujours avec une combinaison telle que l'œil terminal soit capable de continuer son prolongement sans former de coude; puis deux autres yeux au-dessous, et aussi rapprochés que possible de lui, seront en état de donner naissance à deux branches charpentières opposées et aussi

en rapport de vigueur que les circonstances le permettront : cette opération sera répétée successivement d'année en année; il s'ensuivra de là que ces branches se trouveront placées sur la tige à des distances à peu près égales;
lors de leur jeunesse, elles devront être traitées avec soin,
afin qu'elles puissent prendre de l'ascendant sur la flèche.
C'est à cet effet qu'elles ne devront être abaissées que graduellement et dans les proportions à peu près égales à
celles qu'emploie la nature; les diverses opérations qu'il
y aura à faire à ces branches par suite de leur âge sont
tout à fait en rapport avec les principes que j'ai développés dans le cours de cet ouvrage; il en est de même
pour les branches adhérentes et coadhérentes. Quoique
ce mode ne soit pas sans inconvénient, il est préférable
au premier et peut être mis en usage dans quelques localités pour garnir, provisoirement et en peu d'années, l'intervalle des arbres du même genre, soumis à la taille moderne en V ouvert, dont l'existence est infiniment plus assurée.

### § IX. Troisième mode de la taille à la Forsyth.

Ce troisième mode est aussi en usage dans quelques jardins; il ne diffère de celui qui vient d'être décrit qu'en
ce que, au lieu d'une tige, il y en a deux distancées entre
elles d'environ 27 centimètres (10 pouces), ce qui donne
par leur ensemble la forme d'un U (1). J'ai vu, dans le

(1) M. Fanon nous a décrit ce mode de taille dans un ouvrage publié
en 1807, et dont j'ai reproduit une figure *pl.* 7, *fig.* 1. Cet auteur recommande cette forme comme très-propre à mettre promptement à
fruit les pommiers et les poiriers; il ne la conseille nullement pour les
arbres à fruit à noyau, en ce qu'il la considère comme de peu de durée.

superbe jardin de M. Boursault, chaussée d'Antin, à Paris, des pêchers de huit années soumis à cette forme sur une muraille de 6 mètres (18 pieds). Ces arbres étaient d'une beauté admirable et répondaient parfaitement à toutes les magnificences d'un établissement auquel l'habileté de mon confrère, M. David, n'a pas peu contribué (1). Pour parvenir au but désiré, lors de la première taille, on coupera la tige à 11 ou 16 centimètres ( 4 ou 6 pouces ) au-dessus de la greffe, sur deux yeux, dont l'un aura la direction à droite et l'autre à gauche. Les bourgeons qui s'en développeront donneront naissance aux deux tiges dont nous venons de parler. Ces bourgeons devront être amenés graduellement, pendant la durée de leur pousse, à une inclinaison de 45 degrés. Cet angle ne devrait avoir lieu sur chacune d'elles que dans la longueur de 16 à 20 centimètres ( 6 à 7 pouces ) prise dans la partie la plus rapprochée du tronc; puis le reste devra être relevé aussi perpendiculairement que possible, ce qui donnera la forme indiquée. Si, à la seconde taille, ces deux tiges sont vigoureuses, elles seront taillées dans des proportions égales d'environ 11 centimètres (4 pouces) de leur coude, en choisissant sur chacune d'elles un œil propre à les continuer aussi droites que possible; puis il est extrêmement important qu'à peu de distance de ces yeux il se trouve, sur chaque tige, un autre œil qui, lors de leur développe-

MM. Bengy de Puyvallée est d'un avis diamétralement opposé dans un *mémoire* lu à la Société d'agriculture du département du Cher, publié à Bourges en 1831. Ce mode, auquel il a fait quelques modifications et qu'il a appliqué à la culture du pêcher, paraît lui donner les meilleurs résultats.

(1) Ce beau jardin est détruit de fond en comble et livré à des constructions d'utilité publique.

ment, donnera naissance aux deux premières branches charpentières. Si, par suite de cette opération, l'arbre continue de pousser avec vigueur, la troisième taille sera pratiquée sur chaque tige à environ 50 centimètres (1 pied et demi), mais toujours d'après des combinaisons semblables à la seconde; la quatrième, la cinquième, etc., seront traitées comme il vient d'être dit. Si l'arbre pousse faiblement, comme de 65 à 90 centimètres pour les plus forts rameaux, on attendra que la tige soit assez forte pour donner naissance à une autre série de branches charpentières, ce qui se fait rarement attendre plus de deux années; dans ce cas, le prolongement de la tige se fera dans des proportions beaucoup moindres que dans les exemples précédents. Quant au reste des opérations à faire sur ces arbres, nous devons nous dispenser d'en parler, en ce qu'ils ont été suffisamment développés en parlant du second mode, duquel celui-ci ne diffère que par la forme, qui demande plus de savoir et plus d'assiduité.

### § X. De la taille en U, par M. Rengy de Puyvallée.

Cette taille offre quelque différence de celle que nous venons de décrire : dans celle-ci, l'U doit avoir une largeur de 66 centimètres (2 pieds), puis cet intervalle doit être garni de branches coursonnes, que l'on aura soin de maintenir en santé; il en sera de même de toutes celles qui se trouveront à l'avenir sur toute la surface de l'arbre. Quant aux branches horizontales (1) établies en dehors de

(1) Il serait mieux de donner à ces branches le nom de *charpentières*, en ce qu'il existe beaucoup de branches coursonnes qui ont un

l'U, elles devront toujours être parallèles et distancées entre
elles de 66 centimètres (2 pieds) (1), ce qui donnera les
avantages d'en établir quatre sur des murs de 3 mètres. La
formation de ces branches aura lieu par suite des opérations dont il va être parlé : la première taille a pour but
d'étêter l'arbre à 11 ou 16 centimètres (4 ou 6 pouces) de
la greffe, sur deux yeux correspondants, pour en obtenir
deux bourgeons dont les soins du palissage et autres travaux d'été ne diffèrent en rien de ce que nous avons répété dans le cours de cet ouvrage. Lors de la seconde taille
M. de Puyvallée conseille de couper ces rameaux à 50 centimètres (18 pouces) de leur naissance, puis il les incline,
au-dessous de l'angle, de 45 degrés, et tous les bourgeons
qui se développent en dessus de ces branches doivent être
attentivement rognés et à plusieurs reprises ; les autres se
ront traités comme il est dit à l'article de l'*Ébourgeonnage*
et du *Pincement*, etc. A la troisième taille, l'auteur s'occupe du prolongement de ces deux branches horizontales

direction horizontale ; du reste, les branches à qui l'auteur donne ce
nom ne doivent avoir cette direction qu'à la troisième ou quatrième
année.

(1) Au moment où j'ai publié la troisième édition de cet ouvrage, un
amateur très-distingué, M. Desmazières, est venu me proposer d'établir
ces branches à 33 centimètres (1 pied), et ne leur laisser de production
qu'en dessus, ce qui leur donnerait un peu l'aspect d'un cordon de vigne,
j'ai commencé à suivre cette idée nouvelle, mais de laquelle je n'ai pas
une très-bonne opinion, en ce que, la séve n'étant attirée qu'en dessus,
il se pourrait qu'un assez grand nombre de branches coursonnes pris-
sent beaucoup trop de développement, ce qui empêcherait le prolongement des charpentières ; cependant il ne faut pas s'arrêter à une telle
pensée, en ce qu'il n'y a que les faits qui donnent le droit de juger :
c'est à ces fins que j'engage les amateurs à en tenter l'expérience, n'ayant
pu la continuer au jardin des plantes *à cause de ma position de subor-
donné.*

qui pour cela doivent être allongées de 66 centimètres
(2 pieds) et inclinées davantage ; puis, à l'exception d'un
rameau choisi en dessus de chacune de ces branches et à
la distance de 33 centimètres (1 pied) de la perpendicularité du tronc, tous les autres doivent être taillés en coursons ; les deux réservés dont nous venons de parler, qui,
par leur position, commencent à former l'U, seront taillés
à 33 centimètres (1 pied) de long, et, pour qu'ils ne prennent pas trop d'extension, tous les bourgeons qui s'y développeront devront être rognés à diverses reprises, afin
qu'ils restent, selon l'expression de l'auteur, *à l'état médiocre*. La quatrième taille est faite sur les branches horizontales, dans une longueur à peu près égale à la troisième ; à cette époque, il leur fait prendre la position du
nom qu'il s'est trop pressé de leur donner, *comme horizontale*, c'est l'angle duquel elles ne doivent plus sortir ; les
rameaux qui viendront les prolonger, chaque année, devront toujours décrire une portion de cercle, afin que leurs
extrémités regardent le ciel. Quant aux deux branches disposées à la formation de l'U, on se rappelle qu'elles ont été
taillées, pour la première année, à 33 centimètres (1 pied),
pour la seconde elles le seront dans des proportions semblables, ce qui leur donnera 66 centimètres (2 pieds) d'élévation. C'est à ce point qu'il faut faire naître sur chacune
d'elles une nouvelle branche horizontale ; pour les obtenir,
M. Bengy de Puyvallée emploie les mêmes procédés que
moi, en voulant donner naissance à des branches sous-
mères et secondaires inférieures ; dès lors j'y renvoie mes
lecteurs. Si, par suite de cette opération, les bourgeons
disposés à prolonger l'U paraissent pousser avec trop de vigueur, *ce qui est assez ordinaire*, on les rognerait comme
il a été dit pour la première année, excepté un bourgeon

sur chaque aile, qui sera destiné à former les secondes
branches horizontales; à cette précaution on joindra celle
de les tenir d'abord peu inclinées, en ce que ce n'est qu'à
leur troisième taille qu'elles prendront l'angle horizontal;
en attendant, elles seront traitées comme l'ont été les deux
premières; il en sera de même pour toutes celles du même
genre, qui doivent naître tous les deux ans, ce qui com-
plétera la formation d'un tel arbre à la neuvième année.
Quant aux branches coursonnes établies sur toutes les parties de la charpente, elles ne diffèrent en rien des autres;
dès lors, il serait superflu de traiter plus longtemps cette
matière. Je crois aussi inutile d'entrer dans de plus grands
détails concernant cette méthode. Cette simple analyse suffit pour que le lecteur puisse l'apprécier à sa juste valeur;
quant à moi, elle m'a paru très-propre à prouver l'habileté de son auteur, et la peine qu'il a prise à nous la développer prouve également une longue suite d'expériences
et une sagacité peu ordinaire. Quelques-unes de ces connaissances sont longues à acquérir, les autres peu acces-
sibles pour des intelligences ordinaires; puis la nécessité
d'un pincement rigide et très-assidu fait que ce mode de
taille ne sera adopté que par quelques amateurs, dont le
temps et les connaissances pourront être mis en rapport
avec ceux de M. Bengy de Puyvallée.


### § XI. Taille en éventail Fanon.


Cette taille, qui a aussi la forme d'un U, peut être mise
en usage avec succès pour des arbres vigoureux, des genres
poirier et pommier (voyez *pl.* 7, *fig.* 1). Cette taille consiste à retrancher le canal direct de la séve, de **8 à 11** cen-

timètres (3 à 4 pouces) au-dessus de l'insertion de la greffe, à établir ensuite deux rameaux qui partageront le tronc en deux parties égales. Ces deux rameaux seront maintenus perpendiculairement et distancés entre eux de 16 centimètres (6 pouces) environ.

A la première taille, ces rameaux seront opérés de manière que les yeux terminaux combinés soient propres à continuer le prolongement des branches, sans former de coude désagréable. Les yeux destinés à la création des deux premières branches latérales devront être choisis aussi près que possible des yeux terminaux, et dans le sens où sont placées ces branches. Si quelque circonstance obligeait à laisser des yeux intermédiaires, ils devront être éborgnés à la taille ou réformés au premier ébourgeonnage.

Les bourgeons réservés devront être palissés, très-rapprochés de la perpendicularité. A la seconde taille, les deux rameaux destinés à la formation des deux premières branches latérales seront placés à l'angle où ils se trouvent (1), avec la précaution de les laisser dans toute leur étendue. Ce principe sera observé pour tous ceux de ce genre qui viendront successivement s'établir sur les mères branches, ce qui donnera aux arbres une étendue considérable en peu de temps.

La création des autres branches latérales s'obtiendra d'après les principes que j'ai développés pour les deux premières A. Lorsque les arbres sont très-vigoureux, l'on peut obtenir la création de deux de ces branches de chaque côté,

---

(1) Ceci pourrait être modifié, parce qu'il serait avantageux de n'incliner ces branches qu'au fur et à mesure du besoin qui se ferait sentir lorsqu'elles seraient parvenues à la hauteur des murs ou du treillage sur lequel on les fixe.

comme on peut le voir par le résultat de la seconde taille aux lettres B C; mais ce moyen ne doit être employé que dans quelques cas particuliers comme celui d'une vigueur extraordinaire, et il vaut mieux s'en tenir au premier.

Lorsque les deux branches verticales seront arrivées à la hauteur des murs ou contre-espaliers sur lesquels elles sont palissées, les rameaux destinés à la continuation de ces branches seront courbés de manière à ce qu'ils ne diffèrent plus des branches latérales par leur extrémité. Ces deux branches seront greffées au point où elles se croisent par le procédé de la *greffe Sylvain* (1), qui consiste en deux entailles correspondantes faites dans l'épaisseur de l'aubier.

Les opérations des branches latérales sont extrêmement simples, en ce qu'elles ne devront éprouver aucun retranchement à leur extrémité; mais il faudra beaucoup de soins lors du pincement, afin d'opérer tous les bourgeons qui pourraient s'échapper de la partie supérieure et en avant. Sans cette précaution, on serait exposé à ce que plusieurs de ces bourgeons s'emparassent d'une partie de la séve propre à alimenter les bourgeons destinés au prolongement de chacune de ces branches; c'est ce qui est arrivé à la branche C. On remarquera sur cette figure que l'extrémité des rameaux destinés au prolongement de chaque branche a été relevée, afin d'y attirer la séve et les aider à prendre plus de développement.

Les arbres ainsi traités donneront abondamment des fruits. Quoique cette taille soit peu répandue, je la recommande, étant d'une exécution facile, très-propre à éclairer

(1) Ces deux dernières mesures ne sont pas de rigueur, en ce qu'il suffit de les courber dans le sens des autres pour qu'elles en remplissent toutes les conditions.

16

les cultivateurs, et sur laquelle ils pourront réfléchir et re-médier aux mauvais traitements de beaucoup d'arbres de ce genre élevés sur d'autres formes.

### § XII. Taille en éventail-candélabre.

Cette taille est, sans contredit, une des plus vicieuses, parce que la séve est arrêtée dans ses mouvements sans espoir d'obtenir de fruits abondants (voyez la *pl. 7, fig. 2*). Toutes les branches secondaires sont placées à angle droit sur la mère branche, ce qui les expose à prendre un grand développement : cette vigueur oblige à les tailler très-court; car, si on laissait seulement une de ces branches pendant trois ans sans être taillée, elle s'emparerait de la plus grande partie de la séve destinée à l'alimentation de l'arbre entier; et cependant on trouve des auteurs qui prétendent que, pour arrêter la vigueur d'une branche, il faut la tailler très-long. Je ne m'arrêterai pas à cette assertion, vu que je crois l'avoir victorieusement réfutée en traitant de l'équilibre de la végétation.

Je terminerai ici la description de cet arbre, en ce que les opérations qui lui conviennent peuvent être parfaite-ment saisies par le lecteur, et que d'ailleurs je ne conseille pas d'employer cette taille.

## SECTION II. — DES TAILLES ANCIENNES ET HÉTÉROCLITES.

### § I. Taille en tonnelle ou en espalier horizontal, de M. Noisette.

Les principes de cette taille ont un peu d'analogie avec celle de M. Cadet de Vaux; ils consistent à laisser une par-

tie ou la totalité d'un arbre vigoureux sans être taillée, pour
être ensuite fixée sur des treillages horizontalement placés
dans son voisinage, et avec lesquels on établira des tonnelles ou des berceaux auxquels l'on peut donner diverses
formes, ce qui jette, en passant, de l'agrément dans quelques jardins paysagistes. J'ai vu, chez notre célèbre horti
culteur, M. Noisette, des pommiers reinettes de Canada qui
avaient été traités par ce procédé, et qui portaient des
fruits magnifiques; mais il ne suffit pas toujours d'avoir
momentanément de beaux fruits sur des arbres, car une
telle forme ne peut être de longue durée en ce que l'on
se trouve indispensablement obligé de mutiler les branches, en rompant une partie de leurs fibres, pour les fixer
subitement sur une ligne horizontale ; puis les bourgeons
qui se développeront spontanément sur la partie qui forme
le coude contribueront également à leur perte : nos théoriciens, qui sont toujours prêts à argumenter, vous diront
qu'il faut réformer ces bourgeons au fur et à mesure qu'ils
paraîtront se développer; la nature ne sympathise nullement avec de semblables opérations, et, tel soin que l'on
y prenne, de nouveaux bourgeons se développeront à côté
des premiers et ainsi de suite; cette multitude de réformes
occasionne des nodus qui, par leur nature, forment de
nouvelles entraves au développement des branches que
l'on s'efforce de conserver : en dernière analyse, la réforme que l'on est toujours forcé de faire pendant la présence des feuilles nuit considérablement à la santé des
arbres; on a pu s'en convaincre par quelques dissertations antérieures à celle-ci.

### § II. Taille en têtard.

Cette taille peut être appliquée à toute espèce d'arbres fruitiers, mais c'est particulièrement pour les abricotiers, pruniers, cerisiers, pommiers et poiriers qu'elle est réservée; ces arbres sont le plus ordinairement greffés en fente ou en écusson, à environ 2 mètres du niveau du sol, ils sont connus de tous les cultivateurs sous la dénomination de *hautes tiges*; on est dans l'usage de les planter dans nos vergers agrestes ou à travers nos campagnes.

Les premières opérations applicables à ces arbres se font comme pour la taille en vase ou gobelet, et se continuent pendant le temps nécessaire pour être assuré que les branches charpentières ne pourront se nuire et former confusion; mais, comme les arbres soumis à cette forme appartiennent à deux genres bien différents, nous dirons, pour ceux à noyau, que tous les rameaux latéraux au-dessous de 3 à 4 pouces de longueur devront être conservés dans leur entier; les autres seront réduits au quart ou au tiers; si le temps est favorable, ces parties donneront beaucoup de fruit; enfin, sous tels rapports de vigueur qu'elles se trouvent l'année d'après, elles rentreront dans la catégorie des branches coursonnes, et seront traitées d'après les principes que j'en ai donnés. Quant aux rameaux destinés à continuer le prolongement des branches charpentières, les plus forts seront taillés de manière à être réduits aux deux tiers et plus; cette mesure désignera la hauteur où devront être taillés les plus faibles, afin que tous prennent une forme circulaire, mais peu régulière, et qu'à l'avenir les branches se trouvent éparses sans confusion, formant par leur ensemble une tête arrondie qui se rapproche de celle de sa nature; toutes ces opérations ne sont de rigueur que pour l'abricotier et les pêchers que l'on cultive à l'air libre dans quelques contrées de la France. Quant aux pruniers, cerisiers, pommiers, poiriers, on n'en fait l'application que pendant les premières années; ils seront ensuite livrés à quelques opérations qui auront lieu en retranchant l'extrémité des branches éparses qui paraîtraient prendre trop d'extension aux dépens des plus faibles : il est vrai que, pour toutes, on aura grand soin de retrancher les parties mortes ou mourantes, ou peu aérées, susceptibles de former confusion; puis on diminuera la longueur de celles qui seraient languissantes ou trop chargées de boutons, on fera avec soin l'extraction des mousses, des vieilles écorces, et enfin de toutes les parties capables de retenir l'humidité, qui nuit autant à ces arbres que la gelée.

Toutes ces opérations se continueront chaque année, tant que les branches charpentières conserveront de la vigueur, mais il arrive une époque où l'on n'y voit plus que de très-faibles branches et des rameaux à fruit placés à leur extrémité, ce qui prouve leur état languissant : assez ordinairement, en cet état, on trouve des gourmands près de leur naissance et à peu de distance du tronc, qui semblent inviter le cultivateur à faire la réforme de cette vieille charpente, ce qui doit se faire non pas au moment de l'apparition des rameaux, mais bien lorsqu'ils sont devenus des branches assez volumineuses pour absorber la séve des parties désignées à être retranchées; ces nouvelles branches seront traitées, chaque année, comme il a été dit pour les premières.

### § III. Taille à la Cadet de Vaux.

A entendre l'auteur de cette taille, il fallait jeter la serpette à la ferraille comme étant un instrument meurtrier;
il suffisait, a-t-il dit, de courber les branches en demi-
cercle, soit concentriquement ou excentriquement, pour
avoir une très-grande quantité de fruit, ce qui est vrai.
Mais, si vous persistez dans ce système plus que le temps
nécessaire pour préparer les arbres à en donner, ce qui a
lieu à la deuxième ou troisième année, si, à cette époque,
vous négligez de proportionner les boutons à la vigueur de
ces arbres, bientôt vous les voyez dépérir et mourir même,
lorsqu'ils sont placés sur un sol qui n'est pas précisément
propre à leur nature ; et, pour avoir négligé de vous être
servi adroitement d'une serpette, vous êtes obligé d'employer la scie et la serpe pour faire la réforme des branches mortes ou mourantes. J'ai connu quelques personnes
qui ont voulu adopter ce système, et qui n'ont pas été longtemps à revenir de leur erreur. Cependant on peut admettre
quelques-unes de ces opérations pour des faits que j'ai signalés en finissant la description du mode de taille en pyramide sur poirier.

### § IV. De la taille en cépée.

C'est plus particulièrement pour les groseilliers que cette
forme est usitée; mais sa formation n'est pas indifférente.
Cette cépée est formée par l'ensemble des mères branches,
que l'on multiplie au fur et à mesure que la souche prend

davantage de force. On voit, par ce simple exposé, que nous ne pouvons pas en fixer le nombre; néanmoins on peut conclure que, lors de la création de la cépée, on ne peut en établir que de trois à quatre; et, pour celle qui sera la plus avancée en âge et arrivée à son plus grand développement, il est rare que l'on soit obligé d'en établir plus d'une douzaine : ces branches sont formées avec les rameaux les plus vigoureux qui se développent sur la souche. Pour cet effet, la première taille se fera environ une année après la plantation et toujours avant l'ascension de la séve ; à cette époque, on coupera rez terre la première tige, ce qui donnera les rameaux dont nous venons de parler plus haut. A la deuxième taille, ces rameaux devront être espacés entre eux de manière que les bourgeons et les fruits qui doivent y croître puissent jouir de tous les fluides aériformes; cette considération prise, on retranchera complétement tous les autres susceptibles de former de la confusion, et on réformera l'extrémité des plus faibles réservés pour la formation de la cépée; les plus forts, destinés au même usage, seront taillés à des hauteurs telles que tous, par leur ensemble, puissent avoir une forme arrondie : ainsi se terminent les opérations de la seconde taille. La troisième a pour but de maintenir cette charpente, en cherchant à donner aux branches qui la composent une plus grande extension. Pour cet effet, on choisira sur elles des rameaux propres à les prolonger, et qui seront taillés dans des proportions telles que, par leur ensemble, ils puissent élever la cépée d'un tiers, ce qui est le maximum; car il arrive des années sèches ou une foule d'autres accidents qui ne permettent même pas d'augmenter cette cépée tant en hauteur qu'en nombre de branches.

Nous quittons ces suppositions pour continuer les travaux

de la troisième taille : nous arrivons aux rameaux latéraux des branches charpentières ; tous ceux qui auront plus de 14 centimètres (5 pouces) devront être retranchés à 3 ou 6 centimètres (1 ou 2 pouces) de leur insertion, sans avoir égard à la coupe par rapport à la disposition de l'œil terminal ; autrement ce serait perdre un temps trop long en disproportion avec la valeur de ces arbrisseaux. Cela fait, on s'occupera des rameaux qui se seraient accrus sur la souche, et, s'ils ont pris de l'extension, il faudra profiter de quelques-uns des plus forts, qui seront avantageusement placés pour augmenter le nombre des branches charpentières, ou pour remplacer celles qui auraient mauvaise grâce ou qui seraient affaiblies. L'opération de ces rameaux rentre dans ce que j'ai dit, en parlant de l'ensemble de la cépée : tous les autres rameaux provenant de la souche doivent être réformés aussi près qu'il est possible. Pour cet effet, on se sert quelquefois d'un ciseau ou fermoir de menuiserie, armé d'un long manche terminé par une béquille. Les détails dans lesquels je viens d'entrer tiennent lieu de tout ce que je pourrais dire sur les tailles qui doivent se succéder. Il arrive une époque plus ou moins éloignée, selon la nature des terres, où toutes les branches charpentières deviennent mousseuses ou fatiguées par l'âge, où des récoltes abondantes ne donnent plus que des rameaux de la plus petite dimension : dans cet état, il ne faut pas hésiter à en faire la réforme aussi près de terre que possible, pour être remplacées presque aussitôt par un certain nombre de forts rameaux ; c'est ainsi que l'on raeunira constamment les deux séries de groseilliers. Il est un autre procédé de tailler ces arbrisseaux, dont je me suis toujours bien trouvé toutes les fois qu'il a été question de les cultiver sur des plates-bandes et dans l'intervalle

d'autres arbres fruitiers de plus grande dimension, comme
cela se rencontre dans les jardins; ce procédé consiste à
les élever sur une tige de 16 à 25 centimètres (6 à 9 pouces) seulement, afin d'éviter leur courbure : pour obtenir
cette tige, il faut bouturer avec des rameaux de 44 à 55 centimètres (16 à 20 pouces), et, pour éviter le développement continuel des bourgeons le long de cette tige et sur
le collet des racines, il faut, avant la plantation, éborgner
avec soin tous les yeux qui se trouveront dans les trois
quarts de la bouture, en ne conservant que ceux qui seront
les plus rapprochés du terminal, avec l'ensemble duquel
on formera la charpente. Le reste des opérations rentre, à
quelques exceptions près, dans celles que j'ai déjà développées ; la taille des groseilliers épineux se rapproche de celle
dont il vient d'être parlé (1).

### § V. Taille des framboisiers.

Cette taille est très-simple : il suffit de retrancher rez
terre toutes les branches qui ont donné des fruits , de réformer également les petits rameaux contrefaits et mal venants; les autres vigoureux, sans avoir égard au nombre ,
doivent être retranchés à peu près à la moitié de leur longueur; le tout devra être fait avant qu'aucune végétation
se soit fait remarquer : tous les bourgeons qui se dévelop-

(1) Un procédé, que je n'ai vu nulle part, consiste à greffer ceux-ci sur
l'espèce non épineuse, lorsqu'ils ont été bouturés, pour former des groseilliers à tige. Cette greffe faite en écusson, en juin de la même année,
donne, l'année d'après, de jolies petites têtes propres à donner abondamment des fruits : tels étaient les sujets que je possédais à l'instant
où j'écrivais la cinquième édition de cet ouvrage, que je n'ai pu suivre
depuis cette époque.

peront à l'écart des cépées devront être arrachés avec soin; lorsque l'on possède un certain nombre de pieds de cette plante et que l'on désire retarder la récolte de quelques-uns, on retranchera rez sol tous les rameaux, et, lorsqu'au printemps les bourgeons sortiront de ces souches, ils auront la hauteur de 30 à 40 centimètres : on en réformera la moitié en désignant les plus faibles; et, lorsque les autres auront 60 à 80 centimètres de hauteur, on les écourtera en pinçant leur extrémité, ce qui leur fera développer des ramifications, qui donneront des fruits tardifs et de bonne qualité ; et, si l'on peut planter ces arbrisseaux dans des fosses que l'on remplira graduellement chaque année, leurs produits en seront infiniment plus beaux et plus abondants que par le mode de plantation usité.

### § VI. Taille des figuiers.

Cet arbre n'exige que le nettoyage de ses bois morts, puis l'éborgnage de l'œil terminal des rameaux qui auront plus de 16 centimètres (6 pouces) de long : cette opération, qui devra se faire immédiatement après les avoir découverts, a pour but de faire bifurquer les branches et nouer les fruits, qui, sans ce moyen, sont sujets à couler ou avorter.

# TROISIEME PARTIE.

## DE QUELQUES INSECTES ET MALADIES

### QUI AFFECTENT LES ARBRES FRUITIERS, AVEC LES MOYENS DE LES EN GARANTIR.

#### § I. Du kermès.

9.

Le kermès est connu de tous les cultivateurs sous la dénomination de punaise ; il a aussi été décrit par quelques
auteurs sous le nom de gallinsecte : on sait combien il est
nuisible à la culture du pêcher et de la vigne en espalier.
Il m'a paru essentiel de signaler cet insecte sous divers
caractères qui lui sont naturels, par rapport aux différents âges où il est utile de le faire reconnaître ; l'époque du printemps m'a paru être le moment le plus favorable à cet examen : c'est alors que les plus anciens se
font remarquer par leur forme, qui est quelquefois demi-
sphérique, mais plus souvent oblongue, et leur fixité sur
le vieux bois, du côté opposé à la lumière ; lorsqu'ils en
sont détachés, ils ressemblent assez à de petites coquilles,
dont les plus grandes offrent une largeur de 6 à 7 milli-

mètres de long sur 5 de large. Lors de cet examen, on remarque que ceux-ci sont complétement morts : il n'en est pas de même de leurs petits, éclos par milliers pendant l'été qui a précédé cette époque, et placés sur du bois plus jeune, *les rameaux surtout,* où ils sont presque imperceptibles par rapport à leur petitesse et à leur couleur, qui se rapproche de celle de l'écorce; mais, vus de près, ils ont tous les caractères du squelette de leur mère, et n'attendent que la fin de mai ou la première quinzaine de juin pour en prendre promptement tout le volume. Après cette époque, ces insectes se remplissent de plus de 1,500 œufs de couleur rousse, de la grosseur de petits grains de sablon : dans quelques-uns de ces animalcules, les œufs sont entrelacés d'un réseau blanc soyeux qui soulève la mère, en dépassant son volume de beaucoup; ce caractère donnerait à penser que c'est une espèce distincte de l'autre, qui en est complétement privée. L'époque de l'éclosion des petits varie selon les temps, les expositions et la nature des arbres qui en sont infectés; néanmoins on peut regarder la fin de juin comme étant le terme moyen. A cette époque, ces insectes se font remarquer sous une forme aplatie un peu oblongue, d'un jaune pâle, et par une extrême petitesse; ils sont munis de six pattes presque imperceptibles; dans cet état, ils quittent leur mère, qui est mourante, et viennent se fixer sous les feuilles, où ils restent tout l'été et une partie de l'automne; lors des premiers froids, ils viennent se placer sur les rameaux et sur du bois plus vieux, où ils se tiennent immobiles pendant tout le reste de leur existence, qui doit se terminer comme celle de leur mère. Dans tout état de choses, ils forment une espèce de crasse noire qui s'attache à toutes les parties de l'arbre aux divers corps qui les avoisinent. La destruction de ces insectes s'opère de diverses manières; la plus simple, que je n'ai vue employée nulle part et que je n'ai mise en pratique qu'à la fin de septem-- bre 1842, consiste à forcer la chute des feuilles infectées , avant que ces insectes ne les aient abandonnées pour se fixer sur les rameaux ainsi que je l'ai déjà dit : pour faire cette opération sans altérer davantage la vigueur de ces arbres, on surveillera attentivement l'approche des premières gelées; à cette époque , on touchera les feuilles en masse, de bas en haut; et, si environ un quart se détache sans effort, on pourra, sans danger, les enlever toutes ; on les placera dans une corbeille pour être transportées à l'écart et brûlées sans délai : la même opération pourra se pratiquer pour la vigne, qui est très-sujette à être infectée de ces insectes.

Si cette opération est faite avec le soin que je recommande, on ne trouvera aucun de ces animalcules sur les branches et sur les rameaux, et si au contraire elle a été différée trop longtemps et que déjà on en trouve quelques-uns attachés sur les écorces, on fera la taille de ces arbres dans le courant du mois de février , et on profitera d'un moment où leurs branches ne contiendront plus d'humidité extérieure pour les chauler ( lait de chaux) complétement. (Voyez composition propre à la destruction du kermès.) Un auteur qui s'est souvent compromis dans ses dissertations dit que le mois de mai est le moment le plus favorable à la destruction de cet insecte , au moyen d'une brosse dure que l'on fait mouvoir, de bas en haut, sur les parties qui en sont infectées. Ce moyen est peu praticable, par rapport aux jeunes fruits , aux bourgeons et aux feuilles ; si, cependant, celui que j'ai indiqué plus haut avait été négligé , il faudrait simplifier ce dernier en se servant des doigts, toujours moins scabreux que les brosses les mieux organisées pour ce travail. A cette époque, la présence de ces insectes est presque toujours dévoilée par les fourmis qui circulent autour d'eux pour s'emparer des parties sucrées qu'ils sécrètent en assez grande abondance pendant leur accroissement presque subit : les arbres plantés à des expositions où les pluies frappent difficilement en sont plus particulièrement affectés ; les années sèches et chaudes sont également favorables aux progrès de ces insectes. Donc, les pluies qui surviennent dans notre pays pendant le mois de juin , étant souvent abondantes , font quelquefois diminuer le nombre de ces insectes ou l'amoindrissent beaucoup; car c'est l'époque où ils sortent de dessous leurs mères. Ne trouvant alors que de l'humidité , ils ne peuvent s'attacher aux jeunes écorces , ce qui les fait périr en peu de jours. On peut , dans les années sèches, suppléer aux pluies de cette époque par des arrosements, faits le soir, sur les feuilles de ces arbres.

### § II. Du tigre (*acarus*) et de ses variétés.

Le tigre est connu des cultivateurs sous trois formes différentes, de couleur grise; le plus grand est allongé, assez pointu par une de ses extrémités, placé longitudinalement sur les branches et fortement adhérent à l'écorce; vu dans cette position, il a un peu l'aspect d'une petite graine de reine-marguerite, et, lorsqu'il est examiné en sens opposé, il a un peu la forme d'une petite nacelle : les uns sont vides ou paraissent à peu près tels ; les autres, plus remplis, sont sans doute vivants, car, par la pression, ils laissent échapper une petite portion de matière glaireuse, dont la couleur se confond avec celle de l'animal.

Cet insecte, comme les deux autres variétés dont il va être parlé, occasionne de très-grands préjudices aux arbres qui en sont infestés, en ce qu'il suce et dessèche une partie de l'écorce, ce qui les met dans l'impossibilité de s'élargir aux divers mouvements de la séve.

### De la seconde espèce de tigre.

Cette espèce est de même couleur que la précédente, de forme un peu variée, en ce que les uns sont légèrement oblongs, les autres ronds et presque imperceptibles à l'œil nu, très-aplatis sur l'écorce et fort adhérents : lorsqu'ils en sont détachés et vus en masse, on croirait voir un amas de menu son mêlé de poussière; mais, vus séparément, ils ressemblent à de petits coquillages. Il en est qui sont un peu transparents; ce sont, sans doute, les morts : les autres, plus rembrunis, recèlent un petit corps globuleux très-fragile, de couleur jaune, transparente, presque invisible aux yeux fatigués; lorsqu'il est pressé avec la pointe de la serpette ou autre corps dur, il laisse échapper une substance de même couleur. Les pêchers ne sont pas exempts de cet insecte; les poiriers et les pommiers surtout, placés sur des terres brûlantes et à des expositions chaudes et peu aérées, en sont plus souvent affectés : c'est pour cette cause que les poiriers plantés dans une bonne terre, à l'exposition du midi et au levant, y sont très-sujets. Pendant le cours du mois de juillet ou au commencement d'août, ces insectes donnent naissance à des myriades de petites mouches à ailes rondes, de couleur grise et comme couvertes de poussière. Ces dernières s'attachent de préférence en dessous des feuilles et en rongent le parenchyme, ce qui les fait dessécher en peu de jours. Par suite de ce butinage, ces feuilles se trouvent enduites d'une liqueur brune, gommeuse et sucrée, semblable à du caramel : je ne sais si elle est le produit d'une sécrétion accidentelle causée par la présence de ces insectes ou un dépôt de leurs déjections. Lorsque ceux-ci ont acquis tout leur développement, *ce qui a lieu en peu de jours*, on les voit voler en masse dans le voisinage des branches, sur lesquelles ils viennent déposer leur larve, qui m'a paru n'avoir besoin que de trente à quarante jours pour prendre la forme indiquée plus haut ; mais on peut éviter ce dépôt, et détruire radicalement ces petites mouches lors de leur apparition, en les asphyxiant par les moyens indiqués pour la destruction du puceron vert, et après les avoir précipitées sur le sol au moyen de l'arrosement indiqué et en leur jetant un peu de terre légère ou autre corps en poudre, afin qu'aucune ne puisse se relever de cette position.

### De la troisième espèce de tigre.

Cette troisième espèce n'est, pour ainsi dire, pas visible à l'œil, en ce qu'elle semble faire corps avec les écorces du vieux bois, sur lesquelles elle est fortement fixée ; cependant elle s'y fait remarquer par les petites cavités irrégulières que sa présence y occasionne : on la rencontre également sur des parties plus régulières, comme y étant fixée depuis moins de temps ; mais alors il faut encore la regarder de plus près, en ce que sur ces divers points on peut la prendre pour de la poussière agglomérée ou des points de l'écorce ; ce n'est qu'en grattant ces parties avec force que l'on y découvre de petites plaques blanches au milieu desquelles on remarque de petits points d'un carmin assez vif. Ces insectes sont quelquefois tellement multipliés et entassés, qu'il est difficile de les reconnaître séparément. Si l'on enlève légèrement l'épiderme des parties infestées, on y trouve l'écorce altérée à l'état de meurtrissures, ce qui l'empêche de se dilater; celle qui est restée intacte semble prendre plus de volume que si le tout était resté à son état normal : ces deux contrastes occasionnent les petites irrégularités que j'ai signalées plus haut. Je n'ai aucune connaissance des moyens que la nature emploie pour la reproduction de cette troisième variété, que l'on trouve plus particulièrement sur les pêchers et les poiriers; la larve de cette dernière espèce de tigre, dont je n'ai pu jusqu'à ce jour reconnaître l'animal à son état normal, semble être moins connue que les deux précédentes, à cause des cavités et des crevasses qu'elle occasionne aux écorces. Elle semble être plus difficile à détruire au moyen du chaulage (lait de chaux) indiqué pour le kermès; mais les huiles les plus communes, employées avant le premier mouvement de la séve, la détruisent radicalement sans nuire aux arbres sur lesquels on en fait l'application. Les terres et les expositions que j'ai signalées comme étant les plus propres à la propagation de cet insecte sont tout à fait identiques avec ce que j'ai annoncé en parlant des autres espèces.

### § III. Du puceron vert, de sa variété de couleur brune, et du moyen de les détruire.

Ces deux variétés de pucerons sont généralement trop connues pour exiger une description; on sait également qu'elles sont très-nuisibles à la culture du pêcher : on les détruit au moyen de la fumée de tabac ; mais il faut en faire l'application d'une manière plus exacte qu'on ne le fait journellement. Le moyen que j'ai toujours employé avec beaucoup de succès consiste à avoir un tissu de calicot ou autre, d'une assez grande étendue pour couvrir l'arbre sur lequel on veut opérer : avant l'étendage de cette pièce, on aura la précaution de la mouiller, afin qu'elle offre moins de passage à l'air, et, si l'on avait à craindre que sa pesanteur rompît quelques bourgeons, on interposerait quelques faibles perches, qui auraient pour but de tenir l'appareil un peu écarté; après quoi, on fait en sorte d'en rapprocher les extrémités aussi près du mur que possible, afin d'empêcher la sortie de la fumée qui sera introduite sous l'appareil à l'aide du soufflet fumigatoire connu pour l'usage des serres ; à son défaut, on se servira d'un tout petit fourneau garni d'une petite quantité de charbon en pleine combustion; après l'avoir introduit sous la toile, on jettera la quantité de tabac nécessaire pour entretenir la fumée trois à quatre minutes; après quoi, on retirera l'appareil; puis un arrosement fait avec la pompe à main ou autre débarrassera les arbres comme par enchantement. J'ai vu être obligé de répéter cette opération quinze à vingt jours après ; mais il est rare que l'on soit obligé d'opérer une troisième fois pendant le cours de la végétation. Les sécheresses printanières sont très-propres à la propagation de ces insectes ; c'est pourquoi des arrosements faits, le soir, sur les feuilles, au moyen de la pompe à main, produiront d'excellents effets, toutes les fois que l'on n'aura pas à craindre de gelées blanches le lendemain. On peut aussi détruire la larve de ces variétés de pucerons, pendant l'hiver, au moyen de l'amalgame employé pour le kermès, etc. : la difficulté est de la reconnaître, en ce qu'elle est d'une extrême petitesse ; sa forme est presque ronde, de couleur noir luisant : lorsque l'on y porte la pointe de la serpette ou un autre corps dur pour l'écraser, elle offre une espèce de résistance assez semblable à celle d'un grain de sablon ; froissée avec la main, elle exhale une odeur extrêmement fétide, et sa décomposition y dépose une couleur jaune qui reste fixée à la peau pour quelques jours. Cette larve se trouve généralement à la naissance et à l'extrémité des rameaux ; dès lors on peut juger de la difficulté de l'extraire des arbres ; mais, comme elle est presque toujours accompagnée de quelques autres, en faisant l'application qui vient d'être prescrite, on détruit le tout ensemble, toutes les fois qu'aucune partie réservée par la taille n'en sera exceptée.

Il est un autre hémiptère qui a reçu le nom de *puceron lanigère*, sans doute à cause d'une espèce de duvet qui recouvre les parties de son corps les plus exposées au contact de la lumière ; il pourrait se faire que ce duvet, quoique plus court en hiver, fût propre à le garantir des plus grands froids ; du reste, je l'ai vu résister à la température de 10 degrés, sans être obligé de se réfugier en terre, comme quelques naturalistes l'ont annoncé. Cet insecte a été figuré dans le second volume des *Transactions de la Société d'horticulture de Londres*, page 52 : si on en croit quelques relations de ce pays, il y aurait été introduit par des marchandises américaines avec lesquelles il aurait été transporté ; on ne peut en préciser l'époque , mais, selon Mosley, il n'y est connu que depuis 1787, et, s'il faut en croire la Société d'agriculture de Dinan, ce serait en 1812 où il aurait commencé à se faire remarquer dans l'ouest de la France. Aujourd'hui il se trouve répandu sur beaucoup d'autres points de ce même pays. On le reconnaît facilement à l'aspect de son duvet blanc , qui semble être fabriqué en commun , et forme des cordons soyeux en dessous des branches et des rameaux sur lesquels ces insectes sont plus généralement agglomérés. Depuis une douzaine d'années et plus , on a fait de nombreuses recherches pour reconnaître sa larve et savoir comme il se reproduit ; on n'a rien trouvé de positif ; on n'est guère plus avancé sur les moyens de les détruire ; j'ai moi-même tenté divers procédés sans avoir eu de résultats satisfaisants : le premier fut les injections faites avec un lait de chaux saturé avec de la lessive ; le second a été de faire des fumigations avec diverses substances caustiques et corrosives, soit séparées, soit mêlées ; puis le troisième fut de profiter de l'absence des feuilles pour flamboyer toutes les parties infestées, soit avec de la paille , soit avec de la corde goudronnée et saupoudrée de fleur de soufre, et enfin, l'emploi de l'essence de térébenthine et de toutes les substances huileuses. Ces dernières , quoique très-propres à faire périr ces insectes à l'instant où ils en sont atteints , n'en sont pas, pour cela, plus efficaces, en ce qu'il est très-difficile de joindre toutes les parties infestées ; et, comme ce travail doit se faire avant l'ascension de la séve, ceux qui en échappent se multiplient, au printemps, dans des proportions telles , qu'à la fin de l'été cette opération est rendue inutile.

On a récemment attribué aux fèves de marais la propriété de détruire ces insectes en semant cette plante légumineuse dans le voisinage des pommiers infestés de ces animalcules, lesquels viennent, dit-on, vivre de préférence sur ces plantes et en délivrent les arbres. Ce fait me parut douteux, ainsi qu'à M. le professeur de culture ; c'est alors que j'ai fait les expériences ci-après : pendant le cours de mars 1841, j'ai semé des fèves dans diverses localités du jardin des plantes, dans lequel les pommiers sont infestés de ces insectes ; les résultats de cette expérience permettent de réfuter l'assertion ci-dessus annoncée : du reste, un mauvais publiciste, présent à ces expériences, a été de notre avis dans un article envoyé, après cette époque, à diverses feuilles périodiques, dont les rédacteurs ont cru utile d'en faire l'insertion sous la garantie du nom de cet homme plagiaire, sans pudeur, accoutumé à déguiser son larcin sous un accoutrement étranger, en citant des faits qui sont souvent dénués de fondement ; on peut en juger par cette note *honteuse*, écrite dans la *Revue horticole* de M. Audot, juin 1841 : *Quant à nous, nous savons, par nos propres expériences, que, si l'on veut empoisonner une pépinière de pucerons lanigères, c'est d'y semer des fèves.* Ce qui est complétement faux ; leur auteur n'a rien expérimenté qui se rattache à ce fait. Du reste, le puceron lanigère, presque particulier au pommier, comme on va le voir, n'a rien de commun avec celui que l'on rencontre quelquefois sur les fèves ; ce dernier n'a pu jusqu'à ce jour, et ne pourra dans aucun temps, engendrer le lanigère ni aider sa propagation.

Cet insecte affecte plus particulièrement le pommier, pour lequel il est souvent mortel, par les lacérations et les tumeurs qu'il occasionne sur un assez grand nombre de surfaces : on le rencontre quelquefois sur le poirier et diverses espèces d'épines, aliziers, sorbiers ; mais je n'ai pas remarqué qu'il y fît des dommages sensibles , en ce qu'il me parut n'y séjourner que pendant la montée de la séve ; du reste, je n'y ai jamais vu les exostoses dont il vient d'être parlé.

### § IV. Composition propre à la destruction du kermès, des diverses variétés de tigres et de la larve du puceron vert.

Prenez 4 litres d'eau ou de lessive , ce qui vaut mieux, dans lesquels vous ferez dissoudre un demi-kilogramme de savon vert ou noir ; on y jettera la quantité de chaux vive nécessaire à faire une bouillie claire, semblable à celle dont se servent les badigeonneurs : ce mélange sera employé immédiatement, par un temps sec, à l'aide d'une brosse ou d'un pinceau avec lequel on parcourra toutes les parties infestées, afin de les enduire complétement. Les huiles de poisson et de lin remplissent le même but, mais la dépense en est plus élevée, et l'application se fait avec moins de précision, en ce que la couleur de ce fluide est peu remarquable sur les parties où l'on en fait l'application ; le premier mode doit donc être préféré. Ce travail doit être fait avant les premières traces de la végétation printanière; autrement l'on courrait les risques de fatiguer les yeux et les boutons qui en seraient atteints : on peut aussi employer ce mélange pour blanchir les fortes branches et les tiges des gros arbres que l'on aurait récemment soumis à la plantation et dont on redouterait la brûlure des écorces. Le même expédient peut être aussi pratiqué sur de plus gros arbres pour en détruire les insectes qui se réfugient dans les fissures des écorces, puis les mousses qui en couvrent la masse et donnent à ces arbres un aspect hideux (1). Quant à cette opération, nécessaire sur les grosses branches du pêcher et de l'abricotier, on devra préférer le blanc de céruse, auquel on mêlera la quantité d'huile nécessaire pour en former une bouillie un peu compacte, laquelle offre plus de solidité, afin d'éloigner plus sûrement l'humidité et l'action de la gelée sur ces parties. Le blanc d'Espagne, mis en dissolution avec du lait, est propre aux mêmes usages. Ces divers travaux sont généralement trop négligés, en ce que la mort, occasionnée par les causes qui viennent d'être signalées, n'arrive que graduellement et d'une manière presque insensible; espérons qu'à l'avenir on saura mieux apprécier ces opérations et que l'on ne verra plus autant d'arbres malingres, et dont quelques cultivateurs se doutent à peine de ce qui en est la cause.

### § V. Emplâtres résineux.

Les substances résineuses mêlées sont très-utiles pour cicatriser toute espèce de plaie et assurer la reprise des greffes en fente et autres. Les emplâtres se composent comme il suit : à 500 grammes de *poix de Bourgogne*, *poix blanche*, *poix grasse* on ajoute 125 grammes de poix noire ou brai, avec égale quantité de poix de résine et autant de cire ordinaire; toutes ces matières doivent être fondues ensemble pour en faire un mélange assez compacte, en forme de mastic très-maniable.

Toutes les fois qu'on voudra s'en servir, il faudra le li-

(1) La chaux seule, fraîchement éteinte, est suffisante pour détruire cette plante parasite.

quéfier. Quelques personnes remplacent la cire par le suif de mouton; mais j'ai reconnu qu'il était dangereux pour les arbres délicats ; il altère les vaisseaux à séve, où il pénètre promptement. On se sert, avec beaucoup plus d'avantage, de la poix de Bourgogne, dans laquelle on ajoute un dixième de térébenthine et égale quantité de cire ; le tout, fondu à un feu doux, forme un corps maniable qui donne la facilité d'en faire l'application sur les plaies et sur les greffes, sans autre chaleur que celle des mains : quelques personnes ajoutent à ce mélange divers corps en poudre qui n'ont d'autre avantage que de varier la couleur de cette composition.

### § VI. Moyen de détruire les fourmis.

Les fourmis accompagnent presque toujours les insectes dont nous venons de parler, soit pour s'emparer de leurs excréments, ou butiner leurs sécrétions ou celles qu'ils occasionnent aux bourgeons et aux branches sur lesquels ils sont fixés. Avant l'apparition ou après la destruction de ceux-ci, les fourmis se trouvent errantes et un peu au dépourvu ; dès lors on devra profiter de cette circonstance pour préparer leur perte, en plaçant, à quelque distance du pied de chaque arbre, un petit tas de fumier à demi consumé, légèrement humide, sur lequel on dépose quelques fruits secs, ou, mieux, un petit morceau de sucre; puis on recouvre le tout au moyen d'un pot à fleurs : ces insectes ne tardent pas à venir s'amonceler sous le vase ; dès lors il est facile de les détruire, à l'aide d'une poignée de paille ou autre corps mis en combustion, avec lequel on les flamboie. L'eau bouillante remplit le même but.

J'ai vu, dans un journal assez en crédit, un moyen in-

diqué comme étant des plus faciles d'éloigner ces insectes :
*il consiste à enduire d'huile de poisson quelque faible par-*
*tie d'un arbre infesté, ce qui les en chasse en quelques heu-*
*res ; il en est de même pour un appartement, dans lequel*
*il suffit de déposer de cette substance tenue dans un vase*
*découvert.* Cette assertion est fausse. A cette occasion, je
citerai un fait. Au mois de mars 1836, quelques morceaux
de sucre se trouvaient par hasard dans un vase déposé
dans une petite chaumière placée au milieu de notre école
des arbres fruitiers, lorsqu'un jour je trouve ce vase en-
vahi par ces insectes ; bientôt j'eus recours à la substance
annoncée, avec laquelle j'enduisis le vase, et une feuille
de papier placée dessous ; les fourmis ne cessèrent de venir butiner le sucre. Mais, voulant donner suite au moyen
que j'indique, je plaçai mon appareil vis-à-vis une des
faces extérieures, la plus chaude de cette petite hutte ; je
retirai le sucre qui était dans son intérieur : vingt-quatre
heures après, les fourmis étaient en pleine possession du
local favorable que je leur avais préparé.

J'ai aussi vu un ouvrage assez bien écrit, publié, en
1830, par M. Bengy de Puyvallée, dans lequel il donne,
comme un excellent moyen de détruire ces insectes, le
procédé suivant : *Lorsqu'on est assez heureux de trouver*
*leurs fourmilières, on prend un gros bâton pointu que*
*l'on enfonce au milieu, et en agitant ce bâton dans le trou*
*on en détruit une bonne quantité.* Cette assertion n'est vraiment propre qu'à donner du ridicule à l'auteur, en ce que
ce procédé est insuffisant, et qu'il n'y a que les enfants qui
le mettent quelquefois à exécution. S'il faut en croire un
article du *Journal d'agronomie pratique,* août 1830, on
chasserait sur-le-champ et pour plusieurs années les fourmis et autres insectes qui tourmentent les arbres fruitiers

au moyen du poireau grossièrement haché et mis en ma-
cération dans un vase fermé, pour en obtenir un liquide
très-fétide, avec lequel on asperge ces arbres : si ce procédé
que je n'ai pas mis en pratique est vrai, il serait un trésor
pour l'arboriculture.

### § VII. Maladie de la cloque et moyens d'en préserver les arbres.

A entendre quelques auteurs, la cloque serait transmise
par la greffe sur d'autres individus; cette assertion est réfutée par des cultivateurs qui, après avoir vu leurs pêchers
affectés de cette maladie pendant un assez grand nombre
d'années, les ont successivement garantis par le soin des
abris. Cette maladie, qui affecte l'extrémité des jeunes bourgeons et leurs feuilles naissantes non développées, existe
souvent dix ou vingt jours et plus, avant qu'elle ne soit visible à l'œil nu; cependant avec un peu d'attention on la
reconnaît, notamment sur les feuilles, sous l'aspect d'une
teinte rouge purpurine : de nouvelles observations m'ont
fait connaître qu'un seul jour de froid humide suffit pour
faire apparaître cette teinte rouge, et que plus les temps
froids se continuent, plus elle se multiplie; dès lors cette
maladie devient grave et quelquefois générale en ce que
cette couleur rouge bien prononcée est la cloque elle-même,
n'attendant plus que quelques jours de beau temps pour se
faire reconnaître sous cette forme crispée et boursouflée
qui donne suite à de petites pochettes dont les unes sont
disposées à recevoir des gouttelettes d'eau, et les autres
très-favorables à la propagation des pucerons et autres hé-
miptères; tous ces inconvénients, auxquels il faut encore
ajouter celui d'un emploi de séve perdue pour les bour-

geons utiles, doivent suffire pour faire disparaître cette maladie aussitôt sa première apparition et ne pas attendre qu'elle soit sur le point de tomber comme on le pratique trop souvent. Dans le premier cas, cette opération se fait avec les ongles, avec lesquels on retranche les jeunes feuilles qui sont atteintes de la couleur rouge dont nous avons parlé plus haut; mais si, par négligence ou défaut de temps, on vient à opérer lorsque la maladie s'est accrue et que les feuilles sont devenues grandes, on les fera couler légèrement entre les doigts, pour en extraire les parties affectées; il en sera de même pour celles que les pucerons font recoquiller, en prenant la précaution de froisser ces dérnières dans les mains, afin d'aider à la destruction de ces insectes et à celle des fourmis qui les accompagnent, et dont le nombre de chacun augmente d'autant plus que cette réforme sera négligée : quant aux bourgeons atteints de cette maladie, on en fera l'extraction à la manière du pincement; cette opération, faite de bonne heure, déterminera le développement des yeux placés à la base, qui, sans cette mesure, seraient promptement affectés de cette maladie, qui causerait la perte entière de ces bourgeons, ce qui occasionnerait souvent des vides difficiles à réparer. Cette maladie, que j'ai toujours attribuée à des changements de température trop subits, accompagnés de pluie et de coups de vent froids, est la cause pour laquelle je conseille les abris, comme étant le seul moyen qui ait réussi jusqu'à ce jour : les auvents et les toiles doivent être préférés et placés comme pour la garantie des fleurs. Quant à des affections de ce genre que l'on rencontre sur quelques arbres plutôt que sur tels autres à la même exposition, je les attribue à une végétation plus ou moins active, à laquelle il faut ajouter les circonstances atmosphériques que je viens de signaler, et qui agissent ici comme les gelées printanières.

### § VIII. Maladie du pêcher sous le nom de *grise*.

Cette maladie n'est rien moins que la présence d'un insecte imperceptible à l'œil nu ; elle a été décrite par Linné sous le nom de *tetranychus telarius*, et par Latreille sous celui de *gamasus telarius*.

Ces insectes vivent sur des plantes économiques et d'agrément ; ils semblent préférer, dans le premier groupe, les melons et les haricots ; dans les plantes d'agrément, on peut mettre en première ligne les dahlias et les rosiers ; beaucoup de grands arbres en sont aussi quelquefois très-incommodés : le tilleul ordinaire, *tilia silvestris*, semble être un des premiers qui en soit atteint, et sur lequel ils se multiplient davantage. Dans les arbres fruitiers, le pêcher paraît être celui pour lequel ces insectes ont des préférences, et sur lequel ils font quelquefois des ravages considérables en rongeant le parenchyme de leurs feuilles, ce qui les fait tomber spontanément après leur avoir fait prendre un aspect poudreux, puis parsemé de petits filaments semblables à des fils d'araignée, ce qui leur a valu ce nom de *grise*. C'est particulièrement pendant les temps de sécheresse que cet insecte se multiplie davantage, à tel point que, par suite de celle de 1840, la moitié des pêchers de Montreuil perdirent la presque totalité de leurs feuilles, lesquelles ont considérablement contribué à la diminution de la récolte de cet arbre, en ce que le peu de fruits qui résistèrent à ce fléau ont été petits et de bien mauvaise qualité : et les yeux propres au développement des boutons ont été mal constitués et peu favorables au produit des fleurs de l'année qui a suivi ce grave accident. J'ai vu, dans le même temps, des pêchers de plusieurs localités des environs de Paris subir le même sort que ceux de Montreuil; j'ai également remarqué que ceux qui avaient pour voisins un peu nombreux les végétaux que j'ai cités plus haut étaient atteints de ces insectes d'une manière remarquable comparativement à ceux qui en étaient éloignés. Mes propres expériences m'ont prouvé que le seul moyen de garantir les pêchers de ces insectes consiste dans les arrosements faits, le soir, à l'aide de la pompe à main, pour en étendre les eaux avec force sur les feuilles déjà atteintes, et sur les autres pour les en préserver par la douce fraîcheur des rosées qu'ils y attirent pendant la nuit, lesquelles sont redoutables à ces insectes et à beaucoup d'autres.

### § IX. Maladie du blanc ou meunier (*uredo*).

Cette maladie se fait remarquer sous l'aspect d'une couleur blanche, farineuse, adhérente sur les diverses productions de l'année, sur lesquelles elle forme des petits accidents assez en rapport aux dartres qui affectent la peau de l'homme, ce qui lui a fait donner le surnom de *lèpre du pécher*. Elle n'est assurément pas connue, et quelques personnes croient qu'elle tire son origine des suites d'une surabondance de séve causée par l'influence de l'atmosphère ou par des suppressions faites sur les arbres de différents genres. Cependant j'ai vu cette maladie régner sur des pêchers très-modérés dans leur séve et sur lesquels on n'avait fait aucune opération, à la taille d'hiver, autre que celles du printemps ou de l'été : j'ai vu cette maladie exercer ses ravages sur de jeunes amandiers, les uns faibles et d'autres très-vigoureux, sur lesquels on n'avait pratiqué aucune suppression ; ces arbres se trouvaient placés dans l'intervalle des pêchers affectés de cette maladie contagieuse. Tous les moyens de destruction que j'ai employés jusqu'à ce jour m'ont été infructueux. Quelques auteurs conseillent de mouiller souvent les feuilles au moyen de la pompe à main ; ce procédé ne m'a rien donné de bien satisfaisant. Malgré mes soins assidus de couper les parties affectées et de les jeter à l'écart, je n'ai obtenu aucun succès ; le chaulage (ou enduit de lait de chaux) même, fait pendant la saison d'hiver, est resté sans résultat certain : j'ai aussi pratiqué diverses injections caustiques qui ont également échoué. Cependant il ne faut désespérer de rien. Cette année (1850), j'ai mis en pratique avec succès, pour la guérison de cette maladie, un moyen trouvé par M. Grison, jardinier en chef des serres chaudes du potager de Versailles, pour détruire l'*oidium Tuckeri*, si préjudiciable à nos vignes, et connu sous le nom de *maladie de la vigne;* ce moyen consiste à mêler 500 grammes de fleurs de soufre à autant de chaux vive fraîchement éteinte, que l'on jette dans une marmite en fonte ou en terre, auxquels on joint 3 litres d'eau, et dont on fait de suite un nouveau mélange soumis à une ébullition de dix minutes et remué pendant cet espace de temps : on retire le tout du feu, on attend que ce liquide soit éclairci pour le décanter, et on le met en réserve dans des bouteilles bien bouchées. 1 litre de ce caustique étendu dans 100 litres d'eau suffit pour asperger, au moyen de la seringue des jardins, 100 mètres superficiels d'espalier. Cette opération doit se faire en mars pour des arbres affectés depuis longtemps, puis répétée plusieurs fois, si cette maladie reparaît sur les bourgeons. Quoique ce moyen m'ait complétement réussi cette année, néanmoins je n'en garantis pas l'authenticité, car j'ai vu disparaître cette maladie sans que l'art ait tenté aucun moyen. Les pluies abondantes, de peu de durée, semblent diminuer l'intensité de cette maladie, dont elles font seulement disparaître les parties poudreuses, qui deviennent plus abondantes lorsque quelques jours de beau temps succèdent aux pluies; on peut conclure de là que les alternatives de pluie et de chaleur contribuent au développement de ces plantes parasites de la famille des champignons, dont elles exhalent l'odeur désagréable de quelques-uns. .

### § X. Maladie du rouge.

Le rouge est aussi une maladie dont les recherches sur sa nature ont jusqu'à ce jour complétement échoué; cependant j'ai remarqué que les terres brûlantes et les années sèches donnent plus souvent lieu à cette maladie, d'où l'on peut conclure qu'elle vient des racines, toutes les fois qu'elles manquent d'humidité, ou qu'elle y arrive trop précipitamment; ce qui peut avoir lieu dans les terres creuses et légères.

### § XI. De la gomme.

La nécessité dans laquelle je me suis souvent trouvé obligé de parler de cette maladie, pendant le cours de cet ouvrage, me dispense d'en faire un article particulier, en ce que ce serait une répétition de ce qui a été dit en parlant des incisions et autres articles.

## § XII. Des fumiers et de leur emploi.

Quelques auteurs ont prétendu que les fumiers employés à l'engrais des terres dans lesquelles on cultive les pêchers leur sont défavorables, en ce qu'ils font pousser les jeunes arbres avec trop de vigueur, retardent l'époque de leur fructification, font naître des gourmands sur les vieux et leur occasionnent de la gomme. Ces assertions sont réfutées par beaucoup d'observateurs ; du reste, quant aux jeunes arbres, un cultivateur instruit ne se plaindra jamais de leur trop de vigueur, en ce qu'il saura en profiter pour leur faire prendre une très-grande étendue, ce qui lui donnera la facilité d'en obtenir d'abondantes récoltes, ce qui ne pourrait se faire sur des arbres faibles de même âge sans les exposer à prendre un état de caducité avant l'époque fixée par la nature. Les engrais bien administrés sont également très-nécessaires aux vieux arbres pour soutenir leur vigueur ; c'est aussi un préjugé de croire qu'ils leur occasionnent de la gomme. Je conviens que fumer abondamment et trop promptement des arbres déjà affaiblis par le défaut de parties nutritives peut tout à coup leur faire prendre une vigueur capable d'effrayer un ignorant toujours prêt à écourter ces arbres : de telles opérations peuvent, en effet, occasionner des dépôts ; mais une main habile y remédie promptement par une taille proportionnée à cette vigueur. D'après ce qui vient d'être dit des engrais pour les pêchers, on peut conclure qu'il est important d'en faire le même usage pour tous les autres arbres fruitiers. Tout le monde sait que les fumiers de vache doivent être employés de préférence sur les terres légères, et les autres pour celles qui sont fortes et substantielles ; leur état de décomposition et l'époque de leur emploi ne sont pas indifférents : c'est, en général, à l'automne et pendant le cours de l'hiver que ces fumiers, aux deux tiers consommés et tout fumants, devront être enterrés par un labour fait de manière à ne point endommager les racines. La quantité de ces engrais ne peut être désignée ici, elle doit varier selon la nature des terres sur lesquelles on en fait le dépôt, et on les regarde comme superflus pour celles qui sont déjà riches et substantielles ; cependant il arrive une époque plus ou moins reculée, où il est essentiel de prévenir leur appauvrissement en fumant avec ménagement et recommençant au plus tard tous les trois ans : cette disposition est commune pour les terres maigres, en faisant l'application immédiatement après la plantation et à des doses plus considérables ; mais tous ces soins deviendront inutiles, toutes les fois que l'on fera l'application du paillage dont nous allons parler.

### § XIII. Du paillage.

Cette opération se fait au moyen d'une couche de fumier de 3 à 6 centimètres (1 à 2 pouces) d'épaisseur sur toute l'étendue des plates-bandes destinées à recevoir les racines des arbres que l'on y aura plantés ; son principal but est de retenir l'humidité du sol et d'empêcher les rayons solaires de les pénétrer subitement ; ce qui occasionnerait une végétation trop active et souvent peu durable par le manque d'humidité qui s'ensuivrait. Cette excellente pratique a aussi le précieux avantage de s'opposer à ce que les terres se tassent et se calcinent à leur superficie, incon-

18

vénients qui empêcheraient les fluides qu'elles contiennent de se mettre en équilibre avec ceux de l'atmosphère; en dernière analyse, cette matière, en se décomposant, verse dans le sol la quantité d'humus nécessaire au besoin des végétaux. D'après ce que nous venons de parcourir, il est facile de conclure que ce travail devrait être plus ou moins retardé selon la nature des terres; celles qui sont légères et brûlantes devront être recouvertes au plus tard à la fin de mars, par une épaisseur de 3 centimètres (1 pouce) au moins de fumier de vache, qui n'aura éprouvé que la fermentation nécessaire pour en détruire les insectes ou leurs larves, et les graines des plantes adventices qui pourraient s'y rencontrer. Ce fumier, peu consommé par nature, prend bientôt une couleur blanche qui contribuera également à éloigner les rayons solaires. Quant à celles qui sont compactes et froides, cette opération devra se faire avec des fumiers de cheval à demi consommés, mais en différant leur application jusqu'à la fin de mai ou à la première quinzaine de juin, afin que la chaleur ait le temps de pénétrer ces sortes de terres. D'après cet exposé, on peut se rendre compte du moment le plus opportun aux paillages de celles qui tiennent le milieu entre les deux que nous venons de signaler. Si ces terres étaient occupées par des pêchers, le long des murs, à de bonnes expositions, elles pourraient, *contre l'avis do Butret*, être couvertes de légumes à racines peu profondes et à tiges peu élevées; je conseille leur culture pendant l'hiver et le printemps, par rapport à la position favorable aux primeurs, à l'amendement des terres, et enfin à la destruction des vers blancs et des insectes qui viennent se fixer aux pieds de ces divers produits, et qui par cela même garantissent ceux des pêchers. Dans le cas où ces légumes n'auraient pas donné leurs produits à l'époque qui vient d'être fixée, on retardera le paillage jusqu'à la fin du mois, époque où il n'est plus permis de différer, sans nuire à la belle végétation des pêchers; cependant on peut encore sortir de cette règle en y cultivant, pendant l'été, quelques plantes délicates à tiges rampantes, telles que melons et autres plantes dont les soins exigent également un paillage et des arrosements abondants et multipliés pendant les grandes chaleurs.


## § XIV. Des arrosements.


J'ai déjà eu occasion de signaler le bon effet des arrosements faits à l'aide de la pompe à main pour faciliter la répartition des eaux qui doivent être jetées sur les feuilles des pêchers et d'autres arbres fruitiers, afin d'activer leur végétation, d'augmenter la grosseur de leurs fruits, de diminuer et souvent faire disparaître les insectes qui les altèrent. Il faut faire ce travail plus particulièrement à la suite des jours de sécheresse où la chaleur aura fait monter le thermomètre au-dessus de 18 à 20 degrés centigrades, puis attendre que les rayons solaires soient en grande partie dissipés ; ce moment est le plus opportun pour tous les végétaux cultivés à l'air libre pendant la saison d'été, en ce que c'est une heure avant et après le coucher du soleil que la végétation est la plus active : pendant ces heures, il importe beaucoup d'aider celle des arbres fruitiers et tous autres végétaux portant des fruits charnus, puisqu'il est également reconnu que leur grossissement est aussi plus sensible qu'à tout autre instant du jour et de la nuit (1). Quant aux arrosements à effectuer pour l'avantage des racines, on est plus indifférent sur l'instant de les faire ; l'important est de prévoir l'extrême sécheresse des terres dans lesquelles elles se trouvent plongées, afin d'éviter une fermentation interne, capable de causer des accidents graves, tels que la maladie du rouge, et quelquefois la mort. Si on avait à craindre de tels effets, on mouillerait les feuilles quelques heures avant les racines. Il est également essentiel d'éviter que les eaux n'arrivent trop subitement et en trop grande abondance sur le collet de ces arbres et de leurs grosses racines : pour les garantir de cet inconvénient, on fera avec la bêche une petite tranchée circulaire à quelque distance de leur pied, en ayant la précaution de jeter dessus une partie des terres qui en sortiront, afin que les eaux versées dans cette rigole puissent alimenter le dessous de cette butte d'une manière lente. Quant aux grands arbres chargés de fruits, on devra observer plus rigoureusement ce qui vient d'être dit plus haut ; mais, lorsqu'il est possible de jeter de l'eau à la superficie du sol et à l'écart, ce travail rendra toujours d'immenses services à la végétation.

Ici se termine la tâche que je me suis imposée. J'ai fait tous mes efforts pour ne rien omettre de ce qui peut être utile aux cultivateurs et aux amateurs d'arbres fruitiers. Le succès des précédentes éditions me donne le droit de juger que mes observations sur cet art important ont rempli le but que je me suis proposé, qui est de rendre plus

---

(1) Ces observations, suivies et signalées en 1831, ont été prônées depuis par quelques savants auxquels je les avais communiquées.

sûres et plus durables les jouissances des propriétaires, en même temps que la belle tenue de leurs arbres présentera partout un aspect qui annoncera leur vigueur et fera honneur aux personnes qui en auront la direction.

**Un mot sur l'époque de la maturité des fruits, et les indices qui font connaître le moment le plus opportun d'en faire la cueillette.**

Tout le monde sait que l'époque de la maturité des fruits de tout genre varie extraordinairement selon les années, les localités, les expositions plus ou moins chaudes; aussi est-il assez difficile de donner des époques fixes sur leur maturité : mais, à l'exception des cerises, des fraises, des framboises, on doit toujours, pour faire la cueillette des autres fruits, devancer l'époque complète de leur maturité, en ayant toujours soin de profiter d'un beau temps : trente à quarante heures sont nécessaires pour les abricots et pêches d'été. Pendant cette opération, on ne doit les toucher que légèrement avec les doigts, et dans les parties non frappées par le soleil; si ces parties cèdent sous la pression, il faut les détacher de leurs branches et les livrer à la consommation, ainsi que je l'ai dit plus haut. Quant aux pêches d'automne, on peut attendre qu'elles tombent dans la main, à l'instant où elle les soulève légèrement. Dans cet état, on peut conserver les plus hâtives de cette saison de quatre à huit jours dans l'office, et les tardives quinze à vingt jours dans le fruitier. Lorsqu'on est obligé de livrer ces fruits au commerce, on est contraint de les cueillir lorsqu'ils sont encore beaucoup plus durs que nous ne l'avons indiqué plus haut; mais c'est toujours au détriment de leur qualité. Cette mesure, de rigueur à cause du transport, a fait dire à quelques gourmets qu'il n'y a que les propriétaires de pêchers qui ont le privilége de manger ce fruit ayant acquis toutes les qualités voulues. La cueillette des prunes doit aussi se faire comme on vient de le dire pour les pêches.

Quant à la cueillette des poires et pommes, elle doit aussi précéder leur complète maturité dans des proportions assez variables, car deux ou quatre jours sont souvent suffisants pour celles d'été, et huit ou quinze pour celles du commencement de l'automne ; mais, pour celles qui doivent être livrées à la consommation pendant l'hiver et le printemps, on doit toujours les cueillir un peu plus sur leur vert, c'est-à-dire lorsqu'elles n'ont encore qu'une légère teinte blonde : cette couleur n'est pas toujours régulière pour tous les fruits de la même espèce ; elle varie suivant la vigueur des arbres et le lieu dans lequel ils se trouvent placés ; il faut prendre un terme moyen. Les personnes qui ne sont pas familiarisées avec ces travaux feront bien de ne cueillir d'abord que le tiers ou la moitié de chaque espèce, et de différer de huit à dix jours pour le reste ; par ce moyen, on évite que les fruits ne mûrissent à des distances trop rapprochées les unes des autres, car il est reconnu que les premiers cueillis sont les derniers mûrs.

# QUATRIÈME PARTIE.

## *DES GREFFES.*

### Un mot sur l'histoire des greffes.

Plusieurs auteurs ont rapporté l'histoire de la greffe, et quelques-uns ont traité cette matière avec beaucoup de lucidité. Le célèbre A. Thoüin, qui a pris une large part à ce travail, a publié, en 1821, une excellente monographie, dans laquelle on trouve les meilleurs documents sur cette histoire ; après sa mort, cet ouvrage a été intercalé dans son *Cours de culture*, publié, en 1827, par son estimable neveu, Oscar Leclerc-Thoüin.

L'auteur de cette monographie nous dit que la découverte de l'art de greffer remonte à la plus haute antiquité. On n'en connaît pas l'inventeur. Les Phéniciens l'ont transmis aux Carthaginois et aux Grecs ; les Romains l'ont reçu de ces derniers et l'ont répandu en Europe, où il est devenu ce qu'il est aujourd'hui. Il ajoute que les auteurs qui ont traité avec quelques détails l'art de greffer sont *Théophraste*, *Aristote* et *Xénophon*, chez les Grecs ;

*Magon* , chez les Carthaginois ; *Varron* , *Pline* le naturaliste ; *Virgile* , *Agricola* , en Italie , et *Sicher*, en Allemagne ; *Miller*, *Bradely* et *Forsyth*, en Angleterre ; *Olivier de Serres* , *la Quintinie*, *Duhamel* , *Rosier* , *Cabanis* , *Tschúdy*, parmi les Français : nous devons, par vénération , y ajouter le nom de feu *André Thoüin* ; sa remarquable monographie renferme tous les principes et les détails propres à diriger pour longtemps les publicistes et les praticiens qui auront à faire connaître l'art de greffer. En m'engageant dans cette voie, je ne peux avoir d'autre guide que l'illustre maître que je viens de citer. Pendant les treize dernières années de sa longue et honorable carrière, il me chargea de l'exécution de tous les modèles de greffes qu'il avait réunis, au nombre de cent dix-neuf (1), dans son école d'agriculture pratique fondée au jardin des plantes de Paris, en 1797. Tout en admirant cette belle et savante collection, je ne ferai ici que la démonstration de celle que je regarde comme étant la plus essentielle aux propriétaires, aux amateurs et aux praticiens, qui éprouvent, chaque jour, le besoin de multiplier des végétaux, soit pour l'agrément de leurs fleurs, soit pour la qualité de leurs fruits, dont les espèces ou les variétés des végétaux qui les produisent ne peuvent souvent se multiplier qu'en les greffant sur des sujets sauvageons ou de peu de valeur ou d'intérêt, mais avec lesquels ils ont des rapports de famille, ainsi qu'on le verra bientôt.

(1) Dans une compilation publiée en 1825, on trouve une nomenclature plus nombreuse, à cause de l'usage des mêmes opérations appliquées sur des végétaux différents. Cette multiplicité de noms semble avoir été mal accueillie du public, cet ouvrage étant encore à sa première édition.

### De l'utilité de la greffe.

Tous les jardiniers et les connaisseurs en horticulture savent qu'au moyen de la greffe on peut faire prendre à beaucoup d'arbres des formes très-pittoresques, et puis multiplier une foule de végétaux ligneux, résineux, spongieux et herbacés, soit d'utilité ou d'agrément, et dont un assez grand nombre donne peu ou point de graines, reprend difficilement de bouture ou de marcotte, et dont on tient à conserver l'origine, soit à cause de la qualité de leurs fruits, de la structure, de la configuration des fleurs, de leur coloris et des parfums qu'elles exhalent, soit par rapport à la nature des bois, l'aspect des arbres, les nuances et les variations de leurs feuilles, etc., etc., tous produits que l'on obtient soit du hasard, ou d'une fécondité naturelle ou artificielle, ou des suites d'un accident maladif, et une foule de ces merveilles de la nature qui se perdent souvent, ou se font attendre longtemps par la voie des semis.

Or la greffe qui nous les perpétue semble être un prodige envoyé du ciel pour satisfaire et multiplier nos jouissances. On peut aussi, à l'aide de ce mode de multiplication, avancer l'époque de la fructification des espèces ou des variétés des arbres fruitiers que l'on obtient, chaque année, par la voie des semis, mais ne jamais augmenter leur grosseur, ainsi que l'ont annoncé quelques personnes, ce qui est démontré faux par les expériences ci-jointes.

A l'aide de la greffe en écusson, j'ai surgreffé pendant quinze ans un poirier Saint-Germain conduit en pyramide, lequel reçut cette première opération en août, au moyen d'un œil pris sur un des rameaux latéraux produits de l'espèce originairement greffée depuis deux ans; cet œil a été immédiatement placé à **25** ou **30** centimètres environ de la naissance du rameau destiné à continuer le prolongement de cette jeune pyramide.

Tous les ans à la même époque, elle recevait la même opération, et, lorsqu'elle reçut sa quinzième, elle avait près de **6** mètres de hauteur; arrivée à l'âge de dix-huit à vingt ans, toutes les branches latérales produites par toutes ces greffes donnèrent abondamment des fruits, lesquels ne différaient nullement les uns des autres, et n'avaient d'autre saveur que celle de l'espèce ordinaire. **La même expérience a été faite en même temps sur un pommier de reinette franche, qui donna les mêmes résultats.**

Je ne peux donc pas dire que la greffe peut augmenter le volume des fruits; cette augmentation de grosseur est toujours limitée par la nature, ainsi que toutes les variations qu'ils éprouvent quelquefois dans leur forme. Leur fertilité, le plus ou moins de parfum et la qualité succulente de leur chair sont généralement causés par l'influence des sujets qui les nourrissent; néanmoins la situation dans laquelle ceux-ci se trouvent placés, la qualité des terres dont ils tirent leur nourriture, etc., modifient quelquefois les assertions que je viens de signaler, en ce qu'une espèce greffée sur un sujet disposé par son origine à donner de gros et semi-bons fruits, et forcée de vivre dans une mauvaise localité, ne pourra remplir le but que l'on aurait lieu d'espérer si elle avait été placée dans une position favorable.

## Du rapport des greffes avec les végétaux destinés à les recevoir.

Je ne dirai qu'un mot, relativement à l'affinité des greffes avec les végétaux qui doivent les recevoir, afin d'aider à détruire les erreurs de quelques anciens auteurs, et qui se trouvent encore accréditées chez quelques personnes, lesquelles sont encore portées à faire croire que l'on peut greffer avec succès des arbres ou végétaux les uns sur les autres sans qu'ils aient des rapports de famille. Cette ignorance a fait dire que, pour obtenir des roses noires, il fallait greffer l'arbrisseau qui les produit sur le cassis, et, pour avoir des roses vertes, sur le houx; on a aussi voulu persuader que l'on pouvait faire prendre des greffes de tous arbres sur l'olivier, et celui-ci sur le figuier; la vigne sur le noyer, le cerisier; le pêcher sur le saule, et le pommier, sur le grand chou cavalier, etc., etc. Heureusement nos auteurs modernes et les lumières de notre époque ont rejeté pour toujours ces assertions fausses. Aujourd'hui il est bien reconnu que, pour greffer avec succès des végétaux ligneux ou herbacés, il faut que les greffes que l'on veut leur adapter soient de la même famille que le sujet, et qu'elles appartiennent le plus souvent à l'un de ses genres ou à des variétés de même espèce, et qu'il y ait de l'analogie entre les séves des deux individus, tant à cause de leurs affinités que par rapport à leur suc propre. Ainsi on ne peut greffer avec succès le prunier sur le cerisier, et *vice versâ*, quoique ces deux genres soient de la même famille, très-rapprochés, confondus ou réunis par quelques-uns de nos savants botanistes. Le pommier sur le poirier, et *vice versá*, reprennent assez bien les uns sur les autres; mais il est rare qu'ils existent deux ou trois ans sans le secours de l'affranchissement. Quant à la vigueur des porte-greffes, on préfère ceux-ci toutes les fois que l'on veut avoir des êtres moins sensibles au froid que leur type naturel, ou que l'on veut les avoir de hautes dimensions; si, au contraire, on voulait qu'ils fussent de faible structure, leurs porte-greffes seraient choisis parmi les sujets faibles avec lesquels ils auraient également de l'affinité. Quantà l'époque de la durée des feuilles et du mouvement de la séve par rapport aux deux individus que l'on veut joindre par la greffe, elle est généralement nécessaire à leur succès futur; cependant on a l'exemple de quelques anomalies qui font déroger à cette règle. Le *prunus laurocerasus* et le *lusitanica*, tous deux à feuilles persistantes, vivent quelque temps greffés sur le prunier padus, et sont moins sensibles à la gelée que ceux qui vivent de leurs propres racines. L'*eriobotrya japonica* et le *glabra*, greffés sur le *mespilus oxyacantha*, sont aussi dans le même cas, et ils y vivent assez longtemps. Le cèdre du mont Liban, *larix cedrus*, greffé sur le larix-mélèze, y conserve son existence dix années et plus, mais il y reste rachitique et peu élevé. Il existe un certain nombre de faits de cette nature que je ne cite pas ici, et qui sont tous connus, et qui, du reste, ne doivent pas faire déroger aux généralités dont il a été parlé auparavant.

**Des caractères que doivent avoir les rameaux et les bourgeons au moment de les retrancher des arbres, et moyens à mettre en usage pour les transporter aux lieux de leur destination et conserver leur état vital en stagnation jusqu'au moment de leur emploi.**

Plusieurs auteurs recommandent de prendre ces productions à l'extrémité des arbres sains et vigoureux : la théorie qu'ils développent à ce sujet semblerait être concluante ; cependant cette assertion ne peut être soutenue devant les observations ci-jointes. Quelques années avant le premier transfert de l'école des arbres fruitiers du jardin des plantes, effectué en 1824, je fus obligé de prendre des greffes sur plus de quatre cents de ces arbres appartenant à tous les genres, lesquels se trouvaient dans un état de décrépitude complète, souvent couverts de chancres, brûlures, etc.; de telles greffes, placées sur de jeunes sujets en bonne santé, ont toutes développé des êtres d'une vigueur remarquable. Ces arbres, âgés de 20 à 26 ans, et dont plusieurs avaient acquis la hauteur de plus de 11 mètres, portant tous des fruits en quantité prodigieuse, n'avaient eu aucune maladie originaire lorsqu'ils tombèrent sous la hache en 1841.

Les caractères que doivent avoir les rameaux et les bourgeons desquels on obtient des greffes ne sont pas toujours faciles à être saisis par les personnes peu exercées dans l'art de la greffe ; c'est surtout pour celles en écusson que l'on fait quelquefois d'énormes bévues en coupant ces productions trop tôt et quelquefois aussi trop tard. En thèse générale, ces bourgeons doivent être de moyenne grosseur, excepté ceux à bois grêle, dont les plus gros doivent être préférés ; tous doivent avoir fait la plus grande évolution de leurs pousses, afin qu'il y ait déjà à leur base un bon nombre d'yeux bien constitués, lesquels doivent être seuls réservés et destinés à être greffés, vu que dans cet état l'écorce qui les avoisine doit être aussi dans un état solide, car ces parties trop tendres et trop herbacées, se trouvant placées dans l'incision faite au sujet, y seraient bientôt décomposées par l'abondance de la séve de celui-ci, qui doit toujours dominer celle de la greffe (1). Les bourgeons ainsi désignés seront séparés des arbres, on en retranchera aussitôt les extrémités herbacées et les feuilles attachées aux yeux réservés, prenant toutefois la précaution de leur conserver au moins un quart de leur queue (dite pétiole); ces parties réservées seront aussitôt privées du grand contact de l'air et conservées dans un endroit froid et humide jusqu'au moment d'en lever les yeux ; mais, quels que soient les moyens que l'on veuille employer pour conserver leur état vital, on devra éviter leur trop forte pression, afin d'empêcher la fermentation des matières interposées entre chaque rameau.

On sait que la mousse de nos bois (*hypnum*) est un des végétaux le plus propre à cet usage. *Nous, jardiniers,* nous nous servons souvent d'un concombre grossièrement vidé dans lequel nous plaçons ces rameaux : ils peuvent donc, dans cette situation, se conserver en bon état pendant dix jours : pour un temps plus considérable, il faut les placer dans un bocal, et remplir le reste du vide de miel, puis aussitôt boucher hermétiquement; ils seront, dans cet état, conservés aussi fraîchement que pos-

---

(1) J'engage mes lecteurs à faire une scrupuleuse attention à cette dernière observation : elle est générale pour toutes les opérations, et je passerai outre lors de leur application.

sible durant le transport. Quant aux rameaux destinés à la série des greffes par scion, qui comprend les greffes en fente, en couronne et autres, les moyens de transport et de conservation sont infiniment plus faciles que pour la série précédente.

Pour celle-ci on préfère l'extrémité des forts rameaux ou toute autre partie, dont la grosseur se rapproche de celle de nos plumes à écrire et d'une longueur de 40 à 50 centimètres, dont les yeux sont saillants sans en excepter le terminal, lequel doit toujours être préféré toutes les fois qu'il est recouvert de son enveloppe au moment d'appliquer la greffe à laquelle il se trouve joint.

Dans beaucoup de pays, on a remarqué depuis longtemps que, pour la conservation et le transport de ces rameaux, on doit les séparer de leur mère avant qu'ils aient commencé à végéter ; le mois de février, sous le climat de Paris, nous a paru être l'époque la plus favorable pour faire cette opération; ensuite ils devront être placés à une exposition nord, et, pour le mieux, couchés horizontalement sur le sol, et recouverts avec 6 ou 7 centimètres de terre prise dans le voisinage ; ils doivent donc rester dans cette position jusqu'à ce que leurs yeux soient fortement gonflés; dès lors, les sujets destinés à les recevoir immédiatement seront beaucoup plus avancés, condition nécessaire, ainsi que nous l'avons déjà expliqué.

Si l'on est obligé d'expédier ces rameaux pour voyager, on devra, pour le mieux, en faire l'envoi aussitôt séparation de leur mère; si le temps du transport n'exige que vingt ou trente jours, il suffira de les réunir en paquets en leur interposant quelques parcelles de mousse sèche, afin d'éviter les blessures qu'ils pourraient se faire par la pression ; puis on fera à leur base une boule de terre argileuse et humide recouverte de mousse fraîche, le tout enveloppé d'un léger lit de paille solidement fixé.

Mais, si ces rameaux doivent parcourir une longue distance et qu'ils soient forcés de rester plusieurs mois en route, on les réunira dans une boîte proportionnée à leur nombre et à leur longueur; ces rameaux y seront réunis tous dans le même sens et par petites parties, dont le gros bout devra être garni d'argile et de mousse fraîche, le tout solidement retenu par des tringles de bois également garnies de mousse ; on aura le soin de fermer hermétiquement la boîte toutes les fois qu'elle sera destinée à faire un long voyage d'outre-mer ; dans le cas contraire, on y fera quelques trous à la partie supérieure, afin d'empêcher que les rameaux qui doivent y être librement placés ne puissent y prendre de moisissure.

J'ai expédié, à Saint-Pétersbourg, à New-York, etc., des greffes qui, emballées de cette manière, sont toutes arrivées en très-bon état.

### Analyse du petit nombre des greffes décrites dans cet ouvrage.

Les greffes que je me propose de décrire ici ayant pour but la multiplication des végétaux, je ne m'arrêterai que peu de temps sur celles en approche formant des configurations pittoresques parfois utiles et agréables ; mais, en faisant la démonstration de celles qu'on peut faire servir à multiplier les végétaux, j'ai eu soin de signaler les opérations applicables à ces principales formes pour que les amateurs pussent, au besoin, les mettre à exécution.

J'ai réuni en un seul groupe toutes les greffes dont il

est parlé ici, sans m'arrêter aux sections dans lesquelles nos grands maîtres les ont classées ; celles dites par scion comprennent les principales greffes en fente, de même en ramille, de même sur racines, lesquelles sont divisées en deux paragraphes : le premier réunit tous les sujets plus volumineux que les greffes qui leur sont destinées ; le second se compose de tous les sujets dont la grosseur est égale à celle des greffes au moment de leur insertion. Les greffes en couronne et celles de côté font encore partie du même groupe.

Viennent ensuite les greffes que notre grand maître a réunies sous la dénomination de greffes par gemma.

Je ne me suis attaché qu'aux plus utiles et aux plus faciles à exécuter, telles que 1° la greffe en écusson et quelques-unes des variétés principales ; 2° celles en tuyau, dites en flûte : les nombreux détails dans lesquels je suis entré pour chacun de ces modèles de greffes mettront, je l'espère, mes lecteurs à même de pouvoir multiplier toutes les espèces de végétaux auxquelles les greffes sont applicables.

### SECTION PREMIÈRE. — GÉNÉRALITÉS DES GREFFES PAR APPROCHE.

Les greffes par approche se distinguent de toutes les autres en ce que les êtres qu'on y soumet vivent de leurs propres organes au moment de leur réunion et coopèrent ensemble à la reprise des parties opérées : ces réunions ont différents usages, soit qu'elles soient établies pour que les individus vivent mutuellement pendant tout le temps de leur réunion ou que cette réunion soit destinée à transporter une espèce précieuse sur un sujet qui ne présente d'intérêt que par son état de vigueur; être de nature propre à y maintenir la vie, après qu'il y est parfaitement fixé, pour ensuite être séparé de sa plante mère et faire un être nouveau.

C'est ainsi que l'on multiplie beaucoup d'arbres et d'arbustes précieux, pour qui les autres voies de multiplication ne sont pas applicables, ou au moins peu propres à donner des jouissances rapides : à l'aide de quelques-unes de ces greffes, on fait prendre à nos grands arbres des formes pittoresques très-agréables dans les parcs et les forêts ; leur usage plus répandu produirait des bois courbes et anguleux, extrêmement utiles dans la marine et dans les arts.

Les greffes par approche sont très-nombreuses; M. Thoüin en a décrit trente-neuf. Faire la démonstration de toutes serait m'étendre beaucoup au delà de mon sujet; il m'a paru suffisant de faire connaître toutes celles qui peuvent être de quelque utilité, et suppléer, dans la pratique, à toutes les variétés qui en dérivent, et qui n'ont reçu de noms différents que par rapport aux positions et aux sujets sur lesquels on en fait l'application.

Les greffes appartenant à cette section doivent être, pour le mieux, faites pendant le temps de la pleine sève du printemps ; toutes demandent des ligatures et divers petits appareils que nécessitent la force des greffes et la forme que l'on fait prendre aux sujets composant chaque agrégation : tous ces appareils devront être soignés, pour éviter l'étranglement et les nœuds.

Dans les sujets de haute structure destinés à former des bois courbes, etc., on aura le plus grand soin de laisser croître quelques faibles bourgeons et rameaux le long des tiges, afin d'en exciter la grosseur, sans cependant nuire à l'alimentation des parties opérées.

**Greffe par approche sur tige propre à lui servir d'étai et à augmenter sa vigueur (elle est une modification de celle décrite par M. Thoüin, sous la dénomination de G. Michaux ; voyez** *pl. 8, fig. 1*).

*Opération.* — Désignez un arbre déjà fort dans le voisinage duquel il se trouvera une plus faible tige grêle et flexible de la même essence ; à défaut, plantez-le, et, lorsqu'il sera bien repris, courbez-le sur la tige du sujet pour déterminer la place la plus convenable à leur réunion, coupez à cette place la tête du plus faible en lui donnant la forme d'un bec de flûte très-prolongé A, faites à l'écorce du porte-greffe B deux incisions qui, par leur ensemble, forment un T renversé ⊥, au bas duquel vous mettez à nu une petite portion d'écorce, formant demi-cercle, ainsi qu'on peut le voir à la lettre C ; puis celle au-dessus sera aussitôt soulevée pour introduire l'extrémité du premier sujet, dont la plaie qui lui a été faite viendra se fixer sur l'aubier découvert et sur lequel il sera immédiatement fixé au moyen de brides et de ligatures, et, si ce porte-greffe est volumineux et exposé à l'action des vents, on consolidera cette opération au moyen d'un ou de plusieurs clous enfoncés à travers la partie opérée et offrant le plus de résistance (1) ;

(1) L'usage des clous, admissible pour quelques autres greffes de la même nature, est sans danger : ils se perdent dans l'augmentation de grosseur du bois sans que leur oxydation puisse nuire au sujet. J'ai fait plusieurs autopsies de ces greffes âgées de dix-sept ans, lesquelles m'ont assuré l'exactitude de cette assertion.

cette greffe peut être répétée sur le même individu, toutes
les fois qu'il y aura dans son voisinage d'autres sujets qui
pourront y être adaptés. On peut aussi faire l'application
de cette greffe sur des arbres , au moyen de leurs branches flexibles que l'on courbera dans leur sens naturel ,
en attirant leur extrémité vers la tige, pour y être insérée
par les moyens indiqués ci-dessus : celle-ci comme les
précédentes sont très-propres à former des bois courbes
dont l'emploi a été désigné en tête de cette section.

**Greffe par approche sur tige ou sur branche ; voyez** *fig.* **2.**
**(G. Monceau de Thoüin.)**

Cette greffe peut être employée aux mêmes usages que
la G. Michaux et de plus servir à la multiplication des végétaux à feuilles persistantes et autres; mais, pour toutes,
on doit, pour le mieux , opérer sur du bois d'un à deux
ans, et avec des greffes du même âge et de la même grosseur.

*Opération* (voyez *fig.* 2). — Préparez à l'avance un sujet
dont la grosseur et la hauteur seront réglées par la place
où l'on voudra le joindre à un arbre qui lui est congénère
de même grosseur, faites à celui-ci une fente dans l'épaisseur de son jeune bois ; elle sera pratiquée de bas en haut
et prolongée jusqu'à son étui médullaire, afin de le partager en deux parties à peu près égales (voyez la lettre A);
puis l'autre sujet, lettre B, est taillé en coin prolongé pour
être inséré dans cette fente de manière que le tout coïncide parfaitement.

Lorsque l'on veut employer ce mode de greffe pour multiplier des végétaux rares et difficiles à s'unir par d'autres

moyens, on apporte le sujet planté à l'avance dans un pot qu'on assujettit à des hauteurs calculées pour le besoin de la greffe. Lorsque celle-ci est parfaitement soudée, on la sépare de son être primitif, pour qu'elle vive aux dépens du nouveau, qui n'a d'autre mérite que d'être vigoureux et d'appartenir à la même famille de l'espèce que l'on veut multiplier (1).

### Greffe hymen; voyez *fig.* 3.

Cette greffe peut être employée aux mêmes usages que la précédente, si on la destine à former des kiosques ou tonnelles dans les jardins ou dans les autres lieux; on peut y réunir trois ou quatre sujets : j'en ai greffé de cette manière sous lesquels on passe dans tous les sens avec une voiture; on peut aussi pratiquer cette greffe plus simplement avec deux sujets, tels qu'ils sont représentés; dans cet état, ils peuvent être destinés à tenir lieu de poteaux propres à soutenir les portes d'entrée des propriétés rurales.

*Opération.* — Préparez deux sujets de même hauteur et de même dimension; approchez leurs cimes les unes des autres au point où ils se toucheront par suite d'une petite courbure; faites-leur, à ce point, à chacun une plaie longitudinale de même dimension qui, en se prolongeant vers le milieu, enlèvera une faible partie de l'étui médullaire; ainsi préparées, elles seront réunies, afin qu'elles

---

(1) Cette séparation, que nous appelons *sevrage*, est souvent préparée à l'avance par une entaille, ou, mieux vaut, une plaie annulaire qui atténue la gravité de cette séparation.

se recouvrent mutuellement, puis solidement fixées à l'aide
de ligatures, etc. Si à ce point de jonction les sujets ont la
grosseur du petit doigt, ce qui est le maximum, on aidera
leur consolidation au moyen d'un clou d'épingle enfoncé
en travers de la jonction des parties. On est dans l'usage de
conserver la tête des sujets formant l'agrégation, en prenant du moins la précaution d'égaliser leur force par les
moyens indiqués (voyez l'*Équilibre de végétation*); si l'on
fait usage de ce mode de greffe pour multiplier les végétaux rares, en leur adaptant de jeunes sujets d'espèces congénères élevées en pots, etc., aussitôt la greffe bien prise,
la tête du sujet sauvageon sera réformée à quelques centimètres au-dessus de l'espèce précieuse, celle-ci sera sépa-
rée de sa mère par le procédé indiqué à la suite de la greffe
Monceau.

### Greffe Sylvain; voyez *fig. 4*.

Cette greffe est plus particulièrement destinée à consolider des losanges faits à des arbres fruitiers, poiriers, pommiers taillés en vases, et dont la vigueur excessive nécessite
le croisement des rameaux destinés à prolonger les branches charpentières; cette opération, faite à leur point de
jonction, met leur séve en communication et consolide les
sujets d'une manière remarquable.

On peut aussi pratiquer cette greffe sur des tiges d'arbres déjà forts, plantés à quelque distance les uns des autres, puis incliner leur tête l'une vers l'autre, afin qu'elles
se croisent; faites à ce point une entaille à chacun en re-
gard l'une de l'autre, de dimension à peu près égale à
celle représentée lettre A, et unissez ces parties selon la

lettre B; et, si les sujets sont volumineux, on consolidera cet assemblage à l'aide d'un fort clou, lequel doit être préféré à des ligatures toutes les fois que le sujet offre de la résistance. Les sujets greffés par ce procédé peuvent aussi servir aux usages économiques, ainsi que nous l'avons décrit dans les détails précédents. Je suis étonné que cette greffe simple ne soit pas en usage chez quelques-uns de nos pépiniéristes d'arbres d'alignement.

**Greffe par approche d'un sujet beaucoup plus gros que la greffe destinée à être jointe; voyez *fig.* 5.**

Lorsque l'on a des végétaux à greffer, dont les rameaux, ramilles, bourgeons sont de nature grêle et que les sujets qu'on leur destine sont beaucoup plus volumineux, l'opération sera faite comme il suit : coupez la tête du sujet en biseau toujours opposé à un œil ou ramille, faites à la base de cette plaie une entaille prolongée de forme à peu près triangulaire, pratiquée dans l'épaisseur de l'écorce et de l'aubier (lettre A) (sa dimension sera toujours proportionnée à la grosseur de la greffe); faites à celle-ci une plaie d'une forme opposée, unissez ces parties : cette réunion ne se fait pas toujours facilement à cause des différences qui existent quelquefois dans l'épaisseur de l'écorce. Lorsque cette greffe est parfaitement consolidée, on la sépare de son pied mère, comme on l'a dit à la suite de la G. Monceau.

Après, on supprimera l'onglet existant, qui jusqu'à cette époque a servi de point d'appui à la ligature et de dépôt à la séve qui a aidé à consolider la greffe. Lorsqu'on veut pratiquer cette greffe sur un arbre fort, dont la tête a été brisée par les vents, on plante un jeune sujet à peu de distance de ce tronc, sur lequel on le greffe par le procédé indiqué plus haut : excepté que, pour ces derniers, on coupe leur tronc horizontalement. M. Thoüin dit que cette greffe est en usage dans le bon pays de *Caux*; mais, dans beaucoup d'autres, on préfère greffer de tels arbres par le procédé de la greffe en couronne décrite par Pline; d'autres préfèrent les arracher.

### SECTION II. — GÉNÉRALITÉS DES GREFFES EN FENTE.

On entend, par ce mode de greffer, couper le tronc, les branches, les rameaux, les bourgeons, les racines même des végétaux, pour pratiquer sur cette coupe une fente qui la partage le plus souvent en deux parties égales (1), pour introduire les greffes qui leur sont congénères, afin qu'ils y prennent leur nutrition et changent leur espèce ou la variété du sujet, pendant toute la durée de son existence et quelquefois au delà, puisqu'il est des cas où l'on fait prendre racine à la greffe, afin qu'elle survive au sujet.

Sans avoir égard à l'ordre méthodique dans lequel ces greffes ont été rangées par nos grands maîtres, le petit nombre de celles que je me propose de décrire ici sont réunies sous un même point de vue, pour en faciliter l'étude et en faire la démonstration, en en faisant toutefois

---

(1) Dans les végétaux dont les fibres offrent peu de résistance, on partage quelquefois leur tronc ou leurs racines en parties inégales, au moyen de fentes qui partent des bords à la circonférence; la vigne, les racines de dahlia, etc., sont dans ce cas.

deux paragraphes : le premier comprend toutes celles dont les sujets sont plus volumineux que les greffes et dont le plus grand nombre peut se passer de ligature; quant à celles qui constituent le second, les parties destinées à être jointes devront être de grosseur égale; ce qui met (l'opérateur) dans la nécessité d'en maintenir quelques-unes avec des fourreaux de papier : toutes devront être fixées avec des fils de coton, caoutchouc, ou autres corps élastiques. Au moyen des greffes comprises dans ces deux paragraphes, tous les végétaux sur lesquels on pourra en faire l'application reprendront complétement en prenant la précaution de joindre aussi exactement que possible les parties opérées de la greffe avec celles de la fente faite au sujet, en faisant surtout coïncider leur *liber* (1), puis abriter les autres parties découvertes avec divers emplâtres dont il sera parlé : quant aux greffes auxquelles on conserve les feuilles, on fera en sorte de les tenir dans une température de **15** à **25** degrés de chaleur humide et privées du grand courant d'air et de la trop vive lumière pendant plus ou moins de jours selon la fragilité des feuilles; celles-ci ne devront être rendues à l'air ordinaire qu'après les y avoir accoutumées graduellement. Les points où doivent être faites les greffes de ces deux paragraphes ne peuvent être fixés ici, vu que quelques-unes doivent être faites au-dessous du niveau du sol sur des souches, etc., qui n'ont

(1) *Liber*, ligne de démarcation qui se trouve entre l'écorce et l'aubier de tous les végétaux ligneux et herbacés; et, lorsque le cambium se porte abondamment vers cette partie, on peut séparer cette ligne en soulevant ou dérivant l'écorce avec un peu d'effort : c'est alors que nous disons : les arbres sont en sève. Cette disposition nous sert d'indice pour opérer la majeure partie des greffes.

pas changé de place. D'autres se font sur des racines, soit ligneuses, soit spongieuses, séparées de leur mère, qui, après être opérées, sont plantées en terre, pour y maintenir leur état vital et alimenter les greffes qui leur sont adaptées; d'autres fois, et c'est le plus ordinaire, on fait ces greffes à 10 ou 15 centimètres au-dessus du sol, et progressivement, puisqu'il est des cas extraordinaires où il est nécessaire d'en pratiquer à plus de 10 mètres. La grosseur des sujets, des branches, etc., destinés à recevoir les greffes du premier paragraphe varie depuis 5 jusqu'à 40 millimètres; tous ceux qui approchent de ce dernier volume et pour de plus gros destinés à quelque greffe en couronne devront, pour le mieux, être grossièrement retranchés pendant l'hiver avant qu'ils aient donné aucun signe de végétation.

Cette opération devra se faire à 20 ou 30 centimètres au-dessus du point désigné pour recevoir ces greffes; cette opération a pour but capital de retenir toute la séve au bénéfice des greffes que l'on a le projet d'y joindre à l'époque où cette séve est en plein mouvement, laquelle précède un peu celle des rameaux qui leur sont destinés, ainsi que nous l'avons dit en parlant de la conservation des greffes.

Tous les bourgeons inattendus ou adventifs, sortant des tiges et des branches des arbres greffés, devront être réformés aussitôt leur apparition sur les petits sujets; ces réformes devront être différées sur ceux qui ont du volume, jusqu'à ce qu'ils aient acquis la longueur de 15 à 20 centimètres et jusque-là leur présence est nécessaire, notamment près les greffes pour y attirer la séve, qui sans ce moyen resterait souvent longtemps stagnante dans les troncs et dans les racines de ces gros arbres : mais, aussitôt qu'ils auront rempli cette fonction, on les réformera. Ces greffes, qui jusque-là ont un peu langui, prennent tout à coup un grand développement et ne peuvent, dans cet état, se soutenir sans le secours des tuteurs,

## PARAGRAPHE PREMIER. — DES GREFFES EN FENTE.

### Greffe à un seul rameau, dont une partie du sujet est coupée en biseau; voyez *fig*. 6.

M. Thoüin a dédié cette greffe à Bertemboise : elle est une des plus en usage pour multiplier une foule de végétaux ligneux.

*Opération*. — Le sujet préparé comme l'indique la *fig*. 6, le rameau qui lui est destiné, lettre A, doit être taillé par le bas en lame de couteau, au moyen de deux plaies surmontées d'une petite retraite; on fera en sorte qu'il y ait un œil près d'elle (autant que possible), et que de ce côté les écorces soient larges et plus longues d'un quart, et souvent d'un tiers ou plus, que du côté opposé. Cette différence est la conséquence d'un gros sujet avec un petit ; pour ce dernier, le côté faible de ces greffes devra être très-mince et peu prolongé, et, lorsqu'elles sont destinées pour ceux qui sont volumineux, ce même côté doit être plus étoffé pour pouvoir résister à la pression qu'elles peuvent éprouver, lorsqu'elles sont introduites dans les fentes de tels sujets. On laisse ordinairement deux yeux à ces greffes, mais le second n'est souvent que superflu, vu que le plus rapproché des petites retraites a un avantage immense, en ce que la greffe est introduite telle qu'elle est représentée lettre B. Cet œil se trouve à fleur de la coupe transversale du sujet et n'attend que le moment de son

développement pour y former un empâtement et coopé-
rer à son recouvrement : ce mode d'opérer doit être appliqué à toutes les greffes de cette section (1). La greffe
telle qu'elle est représentée doit être introduite dans la
fente préparée comme il suit : au moyen d'une forte serpette ou, mieux, par l'instrument et la petite massue
*fig.* 24 et 25. Le premier sera placé, puis enfoncé sur la
coupe transversale du sujet de manière à fendre l'écorce
avant le bois, en prenant toutefois soin que cette fente ne
se communique que peu ou point à l'écorce du côté du
biseau ; et, du côté opposé, elle devra d'abord être moins
longue que le coin de la greffe : ainsi préparée, on enlèvera rapidement l'outil par un ou plusieurs coups de la
petite massue donnés en dessous, afin d'éviter toute espèce
de vacillement; puis le coin qui figure à l'extrémité dudit
instrument sera introduit légèrement dans cette fente, et,
en le dérivant un peu, il la tiendra assez ouverte pour y
introduire tout le coin de la greffe et faire en sorte que le
liber des deux parties se coïncide autant que possible ;
mais, comme on ne peut juger du fait qu'approximative-
ment, il vaut mieux supposer le liber de la greffe un peu
trop du côté de l'écorce que de croire qu'il déborde dans
l'aubier. Cette pose achevée, on couvrira la plaie au moyen
d'un emplâtre de terre franche mêlée en partie égale de

______

(1) Le bon M. Thoüin n'a pas assez fait sentir l'importance de cette
pratique, puisqu'un de ses compilateurs n'en dit pas un mot ; seulement il fait connaître qu'il y a quelques personnes qui placent cet
œil dans la longueur de la fente du sujet, et il dit, avec raison, que la
coupe de ce même sujet ne peut être recouverte par des couches ligneuses, en ce que rien n'attire la séve dans cette partie qui se dessèche,
forme un chicot nuisible à tous les arbres qui reçoivent cette application, sans en excepter la vigne, pour laquelle ce mode de greffe a
été préconisé.

bouse de vache ; mais il est très-préférable d'enduire ces parties avec de la résine propre à couvrir les grosses plaies des arbres fruitiers et autres (voyez *Mélanges des résines*). Ce mélange doit aussi être appliqué notamment sur l'œil qui repose sur l'aire de la coupe du sujet, afin de le mettre en sûreté contre les insectes, et les mauvais temps qui peuvent subvenir. Après l'opération, il ne faut pas s'inquiéter de cet engluage ; lorsque la séve se met en mouvement, cette résine se liquéfie assez pour laisser passer librement le bourgeon naissant. (Tout ce qui vient d'être indiqué, concernant l'application de cette greffe, devra être rigoureusement observé pour toutes celles qui font partie de ce paragraphe.)

**Greffe en fente à un seul rameau taillé comme dans la précédente, sans faire la coupe du sujet en biseau ; voyez la *fig.* 7 (G. Atticus de Thoüin).**

Des additions ont été faites à cette manière de greffer, pour éviter des répétitions, attendu que l'on fait souvent l'application de cette greffe sur de grosses racines tuberculées, tiges herbacées, etc., sur lesquelles on greffe avec beaucoup de succès de jeunes ramilles herbacées et autres ; mais elle est d'un mauvais emploi sur des végétaux ligneux, toutes les fois que les sujets sont plus gros que le petit doigt et au-dessus, en ce que leur coupe transversale se recouvre difficilement.

Mais, pour de petits sujets deux ou trois fois plus volumineux que leurs greffes, souvent grêles, telles que l'on en rencontre dans celles qui sont à l'état de ramille portant des feuilles, quelquefois des fleurs et des fruits, dans ce cas, ces jeunes sujets sont fendus sur un des côtés, voyez la *fig.* 8 (1); c'est dans cette fente que l'on introduira cette greffe. S'il arrivait que celle-ci fût trop volumineuse, par rapport au sujet fendu, comme il vient d'être dit, mais dont les fibres ne seraient pas assez élastiques pour faire place à la greffe, on extrairait de cette fente une ou deux petites esquilles, afin de lui donner la forme triangulaire (voyez la *fig.* 7); dans ce cas, on modifie aussi la coupe de la greffe, afin qu'elle remplisse exactement la fente qui lui est préparée. Avec cette greffe et ses modifications, on peut multiplier une foule de végétaux à bois dur et feuilles persistantes, et beaucoup de plantes à tiges et de greffes herbacées, telles que jeunes ramilles de géranium, melons sur potirons et concombres, tomates sur des tiges de pommes de terre, tournesol sur le topinambour, etc. C'est surtout pour ces dernières qu'il est indispensable d'appliquer les soins minutieux des abris dont il a été parlé.

**Greffe en fente à deux rameaux ; voyez la *fig.* 9. (G. Palladius de Thoüin.)**

*Opération.* — Le sujet, comme on peut le voir, est coupé horizontalement, puis fendu en deux parties à peu près égales, traversant son milieu sans avoir égard à son étui médullaire (*maxime trop recommandée des auteurs de l'antiquité*).

(1) Quand on fait l'application de cette greffe sur des sujets à tige ou à branches herbacées, elle doit être retranchée au-dessus d'une feuille ou d'une jeune ramification ; puis la fente sera faite en sens opposé : ces petites productions devront être conservées à peu près entières jusqu'à parfaite reprise de la greffe.

Les opérations de celle-ci ne diffèrent de la greffe Bertemboise que par la coupe du sujet complétement transversale et de ces deux greffes placées à droite et à gauche de la fente qui lui est pratiquée : cette greffe n'est en usage que pour des sujets trop gros pour n'y placer qu'un scion, et trop petits pour être fendus en quatre; dans beaucoup de cas, on réforme une de ces greffes, quand elles reprennent toutes les deux, et que l'on craint qu'elles ne se nuisent en grossissant. Il n'en est pas ainsi lorsqu'elles sont destinées à faire des arbres en éventail ou en vase; on fait quelquefois usage de cette greffe pour transformer un fort pied de mauvaise espèce de vigne en variété plus méritante, mais le bois de celle-ci étant flexible, on ne peut se dispenser de maintenir les parties opérées qu'au moyen d'osier solidement fixé ; puis, lorsqu'elles sont placées au-dessus du sol et le plus souvent exposées au soleil, on couvre les plaies avec de la résine solidifiée au moyen d'un morceau de toile, afin d'empêcher que la résine ne soit soulevée par l'abondance de la séve, laquelle formerait de petites vésicules qui, en se vidant, affaibliraient le sujet, et bientôt la greffe, qui dans ce cas courrait la chance de périr. Ces vignes doivent être greffées lorsque leur séve sort en abondance d'une ou de plusieurs petites plaies que l'on pratique sur leurs tiges, pour s'assurer de cette disposition.

## PARAGRAPHE 2ᵉ.

**Greffe en fente sur un sujet de même volume que la partie destinée à y être insérée. (G. Ferrari de Thoüin.)**

On peut faire l'application de cette greffe avec des partie herbacées ou ligneuses, voyez la *fig.* 10.

*Opération*. — La greffe, quelle qu'elle soit, sera taillée en coin par sa base ; le sujet sera fendu par son milieu ; les deux parties séparées seront amincies comme elles sont représentées, afin que le coin de la greffe inséré dans cette fente puisse en remplir tout l'espace et coïncider sur tous les points : cette greffe, un peu minutieuse, peut être appliquée à beaucoup de végétaux ligneux et à un très-grand nombre d'herbacés volumineux.

### Greffe en fente dite à l'anglaise.

Cette greffe ne s'applique ordinairement qu'à des bois durs et ayant peu de séve, dont l'étui médullaire est étroit.

*Opération* (voyez la *fig.* 11). — Désignez un rameau droit et bien constitué, sur lequel il y aura deux à trois yeux, taillez sa base en biseau très-prolongé opposé au premier de ces yeux, faites une fente longitudinale dans le premier tiers du biseau, laquelle formera une esquille ; faites la contre-partie sur le rameau de même grosseur qui lui est destiné, et réunissez les parties en faisant entrer les esquilles dans les fentes qui leur sont préparées : un peu de papier soutenu par une simple ligature est suffisant pour consolider cette greffe.

**Greffe en fente faite de côté sur les jeunes tiges, branches, rameaux, bourgeons et ramilles de même grosseur que les greffes.**

*Opération* (voyez la *fig.* 12). — Quelle que soit la nature de la greffe, sa base sera taillée en coin aussi prolongé que les circonstances le permettront ; la place qu'elle doit occuper sur le sujet qui lui est analogue doit toujours être désignée à l'avance ; cette désignation sera toujours proposée dans l'enfourchement d'une petite ramification de jeune tige (ou l'aisselle), d'une de ses feuilles ou d'un œil ; cette jeune tige sera supprimée à quelques centimètres de cette place, en prenant toutefois le soin que ce petit moignon soit accompagné d'un ou de deux yeux ou quelques petites ramifications demi-feuillées, etc.

On fait à la place désignée une fente un peu en biais, laquelle en se prolongeant arrivera à l'étui médullaire et le séparera à peu près en deux parties égales, ainsi que l'on peut le voir à ladite figure : cette fente se fait d'un seul trait, et aussi lestement que possible, afin que la lame du greffoir n'ait pas le temps d'y déposer d'oxyde de fer, toujours nuisible aux végétaux ; ainsi bien préparée, on y insérera la greffe, pour être maintenue et soignée, comme il a été dit aux principes généraux.

Cette greffe d'invention nouvelle, d'une exécution très-facile, peut suppléer à toutes celles composant ce dernier groupe et dépasser de beaucoup les avantages qu'on en peut obtenir, car elle peut être appliquée à des végétaux dont les rameaux ou autres produits plus jeunes peuvent être de la plus petite dimension.

J'ai greffé avec ce procédé des bruyères (*erica*), des ge-

névriers dont les parties opérées avaient à peine **1** milli-
mètre de diamètre.

Les différentes espèces de chênes, de hêtres, de noyers,
de châtaigniers, etc., soit à l'état solide ou herbacé, reprennent on ne peut mieux, greffées par ce procédé; du
reste, on comprend facilement les avantages de celle-ci, à
cause du petit moignon réservé, lequel a pour but d'attirer
la séve, qui, forcée de s'agglomérer dans cette partie, des-
cend le long de l'écorce et contribue puissamment à la reprise des parties qui lui sont jointes : pendant le temps de
cette reprise, les productions qui se développeront sur ce
petit moignon devront être mutilées, afin de ne pas remplir un but contraire à celui auquel elles sont destinées ;
après parfaite reprise de cette greffe, ce moignon devra
disparaître à force de mutilation graduée de plus en plus.

**SECTION III. — Généralités des greffes en couronne.**

Le nom que porte cette greffe indique assez la forme
que l'on est dans l'usage de lui faire prendre (voyez la
*fig.* 13); mais elle n'est pas unique, ainsi qu'on va le
voir. Elle est destinée à regreffer de gros et vieux arbres
fruitiers à pepins (1) de mauvaise espèce ou autres trop
nombreux, ou placés dans des positions peu favorables
aux fruits qu'ils portent. Ces sujets devront subir, en février, l'opération que nous avons indiquée pour les forts
arbres destinés à recevoir la greffe en fente, qui se fait à la
même époque; elle ne rajeunit pas les arbres, ainsi que

(1) Les arbres à fruit à noyau ne peuvent être greffés par ce procédé,
en ce que, à cette époque, leur écorce ne peut être détachée de leur
aubier.

l'ont dit plusieurs auteurs, elle leur en donne un peu l'aspect en rajeunissant leur charpente ; elle supplée avantageusement au recepage de bonnes espèces, vu que les bourgeons sortant des greffes sont plus propres à la nouvelle charpente que ceux qui sortiraient naturellement des vieilles écorces.

Lorsque le temps sera arrivé, on le reconnaîtra par le mouvement de la séve des rameaux mis en réserve, comme pour celle en fente : à la suite de cette inspection, on s'assurera si les écorces des sujets se détachent facilement de leur aubier; assuré de cet état, on procédera à l'opération ainsi qu'il suit.

Avant d'amputer de nouveau ces branches ou troncs, on désignera les places qui paraîtront les plus propres à recevoir ces opérations, et à l'aide d'une scie elles seront retranchées à ces points, et les plaies régularisées à l'aide d'une serpette; puis, aussitôt que la place de chaque greffe sera désignée, on les espacera d'environ 3 centimètres, en choisissant toutefois les points où les écorces sont le plus régulières; mais, comme, sur de tels arbres, elles sont toujours galeuses et coriaces, on les fend longitudinalement dans une proportion à peu près de 2 centimètres, en prenant soin que la lame du greffoir ne porte pas son action sur l'aubier. Mais, comme celle-ci est souvent insuffisante pour soulever les écorces et faire place à la greffe, on se sert d'un petit morceau de bois dur auquel on donne la forme de cette greffe, telle qu'elle est représentée à la droite de la *fig.* 13, dont on introduit la pointe entre cette écorce et l'aubier, en prenant toutefois la précaution de ne froisser ce dernier que le moins possible. Pour remplir ce but, l'instrument ne devra descendre dans cette plaie que dans la proportion de la fente faite à l'écorce, afin de ne faire qu'une faible entrée à la greffe, qui, comme on peut la voir, est taillée en bec de flûte très-prolongé, surmonté d'une petite retraite à la partie supérieure, le tout opposé au premier œil : cette greffe, ainsi préparée, sera insérée à la place qui lui est désignée en présentant sa plaie sur l'aubier du sujet, et la faisant descendre avec un peu d'effort jusqu'à ce que son point d'arrêt soit arrivé sur la coupe du sujet. Cette opération devra se faire de même pour tous les autres dont le nombre ne peut être déterminé que par la grosseur des sujets ; le tout posé, on les consolidera au moyen d'un osier fendu avec lequel on fera deux ou trois tours solidement fixés au sujet et aussi près que possible de la partie tronquée.

On peut, dans quelques cas extraordinaires, faire l'application de cette greffe sans faire l'amputation du sujet, soit qu'on désire en placer une seule ou plusieurs au long de la tige dépourvue de branche latérale. Cette greffe, que M. Thoüin a placée au nombre des greffes de côté, a reçu quelques modifications dont voici le détail (avant tout, voyez la *fig.* 14) : à l'aide d'un ciseau bien acéré, d'une largeur de 2 centimètres environ, on fait sur le sujet une coupe transversale de toute la largeur du ciseau et d'une profondeur d'environ un travers de doigt ; sur cette coupe on pratique avec le même outil une entaille à peu près triangulaire, laquelle devra avoir 4 à 5 centimètres de longueur et une profondeur presque nulle vers son commencement ; mais elle augmentera progressivement en faisant pénétrer le ciseau vers la profondeur de la première coupe, telle qu'elle est représentée à la lettre A : cette entaille a pour but d'arrêter une petite portion de la séve montante pour être absorbée par la greffe ; lorsqu'elle sera établie, on la place comme on l'a dit pour la précédente.

## SECTION IV. — GÉNÉRALITÉS DES GREFFES EN ÉCUSSON

Avant de faire les opérations de cette série, il faut avoir visité leurs sujets et s'être assuré que leur écorce se détache facilement de dessus leur aubier, autrement il faudrait différer jusqu'à ce qu'ils eussent cette disposition : d'autres considérations non moins importantes méritent quelques détails, puisque d'elles dépend presque toujours la réussite de ces greffes ; il faut, pour toutes, choisir un temps calme, et suspendre ce travail toutes les fois que le soleil fera monter le thermomètre au-dessus de **25** degrés centigrades.

On doit aussi éviter de faire cette opération lorsque le temps menace pluie, vu qu'en tombant sur les végétaux greffés elle s'infiltrerait dans les plaies qui y auraient été pratiquées, et, se mêlant avec la séve, la décomposerait en un instant et ferait périr la greffe en quelques jours ; ce qui obligerait de recommencer l'opération aussitôt que le beau temps aurait reparu, en désignant, toutefois, une autre place analogue à la première.

Ce mode de greffe s'effectue exclusivement sur les végétaux ligneux, soit sur leurs tiges ou branches, dont le volume peut varier depuis la grosseur d'une plume à écrire jusqu'à celle de 8 centimètres de circonférence ; on peut pratiquer plusieurs greffes sur la même tige d'un individu, soit pour la bifurquer ou autres destinations, ou sur les branches pour y réunir plusieurs espèces ou variétés : j'ai donc divisé ces greffes en deux groupes ; le premier à œil poussant, et le second à œil dormant.

### Greffe en écusson à œil poussant.

Dans les pays tempérés et froids, cette greffe doit être
pratiquée pendant la première ascension de la séve; car,
en différant plus longtemps, le bois qui se développerait à
la suite de cette opération serait en danger de ne pas s'aoû-
ter, et périrait par l'action des gelées : du reste, cette pratique a aussi le grave inconvénient d'affaiblir les sujets sur
lesquels les feuilles sont déjà abondantes, et dont le plus
grand nombre doit être réformé, attendu que, pour faire
pousser cette greffe immédiatement après qu'elle est posée,
il faut réformer le sujet à quelques centimètres au-dessus
de cette opération, en prenant, toutefois, le soin que cette
longueur soit pourvue d'un à deux bourgeons ou feuilles.
Ce petit fragment de tige a pour objet d'attirer et de concentrer la séve au bénéfice de la greffe. Aujourd'hui, pour
remplir mieux ce but et prévenir les inconvénients que
nous venons de signaler plus haut, on diffère de réformer
ces bourgeons, on les tourne en forme de cor de chasse,
puis on les conserve en cet état jusqu'à ce que la greffe
commence à bien pousser; c'est alors qu'on les réformera
à quelques millimètres au-dessus de la greffe. Cette opération, quoique moins désastreuse que la précédente, enlève
toujours une très-grande quantité de feuilles à ces arbres
au moment où ils en ont le plus besoin pour se soutenir
contre la chaleur et les sécheresses inévitables auxquelles
il faut s'attendre pendant cette saison; il s'ensuit souvent
que la vigueur de ces végétaux s'arrête subitement, et il
n'y a que les arrosements abondants qui peuvent les rétablir : aussi ce mode de greffe n'est-il en usage que pour
un petit nombre d'arbres et d'arbustes : parmi ces der-

niers, les rosiers occupent le premier rang pour greffer les espèces ou variétés dites *remontantes* et bengales; mais les amateurs qui se trouvent quelquefois indispensablement obligés de le mettre en pratique, et qui désirent maintenir la vigueur de leurs sujets, font en sorte de leur conserver autant de feuilles que possible, ne greffant que les plus forts bourgeons et branches; quant aux faibles, ils ne les réforment qu'après que les greffes sont en bonne végétation.

Il y a aussi quelques arbres fruitiers que l'on peut greffer par ce procédé, avant même la présence des feuilles. On place en première ligne les *mûriers*, les *noyers*, les *châtaigniers*, etc.; mais, pour obtenir de bons résultats, il faut se servir des yeux pris sur les rameaux de l'année précédente : dans ce cas-là, ceux-ci devront, pour le mieux, être détachés de leurs mères dans le courant de mars, et seront conservés ainsi que nous l'avons dit pour ceux destinés aux greffes en fente. Lorsque la végétation des sujets destinés à recevoir les greffes sera bien prononcée, ces rameaux seront sortis de leur réduit pour être lavés, sans trop les froisser, puis enveloppés dans un linge mouillé et placés dans une atmosphère humide de 15 à 25 degrés de chaleur pendant trente à quarante heures, afin de dilater leur séve latente, laquelle donnera la possibilité de détacher l'écorce de l'aubier sans y faire de lacérations.

Cet état de séve, presque indispensable pour bien lever ces écussons, est aussi nécessaire pour les greffes de ce genre faites plus tardivement; mais, quelle que soit la saison, ces greffes seront levées ainsi qu'il suit :

Avec la lame du greffoir, *fig.* 26 (1), on fait d'abord un

_______

(1) Cette forme est préférée de tous nos habiles greffeurs.

trait oblique sur le rameau (voyez la *fig*. 15); puis on place
la lame à environ 2 centimètres au-dessus de l'œil pour le
soulever accompagné d'un large appendice d'écorce : pour
faciliter cette opération, on fait descendre la lame en biais
vers cet œil, en coupant toute l'épaisseur de ladite écorce,
et un peu moins d'aubier, qui se trouvera sous son passage. Cette lame devra conserver cette attitude pour passer
sous l'œil, et continuer ce travail jusqu'à ce qu'elle soit
arrivée sur le trait figuré. Cet œil, muni de ses deux ap-
pendices, tel qu'il est représenté *fig*. 16, sera vivement
examiné en sens contraire à sa position naturelle; et pour
cet examen, comme pour tout ce qui lui reste à faire avant
d'être placé à sa destination, on le tiendra légèrement entre les doigts de la main gauche, et avec un de ceux-ci on
courbera faiblement en dessous la partie d'écorce placée
au-dessus du *corculum* (1) ; puis, à l'aide du pouce de la
main droite et la lame du greffoir placé dans la même
main, on peut saisir et réformer la partie d'aubier qui se
trouve sur ce point. Mais cette réforme ne doit pas s'étendre au delà de ce *corculum*, lequel doit être conservé dans
toute son intégrité. Mais si, par manque d'habitude à lever
cet œil, la plaquette d'aubier se trouvait trop épaisse, ce
qui se reconnaît toutes les fois qu'elle fait suite au *corculum*, pour qu'elle puisse s'en séparer sans qu'elle y occasionne des déchirures, on amincira cette plaquette pour
achever l'opération ; cette greffe préparée en présence du
sujet, on lui en fera l'application au point désigné à l'a-
vance, en prenant, toutefois, les dispositions suivantes :

(1) Nom scientifique auquel je suis tenté de substituer celui de *racine*, vu que ce petit corps charnu, déjà fibreux et demi-ligneux, est
attaché au germe (ou œil à qui il donne la vie) et ne peut, sans son secours, s'implanter sur le sujet qui lui est destiné.

avec la lame du greffoir on fera, à cette place, une incision
horizontale, laquelle embrassera à peu près le tiers du sujet et coupera son écorce jusqu'à l'aubier; une autre incision, faite dans le même but, sera pratiquée perpendiculairement à la première, afin que, par leur ensemble, elles re-
présentent un T; puis, sans désemparer, on soulèvera légèrement l'écorce en la poussant vers la partie circulaire et en
prenant la précaution que le taillant du greffoir ne froisse le
*cambium* (1). Ainsi préparée, comme on peut le voir *fig.* 17,
la greffe sera introduite sous les deux lèvres de la plaie
seulement demi-ouverte, car c'est assez généralement la
greffe qui, étant poussée et pressée légèrement avec la spa-
tule du greffoir, achève, conjointement avec celle-ci, cette
ouverture; lorsque la greffe est parfaitement adaptée par
le bas et placée telle qu'elle est représentée, la portion de
l'appendice qui dépasse la ligne transversale devra être réformée à ce point au moyen d'une forte pression faite avec
le taillant du greffoir. Cette opération représentera la *fig.* 18.
Puis aussitôt, les deux lèvres de la plaie seront rapprochées et fixées sur la greffe à l'aide d'une ligature faite plus
généralement avec de la laine ou du coton grossièrement
filé; la longueur de ce fil devra toujours être proportionnée à la grosseur du sujet; deux tiers de cette longueur
seront mis en réserve du côté de la main droite, le reste à
la disposition de la main gauche : ainsi divisé, on le placera en sens opposé à la greffe, puis les deux bouts iné-
gaux seront attirés avec une force modérée vers cette partie
pour les croiser aussi près que possible au-dessus de l'œil
sans le couvrir; deux ou trois autres tours seront faits de

(1) **Partie gommeuse demi-cristallisée que l'on trouve sous l'écorce et
qui reste attachée à l'aubier.**

la même manière : quant à l'achèvement de cette ligature, dont le but est de couvrir le reste de la plaie, il suffit de tourner le reste du fil dans l'ordre de sa rotation et de le fixer ensuite par un demi-nœud. Quand les sujets sont extrêmement vigoureux, il est prudent de visiter ces ligatures peu de temps après leur application, et quelquefois les desserrer, afin d'éviter les étranglements qu'elles pourraient occasionner à ces greffes : lorsque celles-ci sont en pleine végétation, cette ligature devra être réformée ; puis on supprimera soigneusement tous les bourgeons sortant au-dessous de la greffe, pour que toute la séve du sujet tourne à son profit.

### Greffe en écusson à œil dormant pratiquée en juillet, août, etc.

On entend par cette désignation placer un œil sous l'écorce d'une tige conservé entier jusqu'au printemps, époque où cet œil doit développer un bourgeon. Bien avant de penser à l'exécution de cette greffe, on désignera sur chaque sujet la place qu'elle doit occuper, en faisant disparaître tous les bourgeons, lesquels pourraient la tenir privée du grand contact de l'air. Si cet ébourgeonnage avait été trop négligée, et qu'on le mît à exécution seulement quelques jours avant l'application de cette greffe, on serait exposé à donner suite à une interruption de séve qui rendrait les écorces adhérentes à l'aubier ; donc, si cette négligence existe, on ne fera l'ébourgeonnage qu'au moment de poser la greffe, laquelle, dans ce cas, court la chance d'un mauvais succès.

On a reconnu depuis longtemps que ce mode de greffer les arbres et les arbustes avait des avantages immenses sur tous les autres, attendu que, si, par ce procédé, les greffes ne réussissent pas, les sujets en sont peu détériorés, ce qui donne souvent la facilité de recommencer cette même opération dix ou douze jours après la première : en dernière ressource, ces sujets peuvent être greffés l'année d'après par le même moyen, ou par tout autre que leur grosseur fera déterminer.

Tous les végétaux que l'on peut greffer en écusson à œil dormant offrent de grandes différences dans les époques et la durée du mouvement de leur séve; il importe donc beaucoup de surveiller attentivement la vigueur de chaque espèce, afin de saisir le moment le plus opportun pour les greffer avec chance de succès. J'avoue que, pour bien saisir ce moment, il faut un peu d'habitude. Nos greffeurs habiles jugent qu'il est temps de faire cette opération lorsque les trois quarts au moins des bourgeons appartenant à chaque sujet ont cessé de pousser; dans cet état, l'écorce de chaque arbre est mûre et se détache encore facilement du corps ligneux qu'elle recouvre, et la séve étant plus stationnaire, on ne craint plus sa surabondance fougueuse, qui toujours est nuisible à la réussite des greffes, dont le plus grand nombre périt de pléthore; dans ce cas, nous disons *la séve les a noyées*. Si pourtant quelque circonstance obligeait de greffer avant que cet excès de séve fût passé, ce que l'on reconnaît au grand nombre de bourgeons encore existants, il faudrait réformer leur partie herbacée aussitôt la greffe opérée.

Tout ce qui regarde l'opération de cette greffe se rattache à ce qui a été dit pour la précédente; quant à sa ligature, on doit, pour le mieux, la réformer au temps de la chute des feuilles, afin d'éviter une humidité stagnante qu'elle retient près de l'œil greffé, et qui lui est préjudi-

ciable pendant l'hiver. Les têtes des sujets ainsi greffés
doivent être réformées au printemps suivant, lorsque la
végétation est bien prononcée ; car il ne faut pas trop se
presser de faire cette opération sur quelques espèces délicates dont la séve est gommeuse.

En petite culture soignée, on fait cette réforme à quelques millimètres au-dessus de la greffe. Les principes de
cette opération doivent toujours être basés sur ceux qui ont
été consignés en parlant de la coupe faite près des yeux
terminaux combinés. Dans les grandes exploitations, cette
réforme se fait grossièrement à 8 ou 10 centimètres au-dessus de la greffe, afin que le moignon serve provisoirement
de tuteur au bourgeon de celle-ci, sur lequel on le fixe au
moyen d'une légère bride ; dès lors la réforme de ce moignon ne se fait qu'en mai, au plus tard, époque où beaucoup de ces bourgeons exigent des tuteurs plus élevés.

### Greffe en écusson dénuée de bois.

Cette greffe, un peu plus compliquée que la précédente,
est mise en pratique pour multiplier les arbres, arbrisseaux
délicats, à bois grêle, à écorce mince et fragile. On est dans
l'usage de lever ces écussons comme il suit : on trace sa
forme sur le rameau porte-greffe avec la lame du greffoir,
en coupant toute l'épaisseur de l'écorce, puis en détachant
celle qui se trouve dans son voisinage (voyez la *fig.* 19,
lettre A) ; puis on presse avec les doigts cet écusson en le
tordant, afin qu'il se détache de cette position accompagné
du petit corps charnu qui se trouve sous l'œil, car, si, par
contre-temps, il se trouvait froissé ou resté attaché à l'aubier, il faudrait réformer l'écusson et y suppléer par un

autre ; cet inconvénient assez commun m'a fait naître un moyen infaillible pour l'éviter.

Il consiste à se servir d'un fil mince et solide, qui est placé comme l'indique la lettre B, puis à le maintenir dans cette position et attitude en tirant ses deux extrémités, afin qu'il glisse sur l'aubier et en détache sans effort l'appendice et l'œil qui lui est adhérent ; la pose de celui-ci se fait comme il est dit pour les précédentes.

## Greffe en écusson placée dans une plaie faite en forme de T renversé ⊥ ; voyez la *fig.* **20.**

*Opération.* — Avec le greffoir, taillez un écusson dont la pointe sera faite au-dessus de l'œil (voyez la lettre A). Levez cet écusson à l'aide d'un fil, ainsi qu'il a été démontré dans l'exemple précédent ; faites au sujet la plaie indiquée par la figure, insérez-y l'écusson en présentant sa pointe par le bas, unissez les parties et maintenez-les par une ligature qui devra commencer au-dessous de l'œil.

Ce mode de greffer est préférable à tous ceux de ce genre, pour multiplier les bonnes espèces et les variétés d'orangers et d'oliviers, et tous autres arbres délicats dont la séve est gommeuse.

## Greffe en écusson, de forme carrée, dite *emporte-pièce* ; voyez la *fig.* **21.**

*Opération.* — Avec la partie tranchante du greffoir, tracez sur un arbre un peu fort une plaque de forme carrée, pour être immédiatement réformée ; levez sur un fort rameau une autre plaque d'une dimension plus large et mu-

nie d'un œil, ajustez cette dernière dans la plaie faite au
sujet : celle-ci devra, pour le mieux, être recouverte avec
une autre plaque de papier plus large, percée d'un trou
destiné à laisser l'œil à découvert, le tout consolidé avec
une ligature. Cette greffe, peu en usage, doit avoir son application pour des arbres dont l'écorce est très-épaisse et
les yeux volumineux; les noyers, mûriers sont de ce nombre : cette greffe doit être pratiquée au printemps, à l'instant de celles dites à œil poussant ou à œil dormant effec-
tuées en août ou plus tard.

### Greffe en tuyau dite en *flûte*.

Pour l'exécution des greffes de cette série, on doit choisir le moment où la séve est le plus abondante, afin que
les écorces des deux parties puissent se détacher avec le
moins d'effort possible. Ces dispositions se présentent durant le printemps, au moment où la séve montante est le
plus abondante, ou en août, lorsqu'elle est dominée par
une disposition contraire, connue sous la dénomination
de séve descendante. L'usage de ces greffes est très-anciennement connu et n'est admis aujourd'hui en France
que pour y multiplier un petit nombre d'arbres fruitiers,
tels que les châtaigniers, les noyers, les mûriers, occupant
la première place : elles peuvent être pratiquées avec succès sur des rameaux vigoureux destinés à continuer la flèche de jeunes arbres, ou sur de très-gros, lorsqu'on y aura
fait naître des rameaux semblables aux précédents, car
cette greffe ne peut être pratiquée avec succès qu'avec de
jeunes bois des deux parties, dont le plus vieux ne pourrait avoir plus d'une année.

Quoique les greffes de cette série soient peu nombreuses, elles offrent des différences peu sensibles les unes des autres; chacune d'elles a reçu beaucoup de noms vulgaires, tels que les suivants : *en chalumeau, en flûte ou flûteau, en sifflet, en anneau, en cornuchet, en canon, en tuyau;* ce dernier nom m'a paru le plus analogue à ces greffes, en ce qu'elles ont toutes cette forme avant d'être adaptées sur leurs sujets.

De toutes ces greffes, je ne parlerai que de celles qui sont le plus en usage, et je ne démontrerai que le bon de chacune, je n'en mentionnerai que deux : la première en tuyau à œil poussant, la seconde à œil dormant, et, telles qu'elles sont décrites, elles devront être préférées pour multiplier le petit nombre de végétaux pour lesquels elles sont destinées.

**Greffe en tuyau à œil poussant; voyez la *fig.* 22.**

*Opération.* — Lorsqu'au printemps l'écorce des sujets et celle des greffes se détachent sans efforts, les rameaux sur lesquels on se propose de lever celles-ci devront être séparés de leur arbre natal, pour être aussitôt enveloppés, de toute leur longueur, dans un linge mouillé; dans cet appareil, ces rameaux peuvent se conserver quatre jours, mais il vaut mieux ne les couper que peu de temps avant d'en lever les greffes, lesquelles doivent aussitôt être placées à leur destination.

Avant de penser à séparer ces greffes de leurs rameaux, on en réformera toutes les parties supérieures qui sont anguleuses; la même opération sera faite au sujet; puis aussitôt on fera, au sommet des parties réservées de celui-ci, trois ou quatre incisions longitudinales sur son écorce, afin d'aider à la séparer du sujet, tel qu'il est représenté lettre A; puis aussitôt on choisit un rameau porte-greffe toujours un peu plus fort que le sujet, on y trace deux cercles, lesquels marquent la longueur de la greffe sur laquelle il doit y avoir au moins un œil bien constitué, et deux lorsqu'ils ne se trouvent pas trop éloignés les uns des autres (voyez la lettre B).

Cette partie doit être aussitôt tenue dans la main pendant l'espace d'une ou deux minutes, pour l'échauffer et la dilater pour ensuite la détacher plus facilement de dessus son aubier au moyen d'une forte torsion : ce tube sera aussitôt porté sur la partie dénudée du sujet; mais, à cause de son moins de volume, on le dénudera davantage et dans les proportions voulues pour que, au fur et à mesure, on puisse faire descendre la greffe jusqu'à ce que toutes ces parties intérieures soient jointes à l'aubier du sujet : ainsi adaptée, on relève quelquefois les écorces du sujet, lesquelles ont pour but de garantir pour quelques jours du grand contact de l'air la greffe et la partie dénudée. D'autres fois, et c'est le plus ordinaire, celles-ci sont retranchées, mais, dans ce cas, il faut, avec la lame du greffoir, racler de haut en bas la partie boiseuse dénuée d'écorce qui se trouve au-dessus de la greffe après avoir été adaptée : ces raclures forment une espèce de charpie qui a pour but d'intercepter l'air et l'eau qui pourraient s'introduire entre les parties opérées.

**Greffe en tuyau à œil dormant ; voyez la _fig._ 23.**

Cette greffe se pratique exclusivement, pendant le cours

du mois d'août, avec du bois produit par la séve du printemps. Les parties sur lesquelles on lèvera les greffes devront être d'un aussi gros volume que possible ; aussitôt séparées de leur pied natal, on en réformera les feuilles en conservant une petite portion de leurs pétioles, puis on ne devra rien négliger pour enlever les greffes. Cette opération ne diffère de la précédente que par une fente longitudinale, laquelle ouvre le tuyau-greffe dans toute sa longueur, ce qui donne la facilité de l'extraire de ces parties adhérentes ; cela fait, on la présente en face du sujet destiné à la recevoir, et auquel on conserve la cime, et dont la partie basse devra avoir le même volume que la greffe. C'est sur cette partie qu'on lèvera un tube d'écorce de la dimension de celle-ci, afin qu'elle puisse y trouver sa place et coïncider sur tous ses bords, puis on la maintiendra à sa place au moyen d'une ligature qui, pour le mieux, devra être réformée avant l'hiver : on attendra le printemps pour couper la tête du sujet, afin que sa greffe puisse prendre de l'accroissement. Ce mode de greffe, difficile à effectuer, n'est en usage que pour multiplier quelques arbres délicats dont les écorces se lèvent difficilement au printemps, et auxquels la séve descendante est d'une nécessité absolue pour la reprise des greffes qui leur sont appliquées.

Ici se termine la description du petit nombre des greffes que j'ai jugées d'une utilité indispensable aux propriétaires amateurs ; ce petit recueil suppléera, je l'espère, à toutes celles que j'ai réfutées, la plupart minutieuses, et dont les descriptions seraient une surcharge de peu d'intérêt pour mes lecteurs.

FIN.

21

# LISTE

## DES MEILLEURES ESPÈCES

# D'ARBRES FRUITIERS

*à cultiver dans les jardins et vergers.*

Dans ce choix d'espèces, il en est encore auxquelles on doit donner la préférence, par rapport à des causes qui vont être développées ci-après ; mais, avant tout, j'ai pensé qu'il était essentiel de signaler la qualité de chacune de ces variétés par un plus ou moins grand nombre d'astérisques : ainsi nous en mettrons un pour désigner la première qualité, deux pour la seconde, etc. Quant au signe propre à déterminer les proportions dans lesquelles ces variétés méritent d'être multipliées, on le trouvera au moyen de virgules, dont le nombre augmentera en proportion du besoin de la consommation des fruits, de leur grosseur, de la rusticité des arbres et de leur fertilité ; puis on ne devra pas être surpris de voir un certain nombre d'espèces de poires et de pommes de première qualité mûrissant pendant l'été, qui, pour cela, ne seront marquées que d'une ou deux virgules par rapport à leur peu de durée : il en sera souvent autrement pour celles de seconde qualité, mûrissant à la fin de l'hiver et pendant le cours du printemps, par rapport au petit nombre de bonnes espèces à livrer à la consommation, pendant cette dernière saison, et le temps qui est nécessaire pour que tous les fruits de chacune de ces variétés puissent acquérir leur parfaite maturité.

Quoique la liste que je présente soit déjà fort nombreuse, il se pourrait que quelques amateurs ne la trouvassent pas encore assez complète ; dans ce cas, ils voudront bien consulter le *supplément de second choix* placé à la suite de chaque genre.

NOTA. Le plus grand nombre d'espèces nouvelles que l'on trouve jointes à cette liste sont dues à la bienveillance de M. JAMIN, pépiniériste et amateur très-distingué, ci-devant rue de Buffon, maintenant au Bourg-la-Reine (banlieue de Paris), chez lequel nous avons dégusté ces fruits, et dont plusieurs de ces espèces ont été jointes à cette liste avant d'être annoncées dans son catalogue raisonné publié en 1843, dans lequel on trouve aujourd'hui une des plus riches collections en ce genre, attendu que M. JAMIN fait de nombreux voyages, en France et à l'étranger, pour acquérir les bonnes espèces dont il enrichit, chaque jour, notre pays et divers points du globe.

| | QUALITÉ. | MÉRITE de MULTIPLICITÉ. | ÉPOQUE DE MATURITÉ. |
|---|---|---|---|
| **ABRICOTIERS.** | | | |
| Abricot much-much.. . . . . . . . | * | ,, | Du 1 au 10 juillet. |
| — Gros Saint-Jean, abdelouis Saint-Jean. | * | ,,, | Du 5 au 20 juillet. |
| — Grosse alberge de Montgamet et de Tours. . . . . . . . . . | * | ,,, | Du 15 au 20 juillet. |
| — Angoumois ou Violet. . . . . . | * | ,, | id. |
| — Commun pour marmelades. . . . | ** | ,,,,,, | Fin de juillet. |
| — de Hollande, amande-aveline. . . | ** | ,, | |
| — Pêche ou de Nancy. . . . . . | * | ,,,, | id. |
| — Pourret. . . . . . . . . . | * | ,,, | Août. |
| SUPPLÉMENT DE SECOND CHOIX. | | | |
| — Blanc hâtif musqué. . . . . . | *** | | Du 1 au 15 juillet. |
| — De Portugal ou de Provence. . . | * | | Du 10 au 20 juillet. |
| — Royal. . . . . . . . . . | * | | Fin de juillet. |
| — Petite alberge. . . . . . . | * | | id. |
| **CERISIERS.** | | | |
| Cerise, guigne hâtive à fruit noir. . . | ** | ,, | Du 10 au 20 mai. |
| — Hâtive d'Angleterre. . . . . . | * | ,,,,,, | Du 20 au 30 mai. |
| — Doucette, belle de Choisy ; de la Palingre ; de Vilaine. . . . . . | * | ,,,, | Fin de mai et juin. |
| — Royale hâtive, royale Chéri-duc.. . | * | ,,,, | Juin. |
| — Plus belle que Chéri-duc. . . . | * | ,,, | |
| — de Montmorency, à la longue queue. | * | ,,, | id. |
| — Guigne. . . . . . . . . | * | ,,, | id. |
| — Royale de Hollande, de Portugal, griotte de Portugal. . . . . | * | ,,, | Du 1 au 15 juillet. |
| — Griotte d'Allemagne, griotte de Chaux ; du comte de Saint-Maur. . . | * | ,,, | id. |
| — Belle Audigeoise. . . . . . . | * | ,,, | id. |
| — Belle Châtenay magnifique. . . . | * | ,,, | Fin de juillet. |
| — Reine Hortense. . . . . . . | * | ,,,,, | id. |
| — Mai duc, royale tardive. . . . | * | ,,,,,, | id. |
| — De Spa. . . . . . . . . | * | ,,,, | id. |
| — Grosse cerise à ratafia. . . . | *** | ,, | id. |
| — Bigarreautier-cœuret ou cœur-de-poule | ** | ,, | Fin de juin. |
| — Wellington. . . . . . . . . | * | ,, | Du 1 au 15 juillet. |

|  | QUALITÉ. | MÉRITE de MULTIPLICITÉ. | ÉPOQUE DE MATURITÉ. |
|---|---|---|---|
| **SUPPLÉMENT DE SECOND CHOIX.** | | | |
| Cerisier nain hâtif, ou précoce de Montreuil. . . . . . . . . | * | | Du 20 au 30 mai. |
| De Montmorency, courte queue, gros gobet. . . . . . . . . | ** | | Juin. |
| A gros fruit blanc ambré ou princesse. | ** | | id. |
| Quindoux de Provence. . . . . | ** | | Juillet. |
| D'Eltonne. . . . . . . . . | * | | id. |
| Cerisier de Prusse à gros fruit doux. . | *** | | Fin de juillet. |
| Bigarreautier à gros fruit rouge de Hollande. . . . . . . . . | ** | | Fin de juin. |
| **PÊCHERS.** | | | |
| Avant-pêche petite mignonne, double de Troyes (avant-pêche rouge par erreur). . | * | ,,, | 15 juillet. |
| Belle de Doué. . . . . . . . | * | ,,,, | id. |
| Pourprée hâtive. . . . . . . | * | ,,, | Du 1 au 15 août. |
| Madeleine à petit fruit hâtif. . . . | * | ,,, | Du 10 au 20 août. |
| Grosse mignonne, ou grosse veloutée, ou incomparable. . . . . . | * | ,,,,,, | Du 15 au 30 août. |
| Madeleine rouge ou de Courson, ou rouge paysanne.. . . . . . | * | ,,, | Du 20 août au 10 sept. |
| De Malte, ou belle de Paris. . . . | * | ,,, | id. |
| Bellegarde, ou Galande, ou noire de Montreuil (Chevreuse par erreur). . | * | ,,, | id. |
| Grosse violette hâtive. . . . . | * | ,, | id. |
| Belle Chevreuse (dite Bon-Ouvrier).. | * | ,,, | id. |
| Nivette veloutée. . . . . . . | * | ,, | Du 10 sept. au 10 oct. |
| Admirable ou belle de Vitry. . . | ** | ,, | Mi-septembre et oct. |
| Saint-Michel (nouvelle). . . . . | * | ,, | Fin de septembre. |
| Bourdine Narbonne, Royale, belle de Tillemont. . . . . . . . | ** | ,, | Octobre. |
| Admirable jaune, grosse jaune; de Burai; d'orange, sandalie hermaphrodite (abricotée par erreur). . | *** | ,, | id. |

| | QUALITÉ. | MÉRITE de MULTIPLICITÉ. | ÉPOQUE DE MATURITÉ. |
|---|---|---|---|
| **SUPPLÉMENT DE SECOND CHOIX.** | | | |
| Pêche avant-pêche blanche. . . . . | ** | | Juillet. |
| — Alberge jaune, Saint-Laurent jaune, petite rossane abricotée. . . . | ** | | Du 1 au 20 août. |
| — Madeleine blanche. . . . . . | * | | Du 10 au 30 août. |
| — Belle Beauce. . . . . . . . | ** | | Du 20 août au 10 sept. |
| — Petite violette hâtive, violette d'Ange-villiers. . . . . . . . . . | * | | *id.* |
| — Panachée. . . . . . . . . | * | | *id.* |
| — Chancelier. . . . . . . . | * | | Fin de sept. et oct. |
| — Teton-de-Vénus. . . . . . . | ** | | *id.* |
| — Pourprée tardive. . . . . . . | ** | | Octobre. |
| — Betterave cardinal de Furstemberg. . | *** | | *id.* |
| — De la Toussaint. . . . . . . | ** | | Fin d'octobre. |
| **POIRIERS.** | | | |
| Poire amiré-joannet, poire Saint-Jean. . | ** | ,, | Mi-juin. |
| — Doyenné d'été. . . . . . . | * | ,,, | Août. |
| — Madeleine ou citron des Carmes. . | ** | ,,, | *id.* |
| — Épargne beau présent, cueillette belle vierge, Saint-Samson, de la table des princes (cuisse-madame par erreur). | * | ,,,, | Fin de juillet et août. |
| — Beurré Giffart. . . . . . . | * | ,,,,,, | Août. |
| — Jargonnelle, bellissime, figue d'été. . | *** | ,, | *id.* |
| — Grise bonne, poire-aux-mouches, ambrette d'été, crapaudine, rude épée, de forêt, sucrée grise. . . . . | ** | ,, | *id.* |
| — Bergamote d'été, milan blanc, franc-réal d'été, mouille-bouche d'été. . | ** | ,,, | *id.* |
| — William Bon-chrétien Wil. . . . | * | ,,,, | Fin d'août. |
| — Épine d'été, bugiarda des Italiens, fondante musquée. . . . . . | * | ,, | *id.* |
| — Bon-chrétien d'été, Gratioly. . . | * | ,,, | *id.* |
| — Belle de Bruxelles, belle d'août, grosse bergamote d'été. . . . . . | ** | ,,, | Fin d'août et sept. |
| — Bon-chrétien de Bruxelles, capucine. | * | ,,, | Septembre. |
| — Bergamote d'Angleterre. . . . . | * | ,,,,,, | *id.* |

| | QUALITÉ. | MÉRITE de MULTIPLICITÉ. | ÉPOQUE DE MATURITÉ. |
|---|---|---|---|
| Gloire urbaniste. | * | ,,,, | Septembre. |
| — Ananas. | * | ,, | id. |
| — Wilhelmine, plomgastelle, beurré d'Amanlis, poire Delbart. | * | ,,, | id. |
| — Belle et bonne de Zée. | * | ,,,, | |
| — Duchesse d'Angoulème, Pézenas (poire de). | * | ,,,,, | Septembre et octobre. |
| — Bonne Louise d'Avranches et de Jersey (poire de). | * | ,,,, | id. |
| — Beurré de Beaumont. | * | ,,,,, | id. |
| — Beurré d'Angleterre. | * | ,,, | id. |
| — Beurré de Montgeron. | * | ,,, | id. |
| — Beurré gris d'Amboise. | * | ,,,,, | Fin de sept. et octob. |
| — Jalousie de Fontenay-Vendée. | * | ,,,,, | Octobre. |
| — Beurré moiré. | * | ,,,, | |
| — Beurré Bosc. | * | ,,, | id. |
| — Beurré lucratif. | * | ,,, | id. |
| — Saint-Michel archange. | * | ,,,, | Octobre et novembre. |
| — Besi de la Motte. | * | ,, | id. |
| — Doyenné gris jaune d'hiver. | * | ,,,,, | id. |
| — Colmar d'automne. | * | ,,, | id. |
| — Incomparable Hacon's. | * | ,,,, | id. |
| — Charles d'Autriche, de l'empereur, médaille, Napoléon, liard, Bonaparte, belle caennaise (archiduc Charles par erreur). | * | ,,,,,, | id. |
| — Gloire de Cambronne. | * | ,,,, | id. |
| — Beurré magnifique, beurré royal, beurré d'Yel, beurré incomparable, des Trois-Tours, p. Fourqui, p. Melon. | | ,,,,, | id. |
| — Beurré d'Anjou. | * | ,,, | id. |
| — Marie-Louis d'Elcourt. | * | ,,,, | Novembre. |
| — De Louvain. | * | ,,,, | id. |
| — Beurré Picquery. | * | ,,, | Novemb. et décemb. |
| — Fondante des bois. | * | ,,,, | id. |
| — Van Mons Léon Leclerc. | * | ,,,,,, | id. |
| — Soldat laboureur. | * | ,,,, | id. |
| — Triomphe de Jodoigne. | * | ,,,, | id. |
| — Belle après Noël. | * | ,,,,, | id. |
| — Reine des poires. | * | ,,,,,, | |

|  | QUALITÉ. | MÉRITE de MULTIPLICITÉ. | ÉPOQUE DE MATURITÉ. |
|---|---|---|---|
| Poire nec-plus-meuris. | * | „„„ | Octobre et novembre. |
| — Louise de Prusse. | * | „„„ | Novemb. et décemb. |
| — Passe-Colmar. | * | „„„„„ | Novembre à janvier. |
| — Besi d'Esperen. | * | „„„„ | |
| — Crassane. | * | „„„„„„ | *id.* |
| — Beuzard. | * | „„„„ | *id.* |
| — Beurré d'Aremberg, beurré d'Hardempont (beurré de Flandre par erreur). | * | „„„„„„„„ | *id.* |
| — Beurré d'Hardempont de Cambron glou-morceau. | * | „„„„„„ | *id.* |
| — Passe-Colmar doré suprême ou souverain. | * | „„„„„ | *id.* |
| — Délice d'Hardempont. | * | „„„ | *id.* |
| — Léon Leclerc, Van Mons ou de Louvain. | * | „„„ | *id.* |
| — Chaumontel. | * | „„ | *id.* |
| — Saint-Germain ou inconnue la Fare. | * | „„„„„ | Novembre à mai. |
| — Bonne de Malines ou beurré. | * | „„„„„„ | Décembre et janvier. |
| — Royale d'hiver. | * | „„ | *id.* |
| — Colmar, gros mizet; Monié, belle et bonne. | * | „„„ | Décembre à février. |
| — Colmar Charnay. | * | „„„„ | |
| — Doyenné d'hiver, bergamote de la Pentecôte. | * | „„„„„„„„ | Décembre à juin. |
| — Beurré de fougère. | * | „„ | Hiver. |
| — Louise de Boulogne. | * | „„„„ | Fin d'hiver et print. |
| — Bon-chrétien d'hiver. | * | „„ | *id.* |
| — Bergamote-crassane d'hiver. | * | „„„„„„ | *id.* |
| — Beurré de Rans, de Noirchain, de Flandre. | * | „„„„„ | *id.* |
| — Beurré gris d'hiver, nouveau. | * | „„„„„„ | *id.* |
| — Pater-noster. | * | „„„„„ | *id.* |
| — Joséphine de Malines. | * | „„„„„ | *id.* |
| — Fortunée. | * | „„ | Printemps et plus. |
| — Beurré bronzé. | * | „„„„„ | *id.* |

SUPPLÉMENT DE SECOND CHOIX.

|  | QUALITÉ. | MÉRITE de MULTIPLICITÉ. | ÉPOQUE DE MATURITÉ. |
|---|---|---|---|
| — Hâtiveau, petit muscat Saint-Henri. | ** | | Mi-juin. |
| — Blanquette à longue queue. | ** | | Juillet. |

| | QUALITÉ. | MÉRITE de MULTIPLICITÉ. | ÉPOQUE DE MATURITÉ. |
|---|---|---|---|
| Poire longuette de Norkoulte. . . . | * | | Juillet. |
| — Vallée franche ou poire Liquet. . . | ** | | Août. |
| — Cuisse-madame (vraie). . . . . | ** | | id. |
| — Bon-chrétien d'été musqué. . . . | * | | id. |
| — Orange rouge. . . . . . . | ** | | id. |
| — Sucrée noire. . . . , . . . | * | | id. |
| — Niochy de Parme. . . . . . | * | | id. |
| — Rouge de vierge. . . . . . . | * | | Fin d'août et sept. |
| — Gros rousselet. . . . . . . | * | | id. |
| — Payenchy. . . . . . . . . | * | | id. |
| — Forelle ou truite. . . . . . . | * | | Septembre. |
| — Rousselet de Reims. . . . . . | * | | Septembre et octobr. |
| — Besi de Montigny. . . . . . | * | | id. |
| — Beurré-capiaumont, beurré aurore. . | * | | id. |
| — Marie-Louise. . . . . . . . | * | | id. |
| — Verte - longue , mouille - bouche ou coule-soif. . . . . . . . | * | | Fin de sept. et octob. |
| — Doyenné blanc Saint-Michel, de li-mon, de neige ou de seigneur. . . | * | | id. |
| — Doyenné Sieulle. . . . . . . | * | | id. |
| — Bergamote Silvange. . . . . . | * | | Octobre. |
| — Sucrée verte. . . . . . . . | * | | id. |
| — D'abondance. . . . . . . . | * | | id. |
| — Belle de Jersey. . . . . . . | ** | | id. |
| — Excellentissime. . . . . . . | * | | id. |
| — Messire Jean. . . . . . . . | * | | id. |
| — Curé, belle de Berry, bon papa, pater-notte , Misive d'hiver , belle An-dréine. . . . . . . . . | ** | | Octobre et novembre. |
| — Verte longue de la Mayenne. . . | ** | | id. |
| — Louise bonne ancienne. . . . . | ** | | id. |
| — Archiduc Charles. . . . . . | * | | id. |
| — Marquise. . . . . . . . . | * | | id. |
| — Mansuète double. . . . . . . | ** | | Novembre. |
| — Merveille d'hiver ou petit-oin. . . | * | | id. |
| — Bergamote d'Austrasie , jaminette; poire Pirolle Maroi. . . . . . | ** | | Décembre. |
| — Ambrette d'hiver ou épine d'hiver (par erreur). . . . . . . | * | | id. |

| | QUALITÉ. | MÉRITE de MULTIPLICITÉ. | ÉPOQUE DE MATURITÉ. |
|---|---|---|---|
| Poire virgouleuse ou chambrette. . . | * | | Janvier à mars. |
| —Besi sans pareille. . . . . . | * | | *id.* |
| — Bergamote de Hollande, Amoselle (bergamote d'Alençon). . . . | * | | Avril à juin. |
| POIRES PRÉFÉRÉES POUR COMPOTES. | | | |
| —Frangipane. . . . . . . | * | , | Septembre et octobre. |
| —Saint-Lezin. . . . . . . | * | , | Octobre. |
| — Figue d'hiver. . . . . . . | * | ,, | Novembre. |
| — Trésor d'amour. . . . . . | ** | , | *id.* |
| —Gille-ô-gille, Agobert, garde-écorce. | ** | ,, | *id.* |
| —Gros râteau gris, de livre, présent royal de Naples. . . . . | ** | ,, | *id.* |
| — D'Hardempont faux bon-chrétien (par erreur). . . . . . . . | ** | ,, | *id.* |
| —bon-chrétien d'Espagne. . . . | ** | ,, | Décembre. |
| — Orange d'hiver. . . . . . | ** | ,, | *id.* |
| — Double-fleur. . . . . . . | * | ,, | *id.* |
| — Martin-sec. . . . . . . | * | ,, | *id.* |
| — Belle de Brissac. . . . . . | ** | ,,,, | *id.* |
| — Franc-réal ou gros mizet. . . . | * | ,, | *id.* |
| — Parfum d'hiver ou bouvard musqué. | * | ,,,, | Décembre à février. |
| — Catillac. . . . . . . . | ** | ,, | *id.* |
| — Bellissime d'hiver ou de Bure. . . | * | ,,,, | Janvier. |
| — Blanc perlé ou blanc perné. . . | * | ,,,, | Février et mars. |
| — Angleterre d'hiver. . . . . | * | ,,, | Mars et avril. |
| — Mansuète ou solitaire, belle angevine royale d'Angleterre, très-grosse de Bruxelles, Bolivar. . . . . . | * | ,, | *id.* |
| — Tarquin. . . . . . . . | * | ,, | Printemps. |
| Poire Chaptal ou beurré Chaptal. . . | * | ,,, | Mars et mai. |

### POMMIERS.

| | QUALITÉ. | MÉRITE de MULTIPLICITÉ. | ÉPOQUE DE MATURITÉ. |
|---|---|---|---|
| Pomme taffetas des environs de Bruxelles ou transparente de Russie, ou d'Astracan, ou de Moscovie. . . | * | ,, | Juillet. |
| —Haute bonté. . . . . . . | ** | , | *id.* |
| —Calville rouge d'été, Madeleine. . | * | ,, | Août. |
| —Cœur-de-pigeon, passe-rose, cousinelle. . . . . . . . . | * | , | *id.* |

| | QUALITÉ. | MÉRITE de MULTIPLICITÉ. | ÉPOQUE DE MATURITÉ. |
|---|---|---|---|
| oomme rambour franc d'été, rambour rayé, ou Notre-Dame. . . . . | ** | ,, | Septembre. |
| —Reinette d'été. . . . . . . . | ** | ,, | id. |
| —Reinette d'Espagne ou large face pepin (par erreur). . . . . . . | ** | ,, | Octobre. |
| — Reinette jaune hâtive. . . . . . | ** | ,, | id. |
| —Reinette rouge ou royale d'Angleterre (par erreur). . . . . . . | * | ,,, | Novembre. |
| —Malingre ou calville malingre d'Angleterre. . . . . . . . | * | ,,, | id. |
| — Reinette blanche de Canada. . . . | * | ,,,, | Novembre à janvier. |
| —Reinette grise de Canada. . . . . | * | ,,,,,, | Décembre à février. |
| — Belle du Havre. . . . . . . . | * | ,,, | id. |
| —King of the pepine, ou reine des reinettes. . . . . . . . . | * | ,,, | id. |
| —Gloria mundi très-grosse. . . . | ** | ,, | id. |
| —Reinette du roi. . . . . . . | * | ,,, | id. |
| — Dowtoun nonpareille. . . . . . | * | ,,, | id. |
| —Cadeau du général. . . . . . | * | ,,, | id. |
| —Reinette ordinaire. . . . . | * | ,,,,,, | Décembre à mars. |
| —Reinette de Champagne. . . . . | * | ,,,, | id. |
| —Calville blanc d'hiver. . . . . | * | ,,,,,,,,, | Décembre à avril. |
| — Rivière. . . . . . . . . | * | ,, | id. |
| — Reinette de Grandville, pomme-poire de Duhamel. . . . . . . | * | ,,,, | Janvier à mai. |
| —Reinette blanche, blanc dur. . . . | * | ,,,,,,,,, | Février à mai. |
| —Reinette très-tardive. . . . . . | * | ,,,,,,,,, | Mars à juin. |
| —Très-grosse de Douai (très-nouvelle). | * | ,,, | id. |

SUPPLÉMENT DE SECOND CHOIX.

| | QUALITÉ. | | ÉPOQUE DE MATURITÉ. |
|---|---|---|---|
| oomme gelée d'été. . . . . . . | ** | | Août. |
| — Reinette panachée. . . . . . | ** | | Août et septembre. |
| —Calville rouge d'hiver. . . . . | ** | | Octobre. |
| —Du Brabant, belle fleur. . . . . | ** | | id. |
| —Pater-noster. . . . . . . . | ** | | id. |
| — Belle monstrueuse d'Amérique. . | ** | | id. |
| —Reinette de coq. . . . . . . | ** | | id. |
| — Reinette piquetée. . . . . . | * | | Octobre et novembre. |

| | QUALITÉ. | MÉRITE de MULTIPLICITÉ. | ÉPOQUE DE MATURITÉ. |
|---|---|---|---|
| Pomme reinette d'or, gold pepin . . . | ★ | | Octobre et novembre. |
| — Reinette verte. . . . . . . . . | ★ | | Novembre et décemb. |
| — Postophe d'hiver . . . . . . . . | ★★ | | *id.* |
| — Reinette de la Russie tempérée, reinette de Hongrie, belle de Senart, de Spitzenberg. . . . . · . . . | ★ | | *id.* |
| — Alexandre. . . . . . . . . . | ★ | | *id.* |
| — Reinette de Siékler ou pomme de Suisse rouge. . . . . . . . | ★ | | *id.* |
| — Boutigny. . . . . . . . . . | ★ | | *id.* |
| — Reinette perle. . . . . . . . | ★ | | *id.* |
| — Ostogath . . . . . . . . . . | ★ | | Novembre à avril. |
| — Saint-Germain (pomme de) . . . . | ★★ | | Décembre et janvier. |
| — Princesse noble. . . . . . . . | ★ | | *id.* |
| — De jaunet . . . . . . . . . . | ★ | | *id.* |
| — Francatu romain . . . . . . . . | ★ | | *id.* |
| — Fenouillet rouge, Bardin. . . . | ★★ | | *id.* |
| — Châtaignier . . . . . . . . . | ★★ | | Janvier à mars. |
| — Court-pendu plat. . . . . . . . | ★ | | *id.* |
| — Mollet Suzanne. . . . . . . . | ★ | | *id.* |
| — Louis XVIII . . . . . . . . | ★ | | *id.* |
| — Borowiski. . . . . . . . . . | ★ | | *id.* |
| — Belle Joséphine. . . . . . . . | ★ | | *id.* |
| — Belle de Rome . . . . . . . . | ★ | | *id.* |
| — Margile. . . . . . . . . | ★ | | *id.* |
| — Pepin gris de Cambray . . . . . | ★ | | Mars et avril. |
| — Api gros, pomme rose . . . . . | ★ | | *id.* |
| — Malapiasse . . . . . . . . . | ★ | | *id.* |

## PRUNIERS.

| | QUALITÉ. | MÉRITE de MULTIPLICITÉ. | ÉPOQUE DE MATURITÉ. |
|---|---|---|---|
| Prune jaune hâtive de Catalogne ou de Saint-Barnabé . . . . . . . . | ★★★ | " | Du 1 au 10 juillet. |
| — Noire hâtive de Saint-Jean ou de la Madeleine, ou de Rienzenslem. . | ★★★ | | Du 10 au 20 juillet. |
| — Prune-pêche (surpasse-Monsieur par erreur). . . . . . . . . | ★★ | "" | *id.* |
| — De Montfort. . . . . . . . . | ★★ | "" | *id.* |
| — Dame Aubert violette (diaprée rouge par erreur). | ★★ | " | Mi-juillet. |

| | QUALITÉ. | MÉRITE de MULTIPLICITÉ. | ÉPOQUE DE MATURITÉ. |
|---|---|---|---|
| Prune Monsieur hâtif. . . . . . | ** | ,, | Fin de juillet. |
| — Monsieur tardif. . . . . . . | ** | ,, | Du 1 au 10 août. |
| — Grosse mirabelle double ou mirabelle de Metz, ou drap d'or. . . . . | * | ,,,, | Du 10 au 20 août. |
| — Damas d'Italie. . . . . . . | ** | ,, | id. |
| — Grosse reine-Claude verte, bon abricot vert. . . . . . . . . . | * | ,,,,,,, | Du 15 au 30 août. |
| — Abricotée blanche. . . . . . | ** | ,, | id. |
| — Reine-Claude violette. . . . . | * | ,,, | Fin d'août. |
| — Impériale jaune d'Allemagne ou prune-datte. . . . . . . . | ** | ,, | id. |
| — Fellemberg. . . . . . . . | * | ,,, | Septembre. |
| — Reine-Claude monstrueuse de Bavay. | * | ,,,, | id. |
| — Coe golden drop goutte d'or. . . | * | ,,,,, | id. |
| — Saint-Martin ( ou Monsieur tardif par erreur ). . . . . . . . . | ** | ,, | Octobre. |

SUPPLÉMENT DE SECOND CHOIX.

| | QUALITÉ. | MÉRITE de MULTIPLICITÉ. | ÉPOQUE DE MATURITÉ. |
|---|---|---|---|
| — Perdrigon blanc. . . . . . . | ** | | Août. |
| — Mirabelle ordinaire. . . . . . | * | | id. |
| — Damas violet. . . . . . . . | ** | | id. |
| — Damas blanc gros. . . . . . | ** | | id. |
| — Diaprée rouge, Rochecorbon. . . | *** | | id. |
| — Royale de Tours ou damas de Tours. | ** | | id. |
| — Hardy. . . . . . . . . | ** | | id. |
| — Suisse. . . . . . . . . | * | | Septembre. |
| — Damas gros noir tardif. . . . | ** | | id. |
| — Kœtche d'Italie. . . . . . | ** | | id. |

CHOIX DES ESPÈCES LES PLUS PROPRES
A LA CONFECTION DES PRUNEAUX.

| | QUALITÉ. | MÉRITE de MULTIPLICITÉ. | ÉPOQUE DE MATURITÉ. |
|---|---|---|---|
| — Abricotée blanche. . . . . . | * | | |
| — Virginale à gros fruit blanc ou dauphine satin. . . . . . . . | * | | |
| — Gros damas blanc. . . . . . | * | | |
| — Verte bonne de Rome ou coude-à-papa. | * | | |
| — Sainte-Catherine. . . . . . . | * | | |
| — Agen (P. d') ou robe-de-sergent. . | * | | |
| — Impériale ou prune d'Altesse. . . | * | | |
| — Saint-Morin. . . . . . . . | * | | |

# VOCABULAIRE EXPLICATIF

DE

## QUELQUES TERMÉS EMPLOYÉS DANS CET OUVRAGE.

### A.

**AFFRANCHISSEMENT DES ARBRES**, c'est faire pousser des racines sur la greffe des individus greffés sur des sujets congénères, mais plus faibles, et dont les racines sont insuffisantes à leur alimentation.

**AILE**, moitié d'un arbre taillé en éventail.

**AISSELLE**, angle formé par une feuille avec un bourgeon, par un bourgeon avec un rameau, par un rameau avec une branche, et par celle-ci avec la tige, à leur point d'insertion.

**ALUMINE**, substance qui domine et constitue les sols argileux, connue aussi sous le nom de terre forte.

**ANNULAIRES** (plaies), on emploie ce mot en arboriculture pour désigner des plaies en forme d'anneau que l'on fait aux tiges, branches, etc., pour intercepter momentanément une partie des fluides séveux, et les retenir au bénéfice de quelques autres qui en manquent.

### B.

**BROCHE**, partie du sarment réservée par la taille de la vigne. (Voyez *Sarment.*)

**BRULURE**, partie des écorces oblitérée, fendue par l'action des rayons solaires, et offrant une couleur autre que celle naturelle à l'arbre.

### C.

**CALCAIRE**, se dit d'un sol où la chaux domine.

Calorique, principe de la chaleur.

Candélabre, taille qui donne aux arbres une forme imitant un candélabre.

Cep, pied de vigne dont la tige est coupée à peu de distance du sol et sur lequel sont établis plusieurs coursons.

Charnu, état d'une branche, d'un rameau ou d'une bourse dont le tissu cellulaire est rempli d'une très-grande quantité de séve arrivée pour ainsi dire à l'état spongieux.

Charpente : dans les arbres abandonnés à la nature, la charpente s'étend des branches qui occupent les quatre premiers rangs dans leur organisation ; dans ceux taillés en éventail, des branches mères, sous-mères, secondaire et de ramification ; dans les vases ou gobelets, des branches circulaires ; dans les pyramides et les quenouilles, de la tige et des branches latérales.

Chevelure, jeunes pieds de vigne garnis d'une bonne quantité de racines.

Contre-espalier, arbres taillés en éventail, palissés sur des treillages plus ou moins éloignés des murs.

Cordon, on donne ce nom à une tige de vigne conduite horizontalement.

Corne, bifurcation peu allongée, et dont les deux parties sont taillées de la même longueur.

Couronne, base des rameaux et des branches, formant *empâtement*, sur la branche ou la tige qui les alimente. On entend également, par ce mot, l'ensemble des branches qui terminent les arbres taillés en gobelet.

Couronné, mot pour désigner un arbre qui manque de vigueur par son extrémité.

Courson, branche courte de la vigne attachée au cordon ou au cep, et chargée d'alimenter les sarments.

Coursonne (branche), identique du courson.


## D.


Dénudé, signifie privation, absence de l'objet dont il est question, soit l'œil, bouton, feuilles, rameaux, etc.

## E.

Éborgner, supprimer d'une manière quelconque les yeux ou gemmes inutiles.

Éboucter, c'est retrancher l'extrémité seulement des bourgeons et des rameaux.

Ébourgeonner, c'est retrancher une quantité plus ou moins grande des bourgeons suivant le besoin.

Écailles, petites folioles avortées servant d'enveloppe aux yeux et aux boutons.

Empatement, se dit de la base d'un rameau ou d'une branche qui offre beaucoup de volume à son insertion sur la partie à laquelle elle vient se joindre.

Égrain, nom que les cultivateurs donnent aux poiriers et aux pommiers obtenus par le moyen des graines semées ; on leur donne aussi le nom de *sauvageon*. (Voyez ce mot.)

Entailles, plaies que l'on pratique sous différentes formes sur les parties d'arbres dont on veut détourner la séve.

Épaulé, se dit d'un arbre soumis à la taille en éventail dont l'une des ailes est épuisée ou retranchée.

Épuisement, c'est l'état d'une branche ou d'un arbre incapable de donner des produits durables.

Éventail, forme que l'on donne par la taille aux arbres palissés le long des murs ou sur des treillages.

Éventer, c'est tailler assez près d'un œil pour qu'il y ait évaporation.

## F.

Flèche, extrémité supérieure d'un arbre taillé en pyramide et en quenouille.

Fructifère, se dit d'un arbre ou d'une de ses parties propres à porter du fruit.

Franc, mot dont les cultivateurs se servent pour désigner un rameau, un œil, un bouton bien constitué : on entend par ce mot les sujets obtenus de semis, et dont les feuilles sont larges et charnues ; les bois sont gros, peu ou point épineux.

## G.

GOURMAND : on appelle ainsi les branches et les rameaux conformés de manière à absorber la séve utile à leurs voisins.

GRAS, se dit d'un rameau qui paraît un peu renflé et de bonne constitution.

GRÊLE, c'est le contraire de *gras*.

GROUPE, assemblage de plusieurs yeux ou de boutons réunis en faisceau.

## H.

HERBACÉE, partie tendre et molle d'un végétal dont les fibres sont peu serrées et n'ont rien de ligneux.

HÉTÉROCLITE, irrégulier, bizarre, qui s'écarte des règles communes de l'analogie.

## I.

INCISER, c'est fendre avec la serpette les écorces des arbres en différents sens.

INERTE, sans mouvement sensible.

INSERTION, lieu où naît la partie, où elle prend son point d'attache.

## L.

LIGNEUX, qui est de même nature et de même consistance que le bois.

## M.

MATER, c'est s'efforcer d'arrêter la vigueur d'une branche ou d'un arbre par un moyen quelconque.

22

# N.

Nœud, partie renflée du sarment où sont attachés les feuilles, les grappes, les vrilles et les yeux de la vigne.

Noué, se dit du fruit ou de l'ovaire fécondé, lorsqu'il commence à prendre de l'accroissement.

# O.

Oblitère, se dit d'une branche ou d'un rameau qui perd de ses qualités vitales.

Onguent de Saint-Fiacre, mélange de terre franche et bouse de vache mis en consistance de mortier.

# P.

Palmette, forme d'une taille qui offre la figure d'une main ouverte et dont les doigts sont écartés.

Pédoncule, partie attachée au fruit et lui servant de support ; c'est ce qu'on nomme vulgairement la queue.

Pétiole, support ou queue de la feuille.

# Q.

Quenouille, espèce de taille qui donne aux arbres qui y sont soumis la forme d'une quenouille dont se servent les fileuses-bergères.

# R.

Rapprocher, c'est tailler le vieux bois sans supprimer la branche entièrement.

Ravaler, c'est amputer une branche à son insertion.

Receper, c'est couper un arbre à peu de distance de son pied, ou quelques centimètres au-dessus du point de la greffe, lorsqu'il en est pourvu.

Recoquillées, ce mot se dit des feuilles crispées, roulées, boursouflées, d'une configuration propre à servir de refuge aux insectes.

## S.

Sarment, c'est le bois de la vigne qui a produit les feuilles et les grappes dans l'année qui précède celle où l'on taille.

Sauvageon, sujet provenant de graine, et qui reçoit les greffes de tous les végétaux avec lesquels il a de l'analogie : on désigne aussi sous ce nom tous les sujets dont le bois est grêle, armé d'aiguillons et de feuilles étroites.

Sépale, foliole du calice.

Siliceuse, terre où le sable et les cailloux dominent.

Sous-bourgeon, production qui part du même point que le bourgeon.

Sous-oeil, production placée à la base des yeux, et dont elle ne diffère que par sa faible structure, si toutefois elle est apparente.

Sujet, voyez *Sauvageon*.

## T.

Talon, nom que quelques auteurs ont donné à la base des rameaux, et que j'ai désigné sous la dénomination de *couronne* ou d'*empâtement*.

Tête de saule, se dit d'une branche qui, par suite de cassements agglomérés les uns sur les autres, ressemble en quelque sorte à la tête d'un saule.

Tégument, espèce de peau enveloppant ou recouvrant un organe.

Tige, axe central d'un arbre.

Trapu, expression triviale qui désigne un rameau bien constitué, gros et court.

Tronc, tige tronquée au point de départ des branches de premier ordre.

## V.

Ventelle, sarment réservé presque en entier sur une vigne taillée en cul-de-lampe : ce nom lui vient de ce qu'il est exposé au vent.

FIN DU VOCABULAIRE EXPLICATIF.

# TABLE DES MATIÈRES.

## PREMIÈRE PARTIE.

### *CONNAISSANCES THÉORIQUES.*

### CHAPITRE PREMIER.

NOMENCLATURE ET CLASSIFICATION DES YEUX, BOUTONS, BOURGEONS, RAMEAUX ET BRANCHES.

SECTION PREMIÈRE. — *Végétation inerte.*

## SECTION II. — *Végétation active.*



## SECTION III. — *Branches et rameaux.*



### *a.* BRANCHES.

#### 1. — *Branches du premier ordre.*



#### 2. — *Branches du second ordre.*



### *b.* RAMEAUX.

# CHAPITRE II.

### PRINCIPES GÉNÉRAUX.

SECTION PREMIÈRE. — *Équilibre de végétation.*



SECTION II. — *Conditions nécessaires à la perfection des arbres à fruit à noyau taillés en éventail.*



# DEUXIÈME PARTIE.

## *CONNAISSANCES PRATIQUES.*

# CHAPITRE PREMIER.

### OPÉRATIONS PRÉPARATOIRES.

# .CHAPITRE II.

### DES TAILLES MODERNES.

## SECTION PREMIÈRE. — *Taille en éventail.*



## SECTION II. — *Conduite de la vigne dans les jardins.*



## SECTION III. — *Taille en vase.*

# CHAPITRE III.

### DES TAILLES ANCIENNES ET HÉTÉROCLITES.

### SECTION PREMIÈRE.



### SECTION II. — *Des tailles anciennes et hétéroclites.*

# TROISIÈME PARTIE.

DE QUELQUES INSECTES ET MALADIES QUI AFFECTENT LES ARBRES
FRUITIERS, AVEC LES MOYENS DE LES EN GARANTIR.

# QUATRIÈME PARTIE.

## DES GREFFES.



### SECTION PREMIÈRE. — *Généralités des greffes par approche.*



### SECTION II. — *Généralités des greffes en fente.*

#### PARAGRAPHE 1er. — DES GREFFES EN FENTE.

## PARAGRAPHE 2ᵉ.



**FIN DE LA TABLE.**

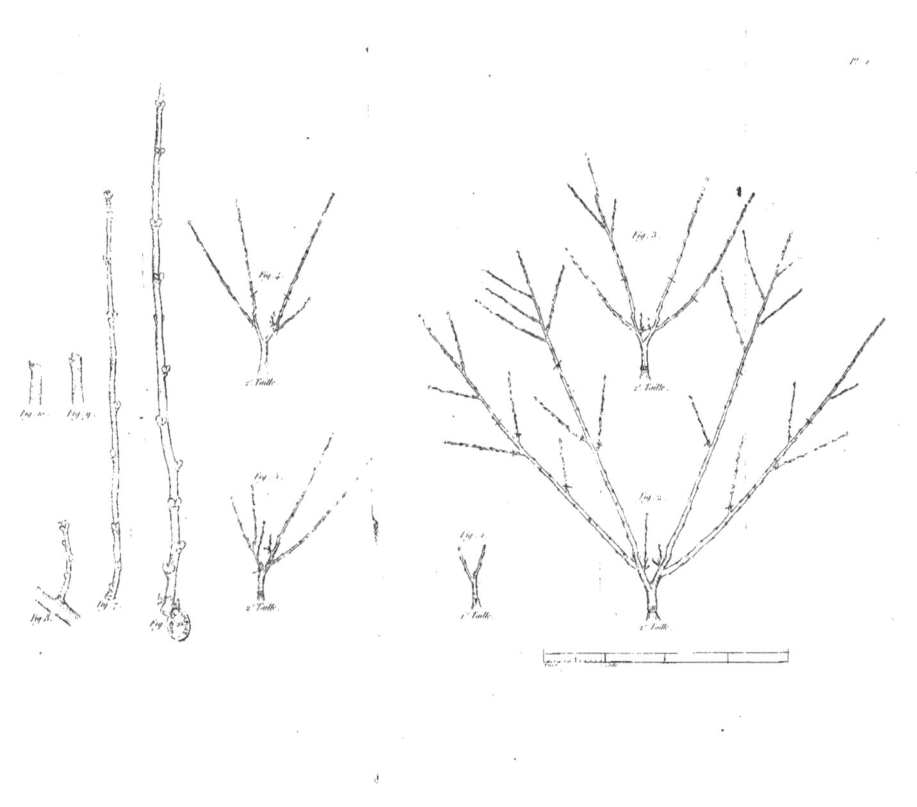

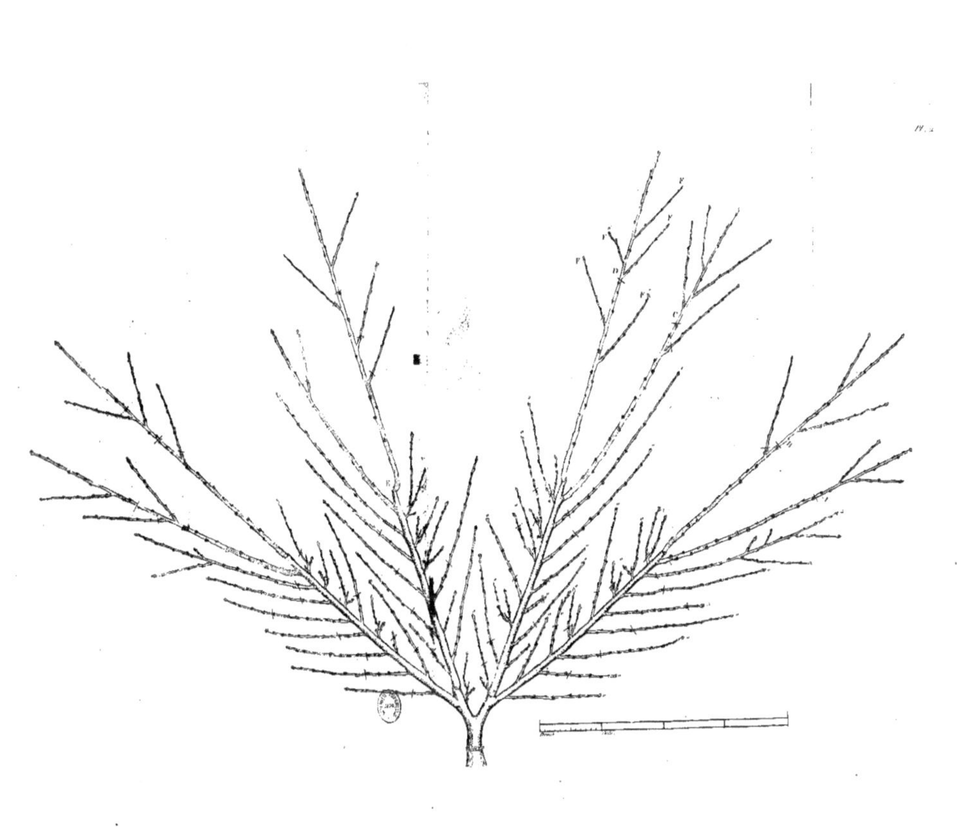

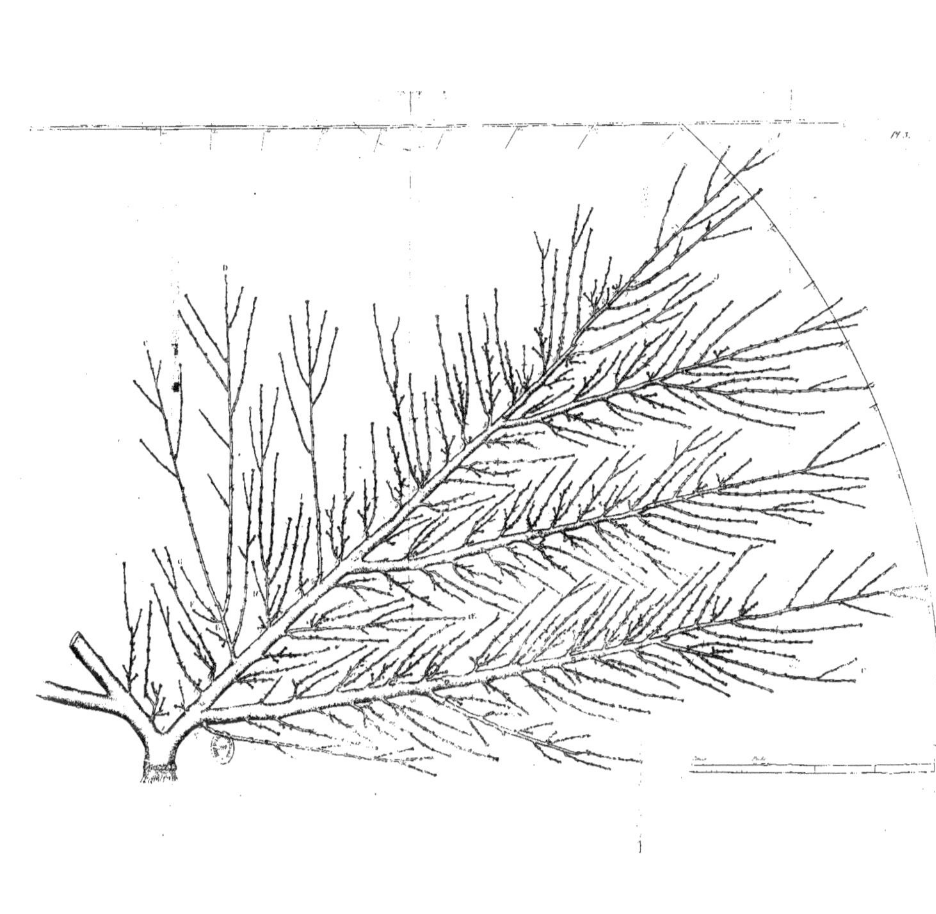

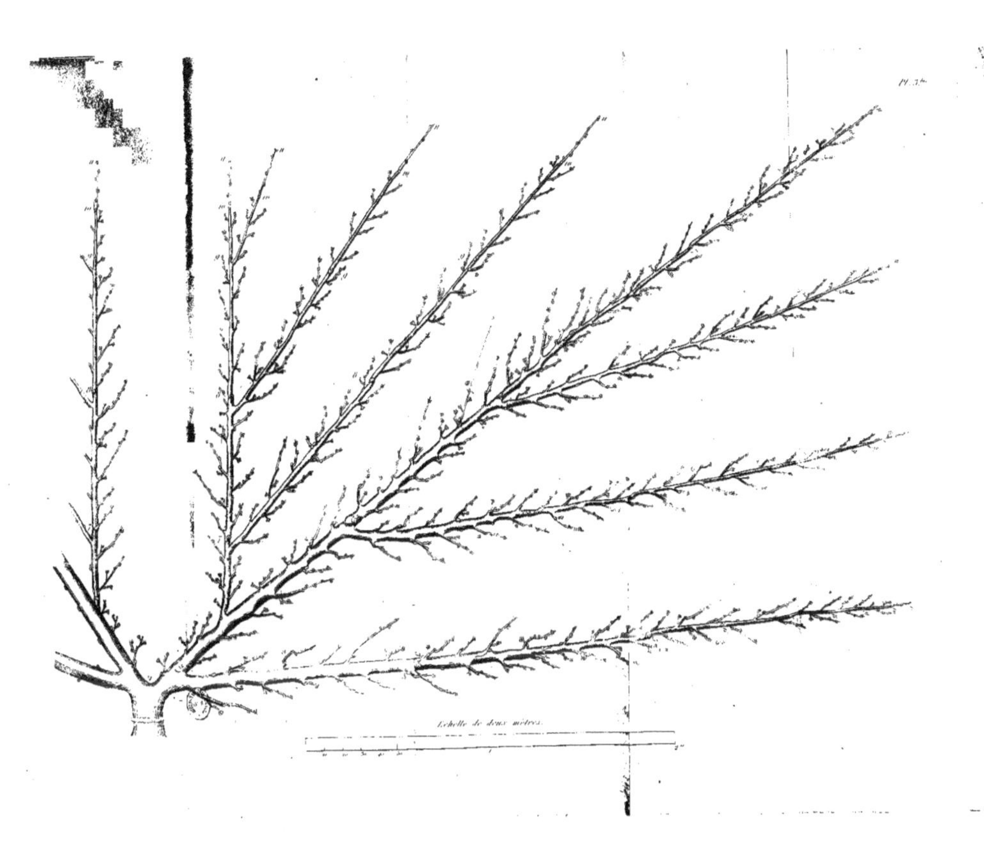


Echelle de deux mètres.

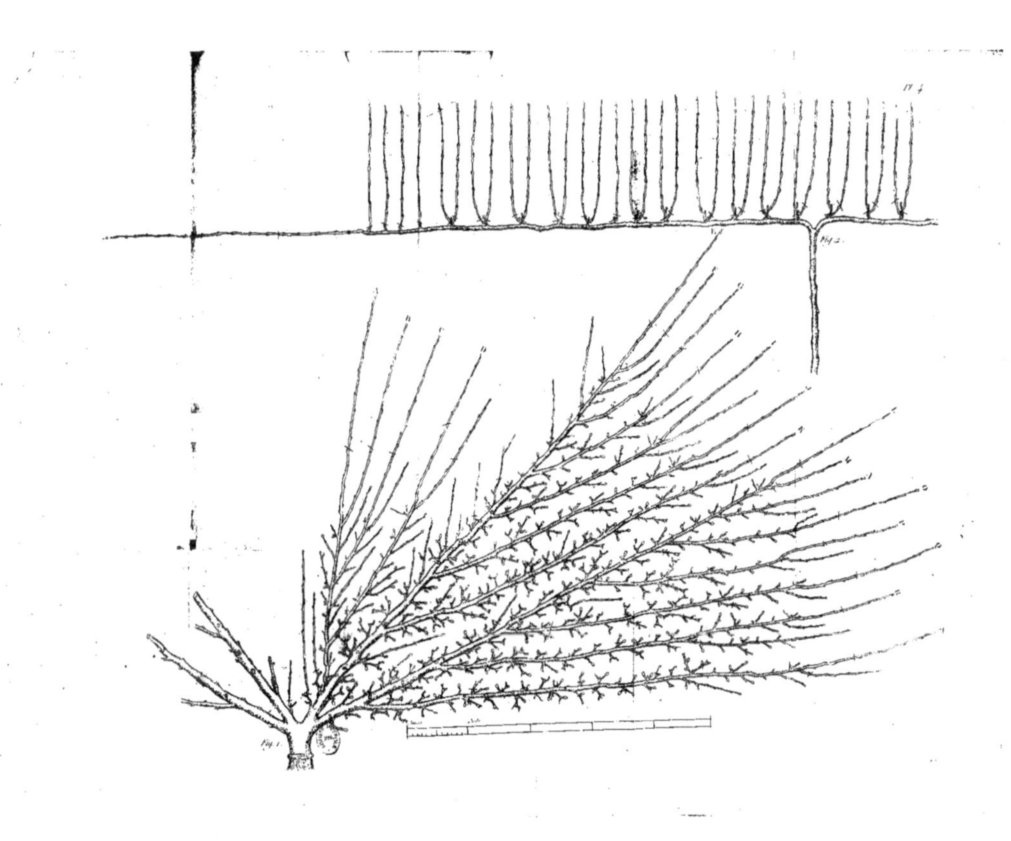

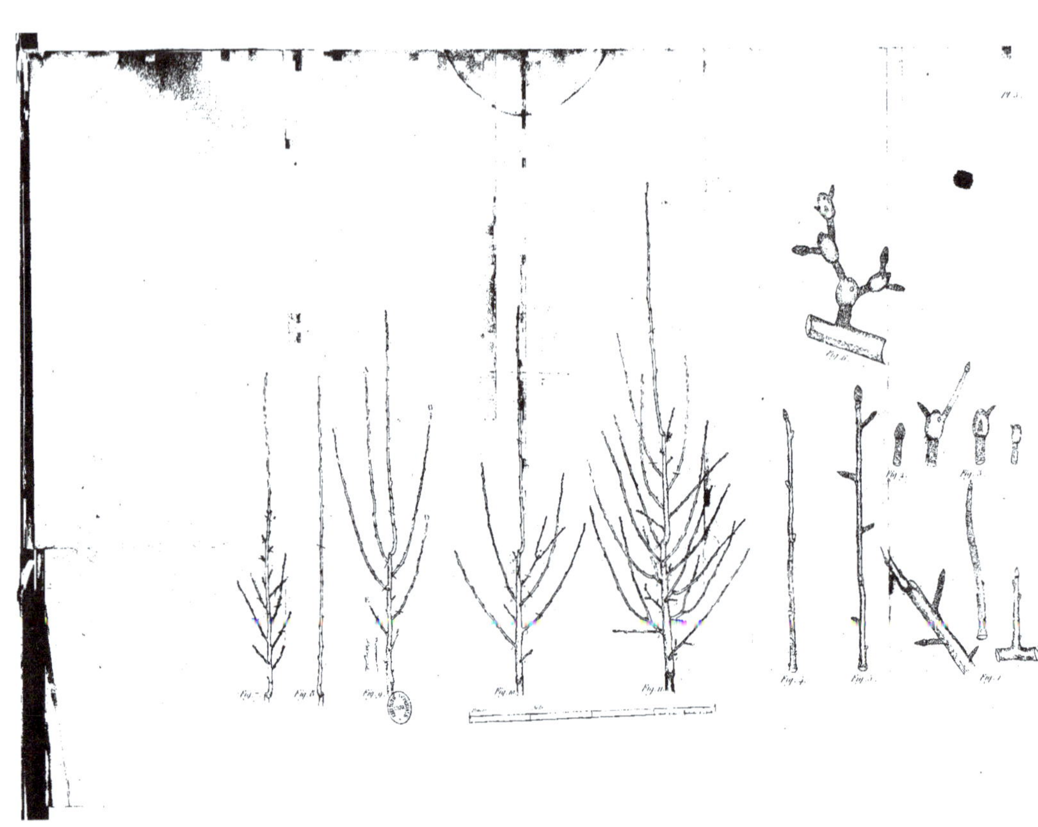

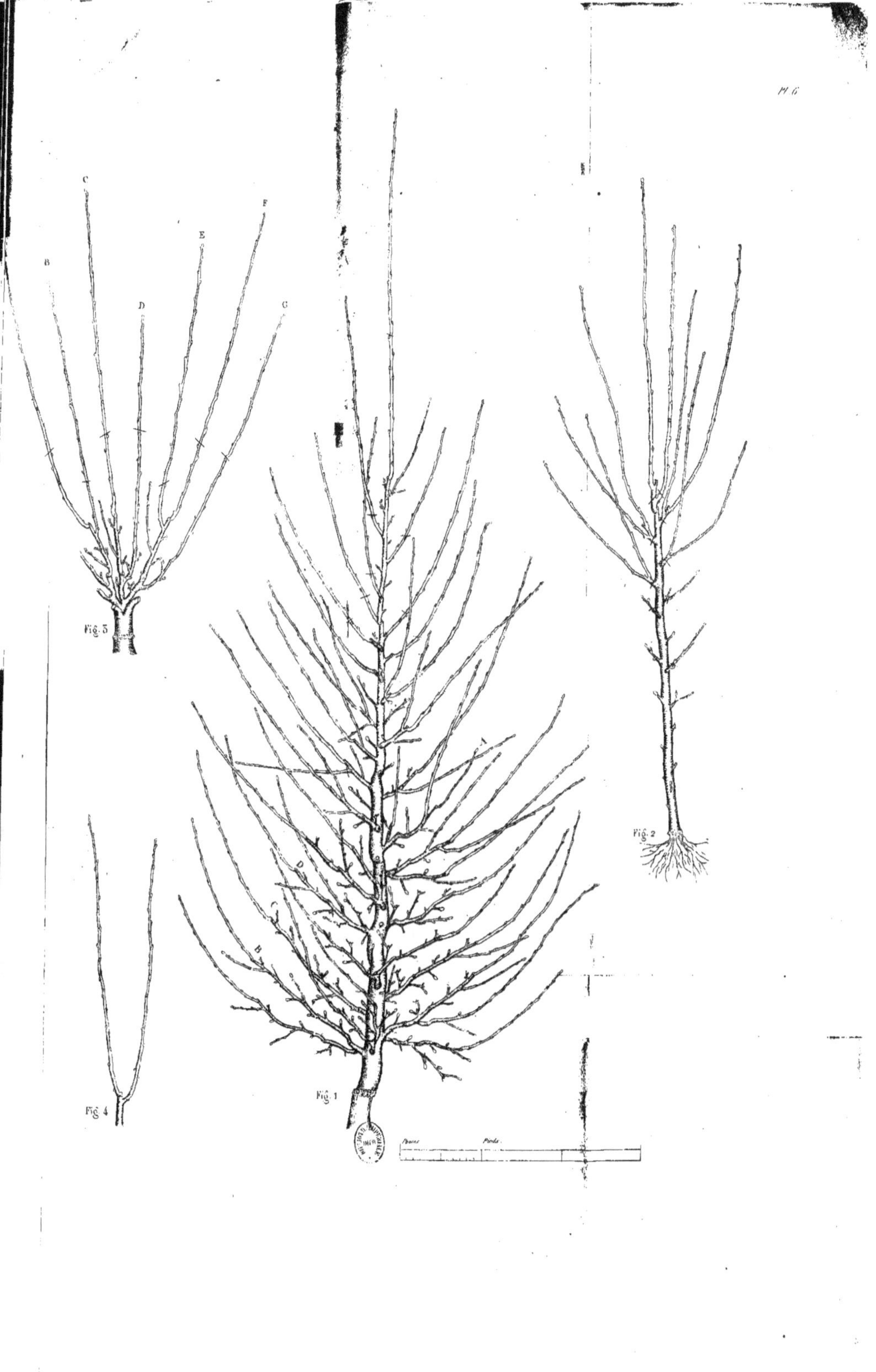

Pl. 6
B
C
D
E
F
G
Fig. 3
Fig. 4
Fig. 1
Fig. 2
Pouces
Pieds

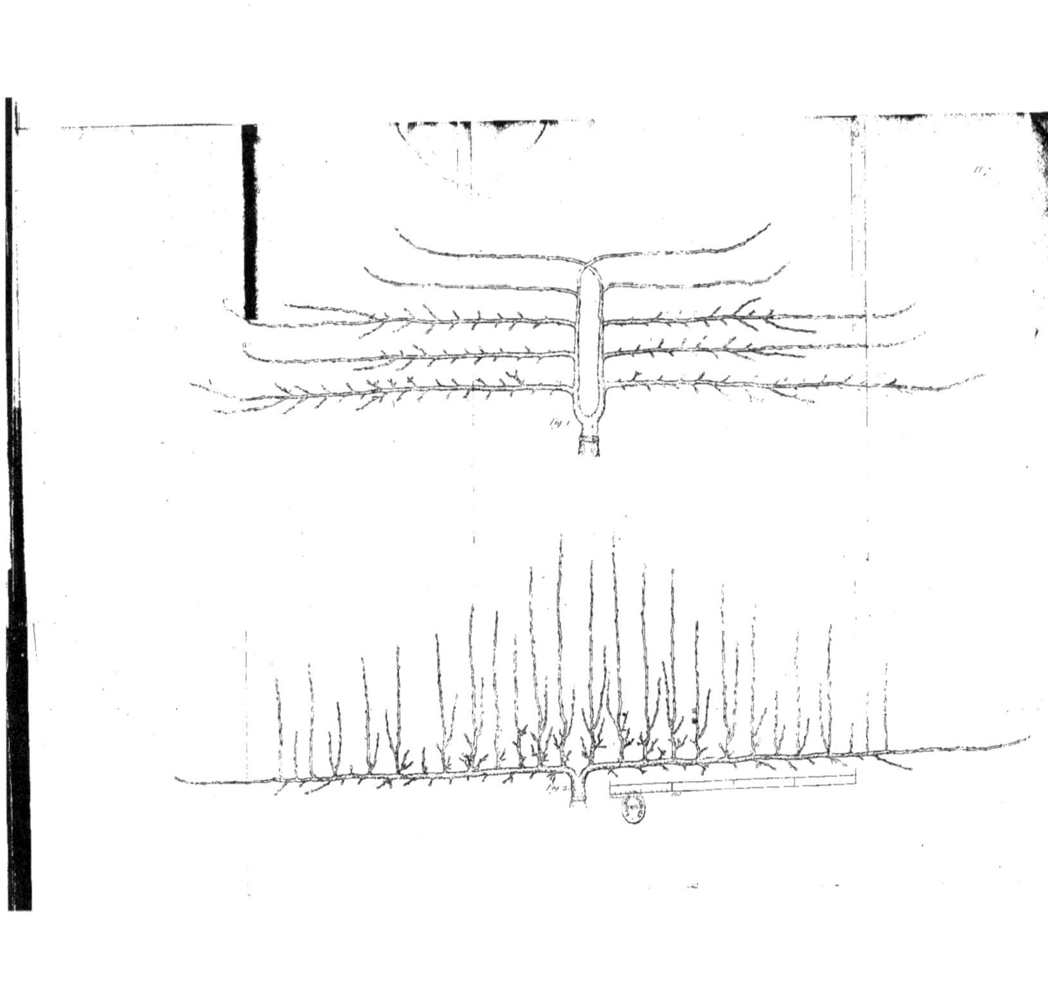

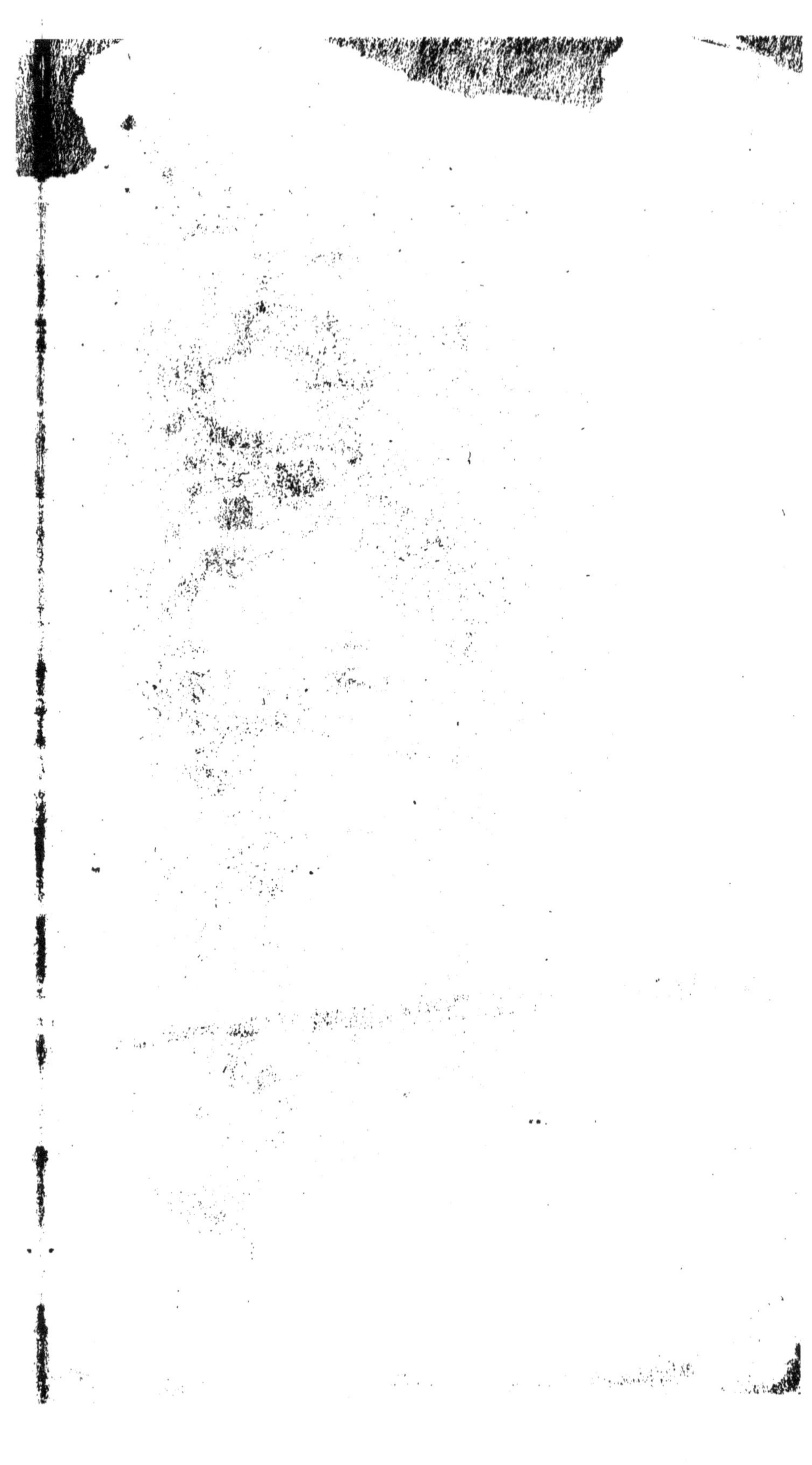

www.ingramcontent.com/pod-product-compliance
Lightning Source LLC
LaVergne TN
LVHW011953170726
843503LV00001B/98